U0263731

高中压配电网可靠性评估

——实用模型、方法、软件和应用

王主丁　著

科学出版社

北　京

内 容 简 介

本书系统性地介绍了高中压配电网可靠性评估的实用模型、方法、软件和应用，共 13 章。第 1～4 章介绍了配电网可靠性评估基础、多重故障的影响分析和混合搜索方法。第 5 章和第 6 章介绍了中压配电网可靠性的快速评估方法（含容量电压约束、分布式电源和上级配电网的影响）以及近似估算模型和方法。第 7～9 章介绍了高压配电网故障范围混合搜索方法、考虑容量电压约束的可靠性快速评估方法和可靠性近似估算模型和方法（含二阶故障）。第 10～13 章介绍了配电网可靠性评估实用软件、可靠性参数收集和处理，以及可靠性评估在配电网规划、建设与改造等工程实际中的应用。

本书适用于配电网领域的科研工作者、工程技术人员和相关软件研发人员，也可供高等院校相关专业的教师和研究生参考使用。

图书在版编目（CIP）数据

高中压配电网可靠性评估：实用模型、方法、软件和应用 / 王主丁著．—北京：科学出版社，2018．11

ISBN 978-7-03-059398-6

Ⅰ．①高…　Ⅱ．①王…　Ⅲ．①配电系统-系统可靠性-评估　Ⅳ．①TM727

中国版本图书馆 CIP 数据核字（2018）第 250962 号

责任编辑：孙伯元 / 责任校对：郭瑞芝
责任印制：赵　博 / 封面设计：蓝正设计

科学出版社 出版
北京东黄城根北街 16 号
邮政编码：100717
http://www.sciencep.com

北京虎彩文化传播有限公司印刷
科学出版社发行　各地新华书店经销
*
2018 年 11 月第　一　版　开本：720×1000　1/16
2024 年 3 月第四次印刷　印张：18 3/4
字数：357 000

定价：128.00 元

（如有印装质量问题，我社负责调换）

序

配电网直接与用户相连，是最早实施智能电网发展的环节。配电系统可靠性在电力系统可靠性中占据极其重要的地位。统计表明：电网中 80%以上的失效或故障事件发生在配电网。因此，配电系统可靠性指标被世界上许多电力公司作为评定电力企业运营水平的关键性能指标。精确而快速地评估配电系统可靠性，对于有效指导配电系统规划、设计、建设、改造、运行、维修及管理，从根本上改善系统的供电可靠性，提高电网投资效益十分重要。

在配电网可靠性评估方面，已经有大量的文章和书籍发表。但是现有的方法和模型并不完善，在实用上还存在很多不足。该书围绕实用这个核心线索展开，形成显著特色。作者没有局限于介绍已有的方法，而是另辟蹊径，突出阐述了基于作者多年研究成果、针对不同问题的各种实用新模型和算法。这些思路为致力于评估方法的读者，特别是高校教授和研究生，提供了新颖的借鉴。该书也介绍了可靠性评估软件的设计要求、测试算例、实施流程和所需的数据分析。该书不只提供研究方法，还为希望编写软件的读者提供了崭新的视野。作者通过工程案例展示了可靠性评估在配电网规划设计和改造环节的应用，为工作在配电网领域的工程师提供了实际应用的样板。

该书能够有上述独特之处，与作者既是大学教授，又是长期工作在电力软件及咨询行业的技术管理人员和工程师有关。该书凝聚了王主丁教授团队十余年的研究和工程应用成果，主题突出、系统性高，理论和实际问题结合紧密，其中大部分技术在工程现场得到应用，是一本理论性和实用性并重的优秀学术专著。相信该书将为相关工业界同行、科技工作者、老师和学生提供很好的参考。

中国工程院外籍院士
加拿大工程院院士

2018 年 9 月于加拿大温哥华

前　　言

配电网是将发电系统或输电网与用户设施连接起来，向用户分配并供给电能的环节。在资源配置日趋优化，企业效益进一步提升且计算机日趋普及的今天，“开源节流、精打细算”成为电力行业非常关注的问题，仅通过对停电事件的统计进行供电可靠性评价分析已难以适应供电可靠性精准管理的需求，亟须由事后统计评价向事前预测评估转变。

本书是作者在配电网可靠性评估领域的多年研究和工程咨询的总结，包括模型和算法，以及相关软件的研发及其实际工程的应用。作者先后工作过的美国 SKM 公司和 OTI 公司，以及重庆星能电气有限公司、重庆大学、清华大学和美国威斯康星大学，为作者提供了良好的工作环境，特别是国内配电网高速发展的机遇，使得作者完成了不少相关论文和工程咨询报告，从而形成了本书的基础。与其他相关书籍相比，本书不是经典评估方法或类似评估导则的复述，也不是这些方法和导则的直接应用，而是在遵循可靠性评估基本原理和导则的基础上，侧重于实际配电网可靠性评估的合理简化模型、有效混合算法和软件工具的最新研发设计，目前部分成果已嵌入美国 ETAP(www. etap. com)和国内 CEES(www. ceesinc. com)商业软件的可靠性评估模块中，并在国内外配电网规划和运行中得到广泛的推广应用。

由于高中压配电网网络特点和典型参数不尽相同，其可靠性评估的模型简化和设计方法各具特色，不存在通用的配电网可靠性评估实用模型和算法。因此对于配电网可靠性评估领域的科研和工程技术人员，除了要对基本概念和方法正确理解外，还必须具体问题具体分析，分别从高压和中压配电网实际应用出发，以严谨的逻辑推理和创造性的技巧定制满足工程精度和实际要求的简化模型，并实施高效快速的求解，才能解决工程实践中的具体问题。

作者具有多年的配电网可靠性评估咨询和相关软件研发经验，深知许多已有的经典模型和方法(如传统的模拟法和解析法)往往不能满足实际运用中的各种条件，或者对于实际规模的系统不能得到快速稳定的评估效果。工程应用中的最佳方法应该既有理论深度又实用便捷，即理论上保证足够精度，使用上又便于理解和快速计算。在有些情况下(如系统规划初始阶段中的预估)，适于手算的简单模型也能达到可接受精度的结果，受到工程技术人员青睐。因此，重点阐述由作者提出的理论和实用紧密结合的新模型与新算法成为本书追求的目标。另外，工程人员面临的困难是，如何将优选的模型和算法应用于实际的配电网可靠性评估中。界面友好的软件无疑是解决这一困难的极佳工具和手段。本书也从软件设计和数据要求方面进行了探讨，旨在使读者能够自己开发软件或使用实用商业软件解决复杂的实际工程问题。

王主丁负责全书内容结构设计，负责除第 10、11 章外各章的撰写和统稿工作。参与部分撰写的研究生和工程师如下：重庆大学研究生赵华和谭笑参与了第 2 章的撰写，韦婷婷和昝贵龙参与了第 3 章的撰写，韦婷婷、昝贵龙和张漫参与了第 4 章和第 5 章的撰写，韦婷婷和张漫参与了第 6 章的撰写，昝贵龙和国网江苏省电力有限公司经济技术研究院韩俊高工参与了第 7 章的撰写，昝贵龙和国网郑州供电公司翟进乾高工参与了第 8 章的撰写，昝贵龙和张漫参与了第 9 章的撰写，国网重庆电力公司杨群英高工和国网重庆电科院的万凌云高工撰写了第 10 章和第 11 章，重庆星能电气有限公司庞祥璐工程师和重庆师范大学王艳副教授参与了第 12 章的撰写，浙江大学甘国晓博士和国网河南省电力有限公司张永斌高工参与了第 13 章的撰写。重庆大学谢开贵教授审阅了全书，并对本书提出了不少宝贵意见。美国 ETAP 公司的 Haijun Liu（Sr. Principal Electrical Engineer）也评阅了本书稿，并提出了很多修改意见。

作者在撰写本书的过程中得到李文沅院士的大力支持，在此对李院士表示衷心感谢；同时感谢作者的研究生，书中许多材料取自与他们合作的论文和研究成果；还要感谢书中所引用参考文献的作者；深切感谢远在洛杉矶的家人，是他们做出了不少牺牲，使我有足够时间潜心研究和写作。

限于作者水平，书中难免存在不妥之处，敬请各界专家和读者批评指正。

王主丁

2018 年 8 月于重庆

目　录

第1章 绪　　论

配电系统用户供电可靠性是衡量配电网对用户持续供电能力的一个主要指标，也是供电企业的一项重要技术经济指标，体现了配电网技术、装备水平和企业管理水平。配电网可靠性评估是指对配电网设备和网络结构的性能或各种性能改进措施效果是否满足规定供电可靠性要求进行的分析、预计和认定等一系列工作。

1.1 研究背景和意义

电力行业是关乎国计民生的重要行业，它的发展水平不仅影响我国其他行业，而且还涉及大量的一次能源消耗、资金配置及可持续发展等一系列的战略问题。在优化资源配置、提升企业效益的背景下，为避免由单纯追求安全可靠造成的重复建设、过度建设以及其他的投资浪费，“开源节流、精打细算”成为电力行业非常关注的问题。

依据电压等级的高低，电力系统可分为发电系统、输电网和配电网三个子系统。配电网是电力系统的重要组成部分，主要作用是分配电能。在我国的配电网中，高压配电网电压等级为35～110kV，中压配电网电压等级为6～20kV，低压配电网电压等级为400V/380V/220V。高压配电网从上一级电网获取电能，降压后向下一级中低压配电网提供电能，或者直接向高压用户供电。

配电网承担着将电能从电源或输电网传输到不同电压等级用户的重要任务，直接与用户相连，对供电可靠性影响较大。据电力公司的统计，80%的用户非计划停电是由配电网故障引起的[1,2]。配电网可靠性的准确快速评估是减少故障损失的基础，有着十分重要的意义。

从20世纪80年代初由水利电力部制定并颁发《配电系统供电可靠性统计方法(试行)》开始，我国开展了30多年的供电可靠性统计与评价工作。近年来，随着我国经济社会的发展，用户对供电可靠性的要求越来越高，仅根据可靠性的历史统计结果进行分析与评估已难以适应高供电可靠性的需求，供电可靠性管理亟须由事后统计评价向事前预测评估转变[3~7]，以有效指导供电系统规划、设计、建设、改造、运行及管理，提高配电网投资效益。目前国内外越来越多的供电企业正在开展或计划开展供电可靠性评估的工作。

1.2 配电网可靠性评估方法和软件

1.2.1 可靠性评估方法概述

工程上常用的配电网可靠性评估方法总体上可分为模拟法和解析法两类[8~14]。模拟法采用抽样的方法进行状态选择，随后用统计的方法计算可靠性指标。模拟法中的典型方法为蒙特卡罗模拟法，该方法可计算相关事件对系统的影响，而且系统规模对计算复杂性的影响较小，适合于求解复杂系统的可靠性；但对于可靠性高的系统，计算精度与计算时间之间存在较大矛盾，要保证高计算精度需要消耗大量时间。解析法采用故障枚举法进行状态选择，并用解析的方法计算可靠性指标。解析法模型准确、原理简单，便于针对不同元件性能对配电网可靠性的影响进行分析，在配电系统可靠性评估中应用更加广泛。

解析法可分为状态空间法、网络法、系统状态枚举法和简化模型近似估算法四类。状态空间法通过建立状态空间图，求解马尔可夫状态方程得到可靠性指标，它在理论上可以精确计算各状态的频率和持续时间，但计算烦琐，不适用于大系统。网络法以配电系统拓扑结构为基础，包括故障模式后果分析法、最小路法、最小割集法、故障扩散法和网络等值法等。系统状态枚举法直接枚举系统状态，忽略状态之间的转移，比起状态空间法可节省大量计算，但不能精确计算频率和持续时间指标。简化模型近似估算法针对高中压典型接线模式，经过适当的模型简化获得可靠性指标的近似解析表达式，需要的数据量少，适合大规模配电网可靠性指标快速估算。

解析法基于元件可靠性模型，本质上都是通过对系统故障进行枚举实现的，但由于系统的故障状态数随着系统元件数量的增加成正比增长，故当系统规模较大时，系统的故障状态会很多，一般方法计算量相当大，计算速度仍有较大的提升空间，这正是本书关注的重点和要解决的问题。计算速度和适应性对于实用模型和方法至关重要，这是因为：①在配电网可靠性评估过程中，可能对多个方案进行比较分析，或是需要对某个方案的若干参数进行频繁调整后再计算，这就要求可靠性评估方法具有很高的计算速度，以保证计算的流畅性和实用性；②实际配电网中往往有成百上千条线路，如果一条线路可靠性评估所需的计算量大，那么评估所有的线路所花费的时间会是巨大的，往往让人无法忍受；③每一系统都具有不同于其他系统的特点，这要求模型方法具有很高的适应性，以保证计算的准确、快速和稳定。

1.2.2 可靠性评估软件概述

配电网可靠性评估软件是将相应的模型、算法和人工经验采用编程方式固化和传播，可对计算实例一次录入多次使用，是连接复杂理论和实际工程应用的桥梁和工具。商业软件一般都具有较好的用户界面、计算精度、计算效率和适应性，随着配电网规模和复杂性的日益增加，各种数据接口日趋完善，商业软件应用必将越来越广泛。

值得一提的是，为了实现配电网可靠性评估常态化和"所见即所得"的图形化交互操作需求，商业软件方便、灵活的界面及功能设计也是至关重要的，开发人员不仅需要熟悉界面设计的主要功能，也需要对相关业务知识有深入了解。

目前应用较为普遍的相关商业软件有 PSASP、PSS/ADEPT、DIgSILENT、ETAP 和 CEES[15~19]等，然而国内外目前仍没有一套普遍适用的可靠性评估软件。作为本书使用的示范软件，CEES(参见附录 C)是国内外优秀商业软件理念与国内实际需求的结晶，兼有国内外同类产品的诸多优点。本书通过将 CEES 软件应用于配电网算例的可靠性评估，以呈现实用软件在计算过程及其工程应用方面的特点。

1.3　本书特点和内容

1.3.1　本书特点

本书侧重于配电网可靠性评估的实用模型、有效混合算法和软件应用，主要特点如下所述。

(1)对于实际规模的配电网，其可靠性评估模型本质上属于大规模复杂电网评估问题，现有的许多算法(如蒙特卡罗模拟法、最小路法或最小割集法)存在计算速度慢的问题。本书提出的方法充分利用配电网特点，通过模型和算法的巧妙构思，在满足工程计算精度的同时保证可靠性评估效率和计算稳定性。

(2)对于实际的配电网可靠性评估，应该考虑的因素非常多，但由于许多因素难以完全通过数学表达式体现在现有的常规评估模型中，因此需要结合配电网特点开发新的模型和算法，或者进行合理的简化，包括在一些以预估为目的的情况下，推导方便工程师进行直观快速估算的可靠性指标简化计算公式。

(3)本书的另一个特点是努力搭建可靠性评估模型和方法与实际工程应用之间的桥梁，用固化在软件中的实用模型和方法，快速准确地提供实用而有价值的计算结果，同时为可靠性评估方法在配电网规划设计和运行改造等各生产环节的应用提供一些参考范例。

1.3.2　本书内容

基于有关配电网可靠性评估的研究成果，本书重点从实用模型、有效混合算法和软件应用等方面设计内容。

(1)针对高中压配电网可靠性评估实用模型和方法基础，本书从高中压配电网特点出发，对相关可靠性评估指标进行新颖的解读和选择，阐述和明确高中压配电网可靠性评估应考虑的故障阶数和类型(如多重故障对中压配电网可靠性评估影响小，高压配电网评估中只须考虑部分二阶故障)。

(2)针对高中压配电网可靠性快速评估实用算法基础，本书介绍基于虚拟网络停运范围的混合搜索方法，该方法只须进行若干次网络元件遍历即可获得所有元件停运的影响范围和隔离范围。

(3)针对中压配电网，介绍复杂中压配电网可靠性快速评估实用方法，涉及弱环、联络开关、分布式电源、时变负荷、设备容量约束、节点电压约束和高压配电网的影响；推导中压配电网可靠性指标近似估算公式，便于工程技术人员直观快速地使用。

(4)针对高压配电网，阐述高压配电网可靠性快速评估算法，包括状态空间截断方法和由一阶故障隔离范围快速推导二阶故障隔离范围的方法；介绍在容量电压约束情况下，基于切负荷网流法的高压配电网可靠性评估快速算法，涉及基于高压配电网特点的若干算法策略；给出高压配电网可靠性指标估算公式的推导过程，以及典型接线模式涉及部分二阶故障的可靠性简化计算公式，方便直观快速地进行可靠性估算。

(5)针对高中压配电网可靠性评估的实际应用，对相应软件设计要求、测试算例和评估流程等方面给出规范性建议；介绍可靠性评估中的数据收集统计方法，以及可靠性评估在规划设计中的应用情况，相应的案例表明可靠性评估可以同时考虑停电的严重程度和概率，能够科学有效地指导配电网建设改造工作。

本书内容结构介绍如下。

第 1 章介绍配电网可靠性评估的背景和意义、配电网可靠性评估方法和软件工具，以及本书的主要特点和内容。

第 2 章主要介绍配电网可靠性评估基础知识，涉及高中压配电网可靠性评估的基本概念、指标解读和选择、元件停运模型、评估思路和评估的一般步骤，以及常用的评估方法。

第 3 章讨论多重故障对高中压配电网可靠性评估的影响，阐述高中压配电网分别应考虑到的故障阶数。

第 4 章介绍本书高中压配电网可靠性快速评估的基础算法，即基于虚拟网络混合搜索方法的可靠性快速评估。

第 5 章介绍复杂中压配电网可靠性快速评估算法，涉及弱环、联络开关、容量电压约束、分布式电源、高压配电网和负荷变化对可靠性评估的影响。

第 6 章介绍中压配电网可靠性近似估算模型和方法，给出典型接线模式的可靠性近似计算公式，方便工程师进行直观快速的可靠性指标估算。

第7章介绍高压配电网基于故障范围混合搜索方法的可靠性快速评估算法，包括状态空间截断方法和由一阶故障隔离范围快速推导二阶故障隔离范围的方法。

第8章介绍在考虑容量电压约束情况下，基于切负荷网流法的高压配电网可靠性评估快速算法，涉及依据高压配电网特点进行高效计算分析的若干算法策略。

第9章介绍高压配电网可靠性近似估算模型和方法，给出典型接线模式涉及一阶故障、二阶故障的可靠性简化计算公式和相关的推导过程。

第10章从应用软件设计要求、测试算例和可靠性评估实施工作流程等方面给出规范性建议。

第11章针对配电网可靠性评估中涉及的数据收集和统计方法进行介绍，重点明确各类数据和参数的来源及处理方法，以及典型可靠性参数的利用。

第12章介绍将可靠性评估应用于配电网规划设计的范例，为配电网规划方案的形成及比选提供定量的依据。

第13章介绍将可靠性评估应用于配电网建设与改造的范例，为配电网建设与改造措施及其效果提供定量的依据。

参考文献

[1] Billinton R, Billinton J E. Distribution system reliability indices[J]. IEEE Transactions on Power Delivery, 1989, 4(1): 561-568.

[2] Billinton R, Jonnavithula S. A test system for teaching overall power system reliability assessment[J]. IEEE Transactions on Power Systems, 1996, 11(4): 1670-1676.

[3] 国家能源局. 中压配电网可靠性评估导则: DL/T 1563—2016[S]. 北京: 中国电力出版社, 2016.

[4] 国家电网公司. 供电系统用户供电可靠性工作指南[M]. 北京: 中国电力出版社, 2012.

[5] 万凌云, 王主丁, 伏进, 等. 中压配电网可靠性评估技术规范研究[J]. 电网技术, 2014, 39(4): 1096-1100.

[6] 重庆大学. 贵阳供电局电网建设效果评估(可靠性评估分册)[R]. 重庆: 重庆大学, 2012.

[7] 重庆星能电气有限公司. 重庆配网规划可靠性分析专题规划[R]. 重庆: 重庆星能电气有限公司, 2014.

[8] 赵华, 王主丁, 谢开贵, 等. 中压配电网可靠性评估方法的比较研究[J]. 电网技术, 2013, 37(11): 3295-3302.

[9] 昝贵龙, 王主丁, 李秋燕, 等. 基于状态空间截断和隔离范围推导的高压配电网可靠性评估[J]. 电力系统自动化, 2017, 41(13): 79-85.

[10] 李文沉. 电力系统风险评估: 模型、方法和应用[M]. 北京: 科学出版社, 2006.

[11] Li W. Risk Assessment of Power Systems: Models, Methods, and Applications[M]. Piscataway:

Wiley-IEEE Press,2005.

[12] Li W. Probabilistic Transmission System Planning[M]. Piscataway:Wiley-IEEE Press,2011.

[13] Billinton R,Allan R N. Reliability Evaluation of Power Systems[M]. 2nd ed. New York:Plenum Press,1996.

[14] 朱金花,徐政. 基于PSS/ADEPT的配电网可靠性分析[J]. 电气应用,2006,25(7):49-52.

[15] SKM Systems Analysis,Inc. SKM Power Tools for Windows Tutorial[R]. Redondo:SKM Systems Analysis,Inc.,2016.

[16] 于腾凯. 基于ETAP的配电网可靠性评估[J]. 供用电,2013,(1):27-31.

[17] Operation Technology,Inc. Operation Technology. ETAP User Guide[M]. Irvine:Operation Technology,Inc.,2016.

[18] 严俊,何成章,段浩,等. CEES可靠性评估软件在中压配电网建设改造中的应用[J]. 供用电,2016,(1):39-44.

[19] 重庆星能电气有限公司. CEES用户手册/用户指南[R]. 重庆:重庆星能电气有限公司,2017.

第 2 章　配电网可靠性评估基础

本章介绍高中压配电网可靠性评估的基本概念、特点、指标解读和选择、元件停运模型、评估思路和评估的一般步骤，以及常用的评估方法。

2.1　引　　言

本章介绍配电网可靠性评估的基础知识，除了常规的可靠性评估基本概念、指标、模型、步骤和方法外[1~4]，还涉及高压配电网可靠性指标的选择、节点编号优化方法、计划停电和故障停电的可靠性损失费用、5 类节点分类、近似估算方法和多电压等级配电网评估。其中，2.2 节主要介绍故障停电和计划停电过程；2.3 节主要介绍可修复元件的两状态模型；2.4 节主要介绍输电网和高中压配电网的特点及其可靠性指标的选择；2.5 节主要介绍可用于网络有效搜索的三种节点优化编号方法；2.6 节主要介绍计划停电费用和故障停电费用；2.7 节主要介绍可靠性评估的总体思路和一般步骤；2.8 节主要介绍配电网可靠性评估基本方法。

2.2　停电过程及时间描述

本节介绍故障停电和计划停电过程及其不同的时间关系。由于中压配电网开关类型和分段较高压配电网多，停电过程和时间关系较为完整，在此先予以介绍。

2.2.1　中压配电网

1. 停电过程

当网络中某元件故障或预安排停运时，上游最近的有选择性的开关(断路器或负荷开关)自动跳闸或人工拉闸，该开关上游负荷不受影响。

经故障停运定位后(预安排停运不需定位)，通过开关开合将停运元件隔离，故障停运段上游受影响但可被隔离的线段经上游开关合闸操作后恢复供电。

对于有联络线路，若忽略转供通道容量约束，下游受影响但可被隔离的线段经联络开关倒闸操作后恢复供电，受影响且不可被隔离用户则需等到故障修复或计划检修完成后恢复供电。

对于单辐射线路，由于不存在负荷转带的可能，停运段下游所有受故障停运或

(预安排)停运影响的用户都要等到故障修复或计划检修完成后恢复供电。

2. 故障停电时间

与故障停电相关的各种时间之间的关系如图 2.1 所示。在图 2.1 中,故障点所在线段的恢复供电时间为故障修复时间,故障点所在线段上游的恢复供电时间为故障点上游恢复供电时间,其下游的恢复供电时间为故障停电转供时间。

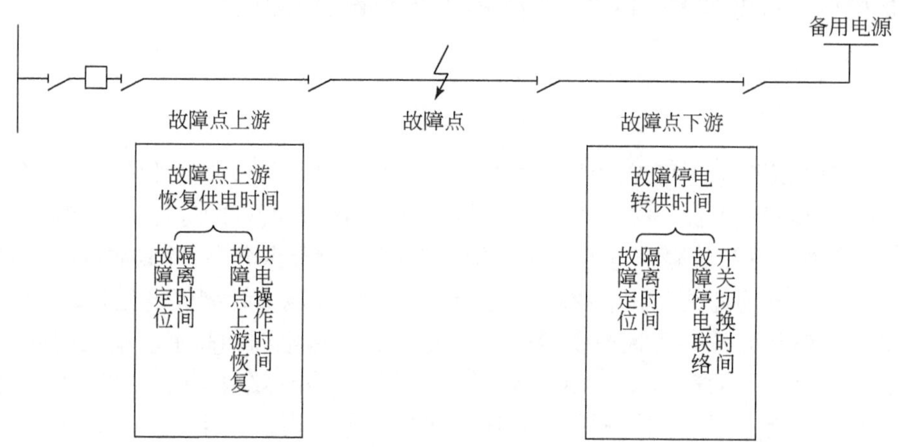

图 2.1　中压馈线故障停电时间关系示意图

□ 断路器; ─┘╱─ 隔离开关

图 2.1 所示位置发生故障,引起馈线首端断路器跳闸,1h 后故障点被隔离(故障点两侧隔离开关被拉开);隔离 0.1h 后,首端断路器合闸,恢复上游非故障段供电;隔离 0.2h 后,联络开关合闸,恢复下游非故障段供电;隔离 3h 后,故障被修复,故障段恢复供电。

根据上述具体数据及各种时间之间的关系,可得以下结论:

故障点上游恢复供电时间(1.1h)= 故障定位隔离时间(1h)+ 故障点上游恢复供电操作时间(0.1h);

故障停电转供时间(1.2h)= 故障定位隔离时间(1h)+ 故障停电联络开关切换时间(0.2h);

故障修复时间(4h)= 故障定位隔离时间(1h)+ 设施抢修作业时间(3h)。

3. 计划停电时间

与计划停电相关的各种时间之间的关系如图 2.2 所示。在图 2.2 中,计划停电线段的恢复供电时间为计划停电持续时间,计划停电线段上游的恢复供电时间为计划停电线段上游恢复供电时间,其下游的恢复供电时间为计划停电转供时间。

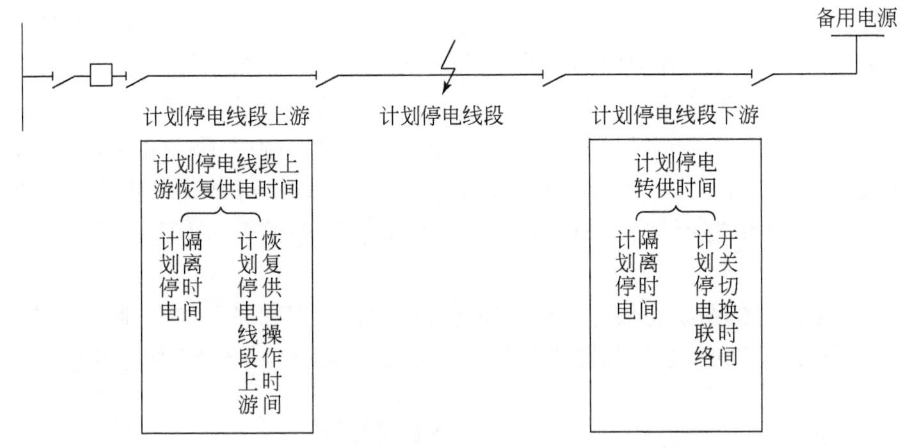

图 2.2　中压馈线计划停电时间关系示意图

□ 断路器；—⊣╱— 隔离开关

若对图 2.2 所示中间线段进行检修，拉开馈线首端断路器后（计划停电发生），经过 0.5h，待检修线段被隔离（待检修线段两侧隔离开关被拉开）；隔离 0.1h 后，首端断路器合闸，恢复上游线段供电；隔离 0.2h 后，联络开关合闸，恢复下游线段供电；隔离 3h 后，检修工作结束并恢复供电。

根据上述具体数据及各种时间之间的关系，可得以下结论：

计划停电线段上游恢复供电时间（0.6h）＝ 计划停电隔离时间（0.5h）＋ 计划停电线段上游恢复供电操作时间（0.1h）；

计划停电转供时间（0.7h）＝ 计划停电隔离时间（0.5h）＋ 计划停电联络开关切换时间（0.2h）；

计划停电持续时间（3.5h）＝ 计划停电隔离时间（0.5h）＋ 设施检修作业时间（3h）。

2.2.2　高压配电网

高压配电网线路通常无分段，变电站进线和出线均有断路器，而且高压配电网通常装有备自投，故障定位、隔离和切换时间一般较短，部分区域还可合环运行。因此，若高压配电网某元件停运，开环运行系统距离元件最近的上游断路器将断开，停电过程和时间关系与中压配电网类似但更为简单；闭环运行系统距停运元件最近的电源端断路器将断开，其他停电过程和时间关系也与中压配电网类似。

2.3　元件停运模型

元件停运模型是中压配电网可靠性评估的关键，不同的停运模型对评估的影响较大。设施停运模型主要分为独立停运和相关停运。独立停运按停运的性质可进一步分为故障停运(强迫停运)和预安排停运。相关停运根据停运原因可分为共因停运、环境相依失效等,它们的共同特点是一个停运状态包含多个元件的失效,如雷击导致同塔双回架空线路失效。相关停运往往都与独立停运相关,独立停运是相关停运的基础。由于可靠性评估的计算复杂性,以及可靠性参数的获取难度问题,通常在可靠性评估中采用强迫停运两状态转移模型,而不采用相关停运模型。

可修复元件的两状态模型主要考虑元件的运行状态和停运状态,通过稳态"运行—停运—运行"的状态转移图进行模拟。图 2.3 和图 2.4 分别为循环过程和两状态转移图。

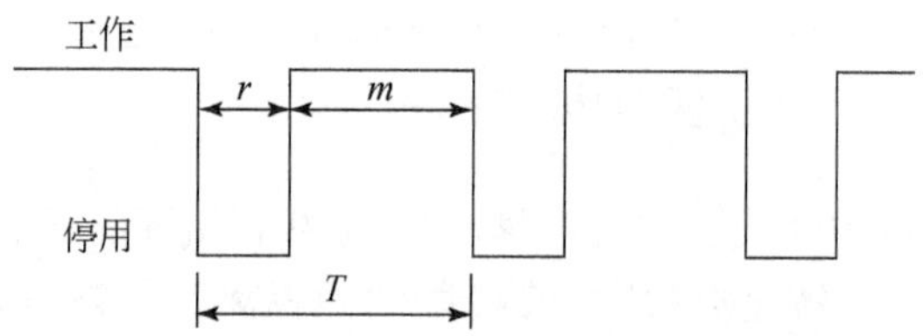

图 2.3　可修复元件运行和停运循环过程

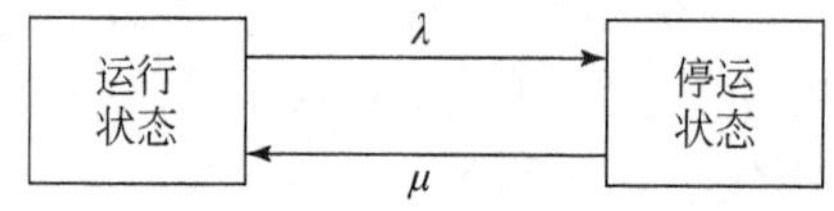

图 2.4　可修复元件两状态转移模型

图 2.4 中,λ 为失效率(次/年);μ 为修复率(次/年),即元件平均故障修复时间的倒数。

为简化计算,以下的讨论假设电力系统中元件的失效特性和修复特性均服从指数分布,即它们的失效率 λ 和修复率 μ 都是常数,表达式为

$$\lambda=\frac{\text{给定期间内元件的故障次数}}{\text{元件运行的总时间}} \tag{2.1}$$

$$\mu=\frac{\text{给定期间内元件的修复次数}}{\text{元件维修的总时间}} \tag{2.2}$$

如图 2.3 所示,设元件的平均无故障持续工作时间为 m;平均修复时间为 r;平均失效间隔时间(即循环的周期)为 T;循环的频率为 f。根据指数分布假设可得

$$m=\text{MTTF}=\frac{1}{\lambda} \tag{2.3}$$

$$r=\text{MTTR}=\frac{1}{\mu} \tag{2.4}$$

$$T = \mathrm{MTBF} = m + r = \frac{1}{f} \tag{2.5}$$

式中，MTTF（mean time to failure）为平均无故障持续工作时间；MTTR（mean time to repair）为平均修复时间；MTBF（mean time between failure）为平均失效间隔时间。

因此，元件停留在运行状态的概率，即元件的可用度（或可用率）可表示为

$$A = \frac{m}{m+r} = \frac{\mu}{\lambda+\mu} = \frac{m}{T} = \frac{1}{\lambda T} = \frac{f}{\lambda} \tag{2.6}$$

而停留在故障停运状态的概率，即不可用度可表示为

$$U = \frac{r}{m+r} = \frac{\lambda}{\lambda+\mu} = \frac{r}{T} = \frac{1}{\mu T} = \frac{f}{\mu} \tag{2.7}$$

2.4　电网特点和可靠性指标

目前，国内外对输电网和中压配电网可靠性评估进行了大量的研究，采用的相关可靠性指标较为统一和固定，但使用的高压配电网可靠性指标具有相对不确定性。本节首先介绍输电网和中压配电网的特点及其可靠性指标，然后阐述高压配电网特点及其可靠性指标的选择。

2.4.1　输电网

输电网主要特点有：①覆盖范围较大，元件种类多，线路长短不一；②通常含有大量环网，而且合环运行，系统各部分关系较为密切；③除点对点直供用户外，一般不与终端用户直接相连；④存在各种大用户，不同用户负荷大小差异大。因此，输电网可靠性指标种类繁多，既有系统范围的指标，又有负荷节点指标；既有概率、频率和时间类指标，又有概率与后果（切负荷或失去稳定）相结合的指标；既有绝对性质的指标，又有经过归一化后的相对性质的指标[2]。同时，由于输电网用户负荷种类复杂而且大小不一，一般不采用涉及用户个数的可靠性指标。

1. 失负荷概率

系统平均每年缺电概率，记作失负荷概率（loss of load probability，LOLP），可表示为

$$\mathrm{LOLP} = \sum_{i \in \mathrm{FS}} \mathrm{PS}_i \tag{2.8}$$

式中，FS 为系统年失效状态集；PS_i 为第 i 个失效状态的概率。

当各设备状态相互独立时，LOLP 可按式（2.9）计算：

$$\mathrm{LOLP} = \sum_{i \in \mathrm{FS}} \left[\prod_{j \in \mathrm{FE}_i} \mathrm{PE}_{i,j} \prod_{k \in \mathrm{NE}_i} (1 - \mathrm{PE}_{i,k}) \right] \tag{2.9}$$

式中，FE_i 和 NE_i 分别为第 i 个失效状态下系统中所有停运设备(故障检修或计划检修)的集合和所有正常设备的集合；$PE_{i,j}$（或 $PE_{i,k}$）为第 i 个失效状态下设备 j（或 k)的停运概率。

由式(2.9)可见，由于输电线路长、停运概率大和闭环运行元件间的相互关联，LOLP 必须考虑多数正常设备的工作状态概率。

2. 平均供电可靠率

对用户年有效供电总小时数与年总小时数的比值，记作平均供电可靠率(average service availability index，ASAI)，可表示为

$$\text{ASAI}=1-\text{LOLP} \tag{2.10}$$

3. 失负荷时间期望

系统平均每年缺电小时数，记作失负荷时间期望(loss of load expectation，LOLE)(h/年)，可表示为

$$\text{LOLE}=8760\times\text{LOLP} \tag{2.11}$$

4. 失负荷频率

系统平均每年停电次数，记作失负荷频率(loss of load frequency，LOLF)(次/年)，可表示为

$$\text{LOLF}=\sum_{i\in \text{FS}}\text{FS}_i \tag{2.12}$$

式中，FS_i 为第 i 个失效状态的频率。

5. 失负荷平均持续时间

系统平均每次停电的持续时间，记作失负荷平均持续时间(loss of load duration，LOLD)(h/次)，可表示为

$$\text{LOLD}=\frac{\text{LOLE}}{\text{LOLF}} \tag{2.13}$$

6. 电力不足期望

系统平均每年缺电力的多少，记作电力不足期望(expected demand not supplied，EDNS)(MW)，可表示为

$$\text{EDNS}=\sum_{i\in \text{FS}}(\text{FS}_i\cdot\text{DNS}_i) \tag{2.14}$$

式中，DNS_i 为第 i 个失效状态的切负荷量。

7. 电量不足期望

系统平均每年缺电的多少，记作电量不足期望(expected energy not supplied, EENS)(MW · h/年)，可表示为

$$\mathrm{EENS}=8760\sum_{i\in \mathrm{FS}}(\mathrm{FS}_i \cdot \mathrm{DNS}_i) \tag{2.15}$$

2.4.2 中压配电网

1. 中压配电网特点

中压配电网一般具有以下特点：①虽然元件多，但因分片运行，故障影响面相对小；②依重要性不同，有开环设计或闭环设计，但基本上都开环运行，一般有联络断路器或开关；③线路长度短，且经各种开关或隔离刀闸进行分段；④一般直接与终端用户相连，用户个数较为准确，一条馈线上不同用户负荷大小差异不大。

从以上特点可以看到，与输电网不同，中压配电网通常开环分片运行，任何元件故障都可能引起部分负荷停电，但影响的范围仅是相关片区，一般不会对其他片区产生影响。因此，中压配电网主要基于用户个数采用概率、频率和时间类指标来度量可靠性，重点表征用户停电情况，并分为负荷点指标和系统指标两大类。在已知各负荷点用户数的情况下，系统指标可由负荷点指标计算得到。

2. 负荷点可靠性指标

中压配电网负荷点的可靠性指标主要有三个基本指标(平均停电率、年平均停电持续时间和每次停电的平均持续时间)，以及年缺供电量指标和年停电费用指标。

1)平均停电率

负荷点 i 每年的平均停电次数，即平均停电率，记作 $\lambda_{\mathrm{LP},i}$ (次/年)，可表示为

$$\lambda_{\mathrm{LP},i}=\sum_{k\in G_i}\lambda_k \tag{2.16}$$

式中，λ_k 为元件 k 的停运率(含故障停电和计划停电)；G_i 为导致负荷点 i 停电的元件(或故障状态)集合。

2)年平均停电持续时间

负荷点 i 的年平均停电持续时间，记作 $U_{\mathrm{LP},i}$ (h/年)，可表示为

$$U_{\mathrm{LP},i}=\sum_{k\in G_i}(\lambda_k r_{k,i}) \tag{2.17}$$

式中，$r_{k,i}$ 为由元件 k 停电引起的负荷点 i 的持续停电时间的平均值(h)。

3)每次停电的平均持续时间

负荷点 i 每次停电的平均持续时间，记作 $t_{\mathrm{LP},i}$ (h/次)，可表示为

$$t_{\mathrm{LP},i}=\frac{U_{\mathrm{LP},i}}{\lambda_{\mathrm{LP},i}} \tag{2.18}$$

4)年缺供电量

负荷点 i 的年缺供电量，记作 $\mathrm{ENS}_{\mathrm{LP},i}$ (kW·h/年)，可表示为

$$\mathrm{ENS}_{\mathrm{LP},i}=P_{\mathrm{av},i}U_{\mathrm{LP},i} \tag{2.19}$$

式中，$P_{\mathrm{av},i}$ 为负荷点 i 的年平均负荷(kW)。

注意，对于切负荷比例随系统负荷大小变化的情况，式(2.19)是不严格的，更严格的公式可表示为

$$\mathrm{ENS}_{\mathrm{LP},i}=\frac{1}{T_h}\sum_{t=1}^{T_h}\mathrm{ENS}_{\mathrm{LP},i}(t)=\frac{1}{T_h}\sum_{t=1}^{T_h}\left[P_{\mathrm{av},i}(t)\sum_{k\in G_i}(\lambda_k r_{k,i}(t))\right] \tag{2.20}$$

式中，T_h 为全年负荷变化时间的等分段总数(若采用典型日负荷曲线代表年负荷变化，$T_h=24$)；$P_{\mathrm{av},i}(t)$ 为负荷点 i 的第 t 时段平均负荷(kW)；$\mathrm{ENS}_{\mathrm{LP},i}(t)$ 为假设全年系统负荷都与第 t 时段负荷相同时节点 i 的年缺供电量；$r_{k,i}(t)$ 为第 t 时段由于元件 k 停电引起的负荷点 i 的停电时间(h)，对应不同的时段可能并不相同，特别是对于转供区域负荷因容量电压约束受限的情况(例如，对于系统负荷较大的时间段，允许转供的负荷可能相对较小，使得较多的负荷感受到较长的停电时间，相关内容详见第5章)。

类似式(2.20)的原因，式(2.17)中由元件 k 停电引起的负荷点 i 的停电时间的平均值 $r_{k,i}$ 与 $r_{k,i}(t)$ 的关系式可表示为

$$r_{k,i}=\frac{1}{T_h}\sum_{t=1}^{T_h}r_{k,i}(t) \tag{2.21}$$

5)年停电费用

负荷点 i 的年停电费用，记作 $\mathrm{ICOST}_{\mathrm{LP},i}$ (万元/年)，可表示为

$$\mathrm{ICOST}_{\mathrm{LP},i}=P_{\mathrm{av},i}\sum_{k\in G_i}(\lambda_k r_{k,i}c_i(r_{k,i})) \tag{2.22}$$

式中，c_i 为负荷点 i 的单位停电量费用(万元/(kW·h))，它是 $r_{k,i}$ 的函数，而且故障停电和计划停电单位费用也不同。

类似式(2.21)，年停电费用较为严格的公式可表示为

$$\mathrm{ICOST}_{\mathrm{LP},i}=\frac{1}{T_h}\sum_{t=1}^{T_h}\mathrm{ICOST}_{\mathrm{LP},i}(t)=\frac{1}{T_h}\sum_{t=1}^{T_h}\left[P_{\mathrm{av},i}(t)\sum_{k\in G_i}(\lambda_k r_{k,i}(t)c_i(r_{k,i}(t)))\right] \tag{2.23}$$

式中，$\mathrm{ICOST}_{\mathrm{LP},i}(t)$ 为假设全年系统负荷都与第 t 时段负荷相同时节点 i 的年停

电费用。

3. 系统可靠性指标

输电网与中压配电网系统可靠性指标的最大差别在于是否引入了各负荷点的用户数。中压配电网系统的可靠性指标有系统平均停电持续时间、系统平均停电频率、平均供电可用率、缺供电量和缺供电费用等。

1)系统平均停电持续时间

系统用户在单位年度内的平均停电时间,记作系统平均停电持续时间(system average interruption duration index,SAIDI)(h/(户·年)),可表示为

$$\mathrm{SAIDI}=\frac{\sum_{i\in \mathrm{NS}}(U_{\mathrm{LP},i}N_i)}{\sum_{i\in \mathrm{NS}}N_i} \tag{2.24}$$

式中,NS 为系统所有负荷点集合; N_i 为负荷点 i 的用户数。

SAIDI 也称为用户平均停电时间(average interruption hours of customer, AIHC)。

2)系统平均停电频率

系统用户在单位年度内的平均停电次数,记作系统平均停电频率(system average interruption frequency index,SAIFI)(次/(户·年)),可表示为

$$\mathrm{SAIFI}=\frac{\sum_{i\in \mathrm{NS}}(\lambda_{\mathrm{LP},i}N_i)}{\sum_{i\in \mathrm{NS}}N_i} \tag{2.25}$$

SAIFI 也称为用户平均停电次数(average interruption times of customer,AITC)。

3)平均供电可靠率

在单位年度内,对用户有效供电总小时数与单位年度总小时数的比值,记作平均供电可靠率 ASAI 可表示为

$$\mathrm{ASAI}=1-\frac{\sum_{i\in \mathrm{NS}}(U_{\mathrm{LP},i}N_i)}{8760\sum_{i\in \mathrm{NS}}N_i} \tag{2.26}$$

ASAI 也常用供电可靠率(reliability on service in total,RS-1)代替,它们之间关系可简单表示为 RS-1=100×ASAI(%)。

尽管中压配电网与输电网都有 ASAI 指标,但由式(2.10)与式(2.26)可知,它们的含义并不完全相同,中压配电网的 ASAI 指标涉及负荷点的用户数(即 N_i),而输电网的 ASAI(即 1−LOLP)与负荷点的用户数无关。

4)缺供电量

系统在单位年度内因停电缺供的总电量，记作缺供电量(energy not service, ENS)(kW · h/年)，可表示为

$$\mathrm{ENS}=\sum_{i\in \mathrm{NS}}\mathrm{ENS}_{\mathrm{LP},i} \tag{2.27}$$

5)缺供电费用

系统在单位年度内因停电损失的总费用，记作缺供电费用(interruption cost, ICOST)(万元/年)，可表示为

$$\mathrm{ICOST}=\sum_{i\in \mathrm{NS}}\mathrm{ICOST}_{\mathrm{LP},i} \tag{2.28}$$

2.4.3 高压配电网

目前，高压配电网指标研究较少，没有一套确定的统一指标，一般都是借用输电网或中压配电网可靠性指标，但是对于采用输电网可靠性指标还是中压配电网可靠性指标也没有定论。

1. 高压配电网特点

高压配电网主要特点为：①接线模式较为固定，一般采用“闭环设计，开环运行”，少数地区采用闭环运行；②负荷一般具有转供通道，但相联络的转供通道数一般不多；③负荷转供一般配置有备自投，联络开关切换时间短；④由于分片运行，直接相互关联元件数较少；⑤负荷节点一般为变电站低压母线(即中压线路电源点)。

由此可见，与输电网相比，高压配电网的特点更接近中压配电网(如“闭环设计，开环运行”)，因此高压配电网可靠性评估中宜采用中压配电网基于负荷点用户数的可靠性指标，包括供电企业习惯使用的系统可靠性指标(如 SAIDI)，以及便于识别薄弱环节的中压配电网负荷点可靠性指标。

2. 负荷点可靠性指标

对于负荷点可靠性指标，由于高压配电网与中压配电网直接相连，为了考虑其作为等值电源对中压配电网可靠性评估的影响，应计算不同连接点(即高压变电站低压母线)的可靠性指标。此时，可将高压配电网负荷点指标计算结果作为中压线路等值电源点参数传递给中压配电网，相关高压配电网负荷点指标可采用中压配电网 2 个独立指标(平均停电率 $\lambda_{\mathrm{LP},i}$ 和每次停电的平均持续时间 $t_{\mathrm{LP},i}$)，或为提高评估的精度采用 4 个相互独立指标，涉及平均停电率、负荷转供时间、修复时间和切负荷率(详见 5.4 节)。

3. 系统可靠性指标

对于基于负荷点用户数的系统可靠性指标 SAIDI，由于作为高压配电网负荷点的变电站低压母线所供的用户数不详，以及在高压配电网评估中不便考虑中压馈线间相互转供的影响，准确计算 SAIDI 指标仍有一定的困难。可采用近似处理方法：根据可获取的数据情况，采用变电站所供馈线的配变个数，或将每个变电站低压母线当作一个用户；基于式(7.2)或式(8.3)考虑中压馈线负荷转供率的影响。

2.5　节点优化编号

节点优化编号的目的是利用节点的新编号顺序对网络进行有效搜索，是可靠性快速评估的基础。编号后任一父节点的编号应小于其子节点的编号，父支路编号与其子节点编号相同。基于编号结果，可对网络节点按编号由大到小进行遍历，其特点是：①访问某一节点时保证下游所有节点已经访问过；②算法记录各节点的父节点，因此访问任意节点的父节点的算法耗时为常数时间。

编号前一般需要遍历各支路两端节点，获得与各节点直接相连的支路信息，以提高节点编号效率。常用的编号方法主要是根据树的遍历算法得到支路和节点的先后顺序，然后再按其顺序进行编号，主要的方法有广度优先搜索编号方法[5]、深度优先搜索编号方法[6,7]和访问优先搜索编号方法[8]，也可考虑利用这些方法优点的混合节点优化编号方法。

广度优先搜索编号方法需按节点层次由小到大的顺序进行遍历，只有当某一层的所有节点都编号完后，才能进行下一层节点的编号；深度优先搜索编号方法需对某一条分支线上的所有节点编号结束后才能对下一条分支线路进行编号；访问优先搜索编号方法对当前访问到的任何与根节点连通的节点进行优先编号，不需遵守按层或分支线路顺序的编号规则，具有规则较少和效率较高的特点，但结果仍都能使任意节点的新编号大于其父节点(上游节点)的新编号。图 2.5 为某配电网络经过广度优先搜索编号方法、深度优先搜索编号方法和访问优先搜索编号方法后的新编号结果示意图。

下面以访问优先搜索编号方法为例，简要介绍该方法的具体步骤。其中，重要步骤就是对支路逐个进行检查，结果有以下三种情况：

(1)支路两端节点都没有新编号；

(2)支路仅有一端节点有新编号；

(3)支路两端节点都有新编号。

设 m 为已有新编号的节点总数，若为情况(1)，跳过该支路，继续下一条支路

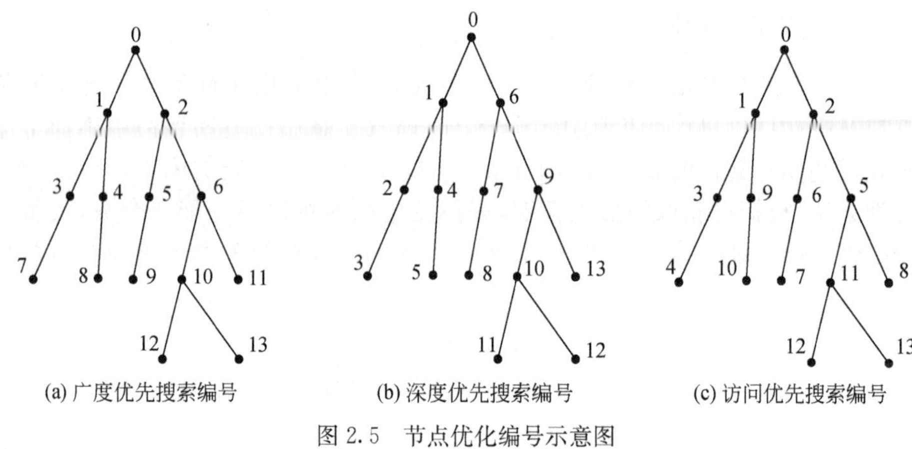

图 2.5 节点优化编号示意图

的检查；若为情况(2)，将当前支路标注为树支，新编号设置为$m+1$，并将该支路没有设置新编号的那端节点设置为$m+1$的新编号；若为情况(3)，并且当前支路还未识别为树支或连支，表明存在环网，则将该支路标注为连支。这步工作需要一直重复进行到所有节点都有新编号，且支路都已标注为树支或连支。

2.6 可靠性损失费用

配电网可靠性达到一定程度后，其微小的提高可能会付出过大的经济代价。当因可靠性提高而减少的停电损失费用大于相应成本时，可靠性提升措施才在经济上被认为是合理的，因此需要对可靠性损失费用进行合理的定量计算分析。可靠性损失费用[9]的量化是一项复杂的工作，它与停电发生的时间、停电提前通知时间、停电量、停电持续时间、停电频率及用户类型等多种因素相关。本书将可靠性损失费用分为计划停电费用和故障停电费用两大类。

2.6.1 计划停电费用

计划停电是提前做好的计划(包括停电时间和停电范围等)，一般提前几天通知，内容包括停电检修、线路切改、限电和改造等。计划停电虽然属于正常停电，但仍造成了国民经济的损失，这种损失很难根据每个具体用户用电的性质来分析，往往只能用大范围的平均停电费用来计量，一般有以下几类量化方法：

(1)每千瓦时电量的国民经济产值；

(2)电力公司每千瓦时电量的综合利润；

(3)政府指定或社会统计得出的计价单位。

以上三类方法中，使用较为普遍的是方法(1)和方法(2)两种，也有一些国家采用(3)计量办法。特别是一些国有电力企业,出于政策上的需要,多采用方法(3),以促进或抑制某些用户的发展。

目前,我国每千瓦时电量产生的国民经济产值为 1～10 元人民币。

2.6.2　故障停电费用

故障停电是未按规定程序向调度提出申请的无序停电,涉及故障隔离、检修和恢复等停电时间;故障停电费用可分为用户停电损失和电力部门自身因停电造成的经济损失。

1. 用户停电损失

用户的停电损失可分为直接损失和间接损失两类。

1)直接损失

直接损失是指停电直接对用户造成的损失,一般是在发生停电的当时就立即显示出来的。直接损失通常反映在产品成本、产品质量和性能、为保证产品质量和效益的各种经济活动以及对用户设备所造成的损害等,如产品的减少或产品质量的损害,生产设备的损坏或闲置,生产用的原材料的损失或浪费,井下作业由停电造成的人身和设备损坏及对人身和设备安全的威胁,商业、金融系统和服务行业的业务及服务的中断和停顿等。

2)间接损失

间接损失是指由停电的间接影响造成的损失,通常在发生停电之后的一定时间以后才显示出来,一般公用设施的停电大多属于此类,如交通指挥系统或监控系统中断和停顿造成的交通阻塞、因停电而使工程计划被迫修改或延迟所造成的损失、因停电影响农业排灌、延迟种植时机而对作物造成的影响和损害等。

对于每个具体用户的停电损失,理论上可以具体地确定并加以计算,但是实际做起来却很难,这不仅是因为各个用户的用电性质不同,而且还因为停电发生的时间及停电持续时间的长短不同。例如,对工业用户来说,并不是所有负荷同等重要,都不能停电,只有少数要害部门或关键时刻停电才会产生重大的损失;当停电发生在其生产流程不同的阶段时,其所产生的损失也是不同的。因此,即使对某一具体用户而言,也往往只能取其平均值来进行计算。又如,停电持续时间对冶金工业有影响,当停电 1～2min 时,其影响可能只限于多耗电量、减少定额和降低产品质量等级,而停电 1～2h 时,其影响则有可能导致冶金炉具的损坏和产品的报废等。停电持续时间与停电损失率的关系往往是非线性的。

综上所述,停电损失的调查统计和测试是复杂的,不同国家、不同地区、不同用户类型、不同停电时间及持续时间长短是各不相同的。目前,各国停电损失的统计调查结果及计算方法各有不同,部分停电损失费用数据可参见 11.3.5 小节的典型可靠性参数。

2. 电力部门的停电损失

停电也给电力部门自身造成经济损失，主要包括以下几个方面：

(1)由于未向用户供电而引起供电部门少受电的收入损失；

(2)供电部门由于维护检修而增加的费用，包括更换或修理被损坏设备增加的费用，运行、检修人员加班所支付的费用等；

(3)重新补充电源或通过其他方式倒送电的费用；

(4)国外一般有根据合同赔偿用户停电的损失，我国目前尚无此项开支。

2.7 可靠性评估步骤

可靠性评估的总体思路就是通过停电事件的枚举及其状态分析得到各负荷点的可靠性指标，再基于负荷点的可靠性指标得到系统的可靠性指标。如图 2.6 所示，配电网可靠性评估算法的一般步骤可归纳如下。

(1)输入原始数据。

(2)节点优化编号。采用访问优先搜索编号方法，但对于多电源(含备用电源)配电网，在进行节点优化编号前需要进行预处理：先增加新编号为 0 的一个虚拟电源节点(即故障率为 0 的根节点)，再将该虚拟节点通过故障率为 0 的虚拟线路连接到各电源节点。

(3)正常运行状态潮流计算。

(4)枚举一个停电事件。

(5)确定停电范围(含影响范围和隔离范围)。

(6)根据停电时间的不同将节点分为 5 类。a 类，正常运行节点；b 类，隔离停电元件后恢复供电的节点；c 类，切换操作后恢复供电的节点；d 类，修复后才能恢复供电的节点；e 类，孤岛形成后恢复供电的节点。

(7)计算停电条件下的潮流，进行容量电压约束检查，如果存在越限，进行负荷削减，负荷削减方式一般有三种：①平均削减负荷；②按重要程度削减负荷；③随机削减负荷。

(8)根据各节点分类和削负荷量计算节点可靠性指标。

(9)检查停电事件是否枚举完毕；若未完转第(4)步。

(10)计算各馈线和系统的可靠性指标。

(11)输出结果。

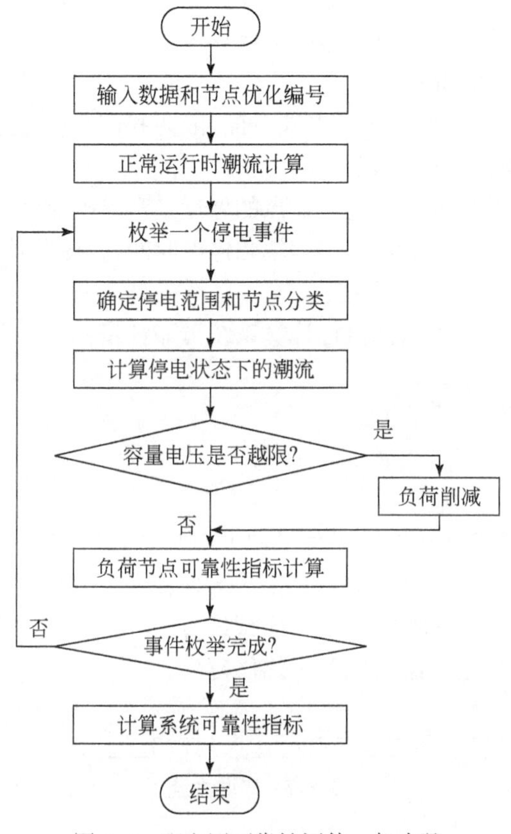

图 2.6　配电网可靠性评估一般步骤

2.8　配电网可靠性评估的基本方法

配电网可靠性评估的基本方法主要有连通性分析方法、失负荷分析方法、近似估算方法和多电压等级配电网评估。其中，连通性分析方法主要有面向元件的方法（如故障模式后果分析法）、面向负荷点的方法（如串并联系统、最小路法和最小割集法）和面向开关设备的方法（如故障扩散算法）。

2.8.1　面向元件的方法

面向元件的方法主要有故障模式后果分析（failure mode effects analysis, FMEA）法[4]，它是配电网可靠性评估的基本方法，可用于开环运行和闭环运行的配电网。FMEA 法通过分析所有可能的故障事件及其对系统造成的后果，建立故障模式后果分析表，通过该表计算负荷点和系统可靠性指标。但是故障模式后果分析表由人工列出，当系统结构复杂时，由于故障模式太多，故障模式后果分析表的建立将十分复杂，这使得该方法难于应用。

FMEA 法计算步骤如下：

(1)枚举单个元件停运，考虑到开关开断、隔离和恢复供电过程，确定停运对各负荷点停电率和停电时间的贡献；

(2)将所有元件单独停运后各负荷点的停运率和停电时间列表，形成故障模式后果分析表，汇总得到各负荷点的停运率和停电时间，并由此计算负荷点的其他可靠性指标；

(3)基于各负荷点的可靠性指标计算系统可靠性指标。

2.8.2 面向负荷点的方法

1. 串并联系统

很多辐射型网络都可转换成元件的串并联形式，其三种基本可靠性指标可按以下式子进行计算。串联系统和并联系统分别如图 2.7 和图 2.8 所示。λ_i、U_i、t_i 和 μ_i(或 λ_s、U_s、t_s和 μ_s)分别为元件 i(或系统)的平均故障率、年平均停电持续时间、每次故障的平均停电持续时间和平均修复率。

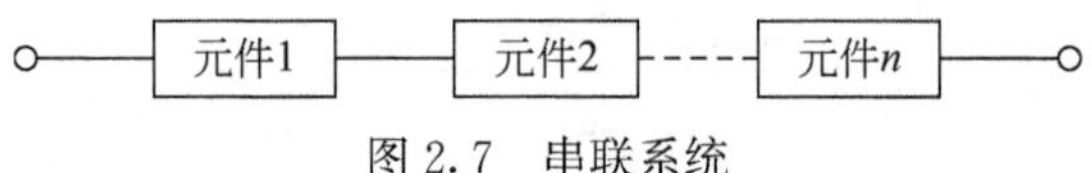

图 2.7 串联系统

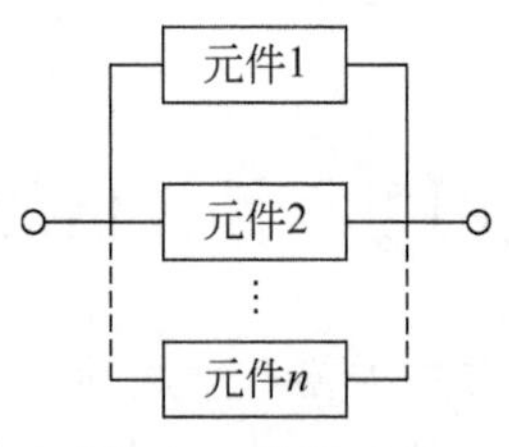

图 2.8 并联系统

对于串联系统有

$$\lambda_s = \sum_{i=1}^{n} \lambda_i, \quad U_s = \sum_{i=1}^{n} (\lambda_i t_i), \quad t_s = \frac{\sum_{i=1}^{n} (\lambda_i t_i)}{\lambda_s} \tag{2.29}$$

对于并联系统，根据概率计算规则可知：

$$\prod_{i=1}^{n} \frac{\lambda_i}{\lambda_i + \mu_i} = \frac{\lambda_s}{\lambda_s + \mu_s}, \quad \mu_s = \sum_{i=1}^{n} \mu_i, \quad \mu_i = \frac{1}{t_i} \tag{2.30}$$

将式(2.30)中系统平均修复率 μ_s 的表达式代入式(2.30)中的第一式，可求得系统平均故障率 λ_s，进而可得系统年平均停电持续时间。

若系统为两元件并联系统，可推导得出 λ_s 和 U_s 的精确计算表达式为

$$\lambda_s = \frac{\lambda_1\lambda_2(t_1+t_2)}{1+\lambda_1 t_1+\lambda_2 t_2}, \quad U_s = \frac{\lambda_1\lambda_2 t_1 t_2}{1+\lambda_1 t_1+\lambda_2 t_2} \tag{2.31}$$

若为三元件并联系统，可推导得出 λ_s 和 U_s 的精确计算表达式为

$$\lambda_s = \frac{\lambda_1\lambda_2\lambda_3(t_1+t_2+t_3)}{1+\lambda_1 t_1+\lambda_2 t_2+\lambda_3 t_3+\lambda_1\lambda_2 t_1 t_2+\lambda_1\lambda_3 t_1 t_3+\lambda_2\lambda_3 t_2 t_3} \tag{2.32}$$

$$U_s = \frac{\lambda_1\lambda_2\lambda_3 t_1 t_2 t_3}{1+\lambda_1 t_1+\lambda_2 t_2+\lambda_3 t_3+\lambda_1\lambda_2 t_1 t_2+\lambda_1\lambda_3 t_1 t_3+\lambda_2\lambda_3 t_2 t_3} \tag{2.33}$$

一般情况下，配电网中的元件 i 满足 $\lambda_i \ll \mu_i$，即 $\lambda_i t_i \ll 1$，因此两元件和三元件系统平均故障率和系统年平均停电持续时间通常分别采用式(2.34)和式(2.35)进行简化计算[4]：

$$\lambda_s = \lambda_1\lambda_2(t_1+t_2), \quad U_s = \lambda_1\lambda_2 t_1 t_2 \tag{2.34}$$

$$\lambda_s = \lambda_1\lambda_2\lambda_3(t_1 t_2+t_1 t_3+t_2 t_3), \quad U_s = \lambda_1\lambda_2\lambda_3 t_1 t_2 t_3 \tag{2.35}$$

两元件并联系统某一元件计划检修期间另一元件故障年平均停电持续时间可表示为

$$U_s = (\lambda_{1s} t_{1s})\lambda_2 \frac{t_{1s} t_2}{t_{1s}+t_2} + (\lambda_{2s} t_{2s})\lambda_1 \frac{t_1 t_{2s}}{t_1+t_{2s}} \tag{2.36}$$

式中，λ_{1s} 和 λ_{2s} 分别为元件1和元件2的计划检修率；t_{1s} 和 t_{2s} 分别为元件1和元件2的计划检修时间。

以上串并联系统计算公式只适用于由元件串并联组成的简单系统，它们是分析更复杂系统的基础。一般原则是把复杂系统可靠性模型中相应的串并联支路归并起来从而使系统逐步得到简化，直到简化为一个等效元件。这个等效元件的参数也就代表了原始网络的可靠度(或不可靠度)。这种方法通常称为网络简化法。

2. *基于最小路的评估算法*

最小路是指负荷点到电源的最短通路，最小路法[10]的基本思想是：先求各负荷点的最小路，再分别考虑最小路上的元件和非最小路上的元件对负荷点可靠性的贡献。如图2.9所示，负荷点 LP_3 到电源的最小路由主馈线1、2、3和分支线c组成，其包括的元件即为最小路上的元件；非最小路则由主馈线4和分支线a、b和d组成，其包括的元件即为非最小路上的元件。

最小路法是在故障模式后果分析法基础上对故障后果搜索方法进行了改进，可用于开环运行的配电网，计算步骤如下：

(1)求取单个负荷点的最小路上设施和非最小路上设施；

(2)将该负荷点非最小路上设施故障的影响折算到相应的最小路的节点上；

(3)对该负荷点最小路上设施故障进行枚举,形成该负荷点的故障停电率和年故障停电时间列表,由此得到该负荷点的可靠性指标;

(4)依次计算每个负荷点的可靠性指标,并在此基础上计算系统可靠性指标。

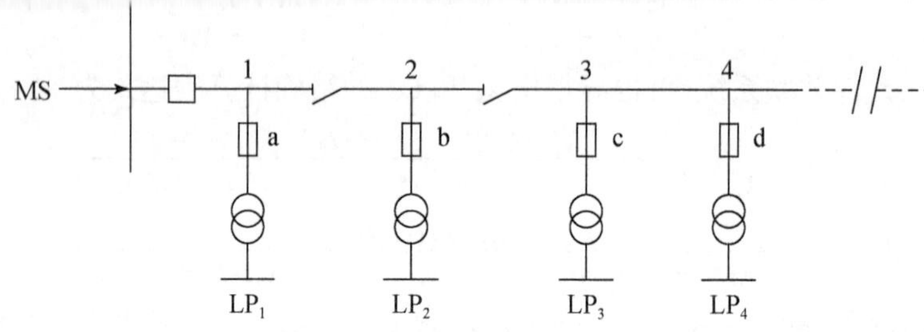

图 2.9　一个简单辐射型网络

MS 主电源;□ 断路器;隔离开关;熔断器;变压器;联络开关

3. 基于最小割集的评估算法

最小割集是指导致系统失效的元件集合的最小子集,即只要集合中任一元件未失效,系统就不会失效的一种割集;只有最小割集中的所有元件失效才能造成系统失效[11]。该方法的基本思路是:采用基于搜索树的方法寻找负荷点的最小供电连集和备用连集,然后通过逻辑运算求得负荷点的最小供电割集和备用割集。对于大规模配电网,对每一个负荷点求割集无疑是耗时的。

利用最小割集法可以找出使负荷点失电的故障模式。如图 2.10 所示,图中桥型网络的最小割集有:(A,D)、(B,E)、(A,C,E)、(B,C,D)。可将该最小割集组合等效成图 2.11 所示的可靠性框图。图 2.11 中各割集中的元件之间是并联的,而

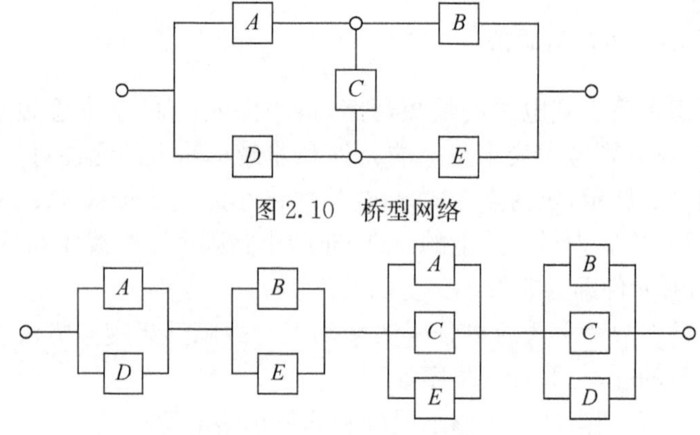

图 2.10　桥型网络

图 2.11　桥型网络等效可靠性框图

割集与割集之间是串联的，则可通过式(2.16)、(2.17)和式(2.18)计算出系统的负荷点三个基本可靠性指标。

2.8.3 面向开关设备的方法

面向开关设备的方法主要是基于故障扩散的评估算法。故障扩散算法的基本思想是：首先枚举系统失效事件，对于某个失效事件，搜索开断开关以确定元件的故障影响范围；再利用故障扩散法搜索隔离开关或线路末端以确定故障隔离范围；最后对系统元件按故障时间的不同进行分类，进而计算出负荷点及系统的可靠性。将故障扩散法进行改进后用于配电网可靠性评估，可参见文献[12]。

2.8.4 失负荷分析

供电最小割集中的元件故障时，负荷点的所有供电路径都被切断，负荷供电完全失效，称为全部失负荷。由于电力元件(如线路、变压器等)都是有容量约束的，当 $n(n\geqslant 2)$ 阶割集中 $k(k<n)$ 个元件故障时，可能导致其余元件过载而切除部分负荷，这种情况称为部分失负荷。为更符合系统运行的实际情况，在对含有环状网的配电系统进行可靠性评估时，应该考虑元件的容量约束甚至节点电压约束，计及部分失负荷的影响。另外，对于有联络开关从而可以实施负荷转移的辐射型配电网，也应进行容量电压约束校验。

2.8.5 含分布式电源网络评估

目前，随着国内外分布式发电技术的日益成熟，越来越多的分布式电源(distributed generation，DG)接入配电网中，DG 一般与配电网并网运行。接入 DG 后，系统从一个由单一电源点供电的配电网变成一个遍布电源的配电网，系统结构发生变化，必然对系统可靠性产生影响[13,14]。

2.8.6 近似估算方法

可靠性评估方法需要完整输入网络参数，数据录入工作烦琐而且维护工作量大，有的配电网缺乏详细的网架数据(如配变位置等)，尤其是规划中压配电网。因此，在工程实际中，需要数据要求量小并有一定精度的可靠性近似估算方法，即针对高中压配电网典型接线模式，经过适当的简化获得可靠性指标的解析表达式，适合可靠性指标快速估算甚至手算[15,16]。

2.8.7 多电压等级配电网评估

在多电压等级可靠性评估方面，Billinton 等讨论了发输电系统与配电系统对负荷点可靠性指标的贡献，得到“配电系统对负荷点可靠性指标的贡献一般超过

90%”的结论[17,18]，并提出将发输电系统可靠性评估结果作为配电系统可靠性评估的电源参数的方法，有效降低统一评估的难度，但在以什么评估结果作为等值电源参数方面考虑得较为简单，即将所有上级停电影响结果等效为一个有故障率及修复时间的一般元件。为此，文献[19]提出了采用具有更多参数(如切负荷大小)的电源或元件模型，以便考虑停电过程中上下级电网的配合与响应；本书也在5.4节中提出考虑高压配电网影响的可靠性指标简化计算公式，并进行较为详细的阐述。

2.9 本章小结

本章对配电网可靠性评估的基础知识进行了简要介绍，涉及可靠性评估基本概念、指标、模型和一般步骤，以及常用的评估方法。其中，基于输电网和中压配电网常用的可靠性指标，结合高压配电网的特点，介绍了基于中压可靠性指标的高压配电网可靠性指标的优选结果，涉及平均停电率、负荷转供时间、修复时间和切负荷率等；介绍了三种节点编号优化方法及其特点，推荐访问优先搜索编号方法或相应的混合方法；明确将可靠性损失费用分类为计划停电费用和故障停电费用；根据不同的停电时间将节点分为5类(即正常运行节点、隔离停电元件后恢复供电的节点、切换操作后恢复供电的节点、修复后才能恢复供电的节点和孤岛形成后恢复供电的节点)；对常用的评估方法进行了分类介绍，涉及面向元件的方法、面向负荷的方法、面向开关设备的方法、失负荷分析、含分布式电源网络评估、近似估算方法和多电压等级配电网评估。

参考文献

[1] 李文沅．电力系统风险评估：模型、方法和应用[M]．北京：科学出版社，2006.

[2] Billinton R, Allan R N. Reliability Evaluation of Power Systems[M]. 2nd ed. New York: Plenum Press, 1996.

[3] 程林，何剑．电力系统可靠性原理和应用[M]．2版．北京：清华大学出版社，2015.

[4] 国家电力监管委员会电力可靠性管理中心．电力可靠性技术与管理培训教材[M]．北京：中国电力出版社，2007.

[5] 杨智明．图的广度优先搜索遍历算法的分析与实现[J]．农业网络信息，2009，(12)：136，137.

[6] 王守相，王成山．配电系统节点优化编号方案比较[J]．电力系统自动化，2003，27(8)：54-58.

[7] 陶华，杨震，张民，等．基于深度优先搜索算法的电力系统生成树的实现方法[J]．电网技术，2010，34(2)：120-124.

[8] Wang Z D, Shokooh F, Qiu J. An efficient algorithm for assessing reliability indexes of general distribution systems[J]. IEEE Transactions on Power Systems, 2002, 17(3):

608-614.

[9] 李蕊,李跃,苏剑,等. 配电网重要电力用户停电损失及应急策略[J]. 电网技术,2011,35(10):170-176.

[10] Xie K,Zhou J,Billinton R. Reliability evaluation algorithm for complex medium voltage electrical distribution networks based on the shortest path[J]. IEE Proceedings-Generation,Transmission and Distribution,2004,150(6):686-690.

[11] 王秀丽,罗沙,谢绍宇,等. 基于最小割集的含环网配电系统可靠性评估[J]. 电力系统保护与控制,2011,39(9):52-58.

[12] 昝贵龙,赵华,吴延琳,等. 考虑容量及电压约束的配电网可靠性评估前推故障扩散法[J]. 电力系统自动化,2017,41(7):61-67.

[13] 梁惠施,程林,刘思革. 基于蒙特卡罗模拟的含微网配电网可靠性评估[J]. 电网技术,2011,35(10):76-81.

[14] 韦婷婷,王主丁,寿挺,等. 基于 DG 并网运行的中压配网可靠性评估实用方法[J]. 电网技术,2016,40(10):3006-3012.

[15] 陈文高. 配电系统可靠性实用基础[M]. 北京:中国电力出版社,1998.

[16] 王主丁,韦婷婷,万凌云,等. 计及多类开关和容量约束的中压配电网可靠性估算解析模型[J]. 电力系统自动化,2016,40(17),146-155.

[17] Billinton R,Goel L. Overall adequacy assessment of an electric power system[J]. IEE Proceedings-Generation,Transmission and Distribution,1992,139(1):57-63.

[18] Billinton R,Jonnavithula S. A test system for teaching overall power system reliability assessment[J]. IEEE Transactions on Power Systems,1996,11(4):1670-1676.

[19] 葛少云,季时宇,刘洪,等. 基于多层次协同分析的高中压配电网可靠性评估[J]. 电工技术学报,2016,31(19):172-181.

第3章 配电网可靠性评估中多重故障的影响分析

作为高中压配电网可靠性评估实用模型和方法的基础,本章阐述多重故障对高中压配电网可靠性评估的影响,明确高中压配电网可靠性计算分析分别应考虑到的故障阶数和类型。

3.1 引　　言

在配电网元件相互独立(任一元件故障与其他任何元件故障无关)的情况下,配电网故障(或计划检修)可分为单重故障和多重独立故障。单重故障是指一个停运状态只包含一个元件故障,多重独立故障是指一个停运状态包含一个以上元件的故障。本书研究的多重故障均是指多重独立故障。

对于配电网可靠性评估中是否应该考虑多重故障的影响,国内外学者尚未得出一致的结论[1~12]。工程上常用的电网可靠性评估方法总体上可分为模拟法和解析法两类。模拟法可以很方便地考虑多重故障,主要不足在于计算时间和计算精度密切相关,为了获得精度较高的可靠性指标,往往需要很长的计算时间;解析法物理模型清楚,计算精度较高,但考虑多重故障时状态数随元件数量呈指数增长。文献[8]通过公式推导和典型配电网的计算分析表明,无论是放射式还是"闭环设计,开环运行"的中压配电网,多重故障对负荷点可靠性指标影响较小。文献[9]分析了多重故障对高压配电网可靠性的影响,指出高压配电网可靠性评估仅须考虑一阶故障和部分二阶故障。

本章介绍多重故障对中压配电网和高压配电网的影响[8,9]。其中,3.2节基于故障分类和典型参数,分析不同区域和不同线路长度条件下多重故障的影响,推荐应考虑到的故障阶数;3.3节对高压配电网采用了与3.2节不同的并联系统分类方式,利用典型参数分析多重故障的影响,推荐应考虑到的故障阶数和类型。

3.2 中压配电网评估中多重故障的影响

对于放射式和"闭环设计,开环运行"中压配电网,本节将影响负荷点可靠性指标的多重故障分为串联系统多重故障和并联系统多重故障,并分析论证它们对可靠性评估的影响。

3.2.1　串联系统平均故障率公式及其讨论

对于不可修复或虽可修复,但在未损坏前的元件,可靠性的主要定量指标有可靠度 $R(t)$、不可靠度 $F(t)$和故障率 $\lambda(t)$ 等,且可靠度与不可靠度之和为 1。在元件 k 的寿命服从指数分布的前提下,故障率为常数,即 $\lambda_k(t)=\lambda_k$,可靠度与故障率满足以下关系[13]:

$$R_k(t)=\exp(-\lambda_k t) \tag{3.1}$$

n 个元件串联的系统可靠度 $R_s(t)$ 可表示为

$$R_s(t)=\prod_{k=1}^{n} R_k(t) \tag{3.2}$$

假设串联系统的寿命服从指数分布,将式(3.1)代入式(3.2)可得系统故障率为

$$\lambda_s=\sum_{k=1}^{n}\lambda_k \tag{3.3}$$

式中,λ_s 为系统故障率。

式(3.3)是假设系统中所有元件都可靠工作推导得到的,其对立面即为所有可能的故障情况。因此,常用的串联系统故障率计算式,包含了相应串联系统各元件发生任意重故障对应的故障率。

对于可修复元件系统,通过对比简单串联系统严格单重故障(仅一个元件故障,其他元件正常运行)的故障率与元件系统故障率之和的大小关系也可得出类似结论。如图 3.1 所示典型辐射线路,假设 LP$_i$(负荷点 i)的供电线路长 15km,均匀分成 3 段,将每段视为一个元件,标号为 1、2 和 3。

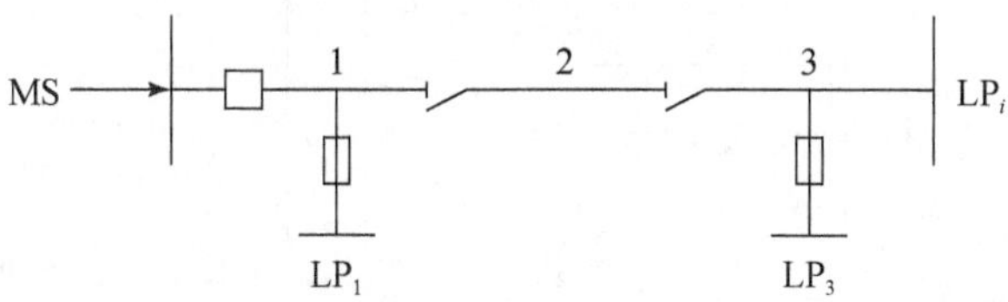

图 3.1　典型辐射线路示例图

MS 主电源;□ 断路器;—⌐/— 隔离开关;—⊟— 熔断器

假设所有开关设备绝对可靠,架空线路故障率为 0.065 次/(km · 年),故障修复时间为 8.0h/次。λ'_k 和 μ'_k 分别表示仅元件 k(k=1,2,3)故障而其他元件正常运行时的系统故障率和修复率。

为了计算 λ'_1,根据三个事件同时发生的概率计算规则可知:

$$\frac{\lambda_1\mu_2\mu_3}{(\lambda_1+\mu_1)(\lambda_2+\mu_2)(\lambda_3+\mu_3)}=\frac{\lambda'_1}{\lambda'_1+\mu'_1} \tag{3.4}$$

若元件 1 故障而其他元件正常运行，只要元件 1 修复系统即可恢复供电，即此时的系统修复率 $\mu'_1=\mu_1$，代入式(3.4)可解得 $\lambda'_1=0.3248$。

同理可得 $\lambda'_2=\lambda'_3=0.3248$。因此，三元件串联系统因单重故障失效的故障率为 $\lambda'=\lambda'_1+\lambda'_2+\lambda'_3=0.9744$。而三个元件的故障率之和为 0.975。由此可知，对于三元件串联系统，系统单重故障率小于各元件故障率之和。这个结果也支撑上述观点，即串联系统各元件故障率之和包含单重故障和多重故障导致的故障率。因此，用串联系统故障率计算公式时无须额外计算多重故障造成的平均故障率。

与并联系统不同，由于串联系统二重故障和三重故障对应的系统修复率均难以计算，因此故障率亦不易获得，但可采用元件故障率之和减去系统单重故障率的方法计算串联系统多重故障率总和。

3.2.2 多重故障分类

1. 基于负荷点的元件分类

如图 3.2 所示的典型配电网络：负荷点 i(即 LP_i)所在馈线为 F_1，F_1 的联络馈线为 F_2。

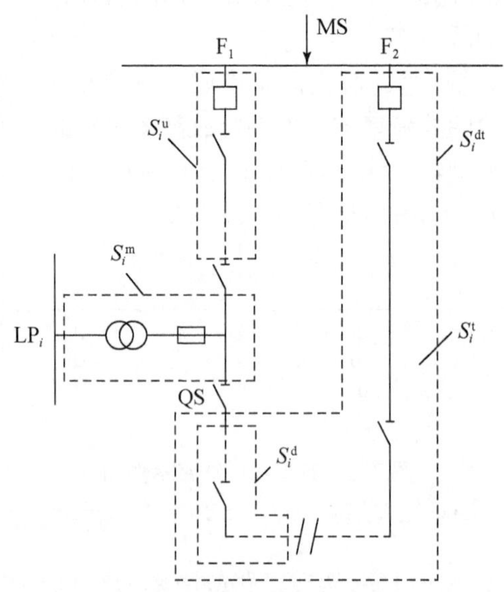

图 3.2 典型配电网络示例图

MS 主电源；□ 断路器；—╱⊢— 隔离开关；

—▭— 熔断器；—◎— 变压器；- - -╱╱- - - 联络开关

将 F_1 中的元件以开关为界分为集合 S_i^u、S_i^m 和 S_i^d(若 LP_i 位于馈线末端或者

QS 位置的开关改用断路器，则集合 S_i^d 为空)，其元件故障后 LP_i 停电持续时间分别为故障定位、隔离时间与联络开关切换时间之和，故障修复时间，以及故障定位、隔离时间与上游段恢复供电操作时间之和。此外，用 S_i^t 表示 F_2 上的相关元件集合；S_i^{dt} 为 S_i^d 与 S_i^t 的并集。各元件集合如图 3.2 所示。

2. 基于负荷点的多重故障分类

对图 3.2 所示网络，基于上述元件分类，根据可能影响 LP_i 可靠性指标的多重故障发生位置分为六类：①仅 S_i^u 中；②仅 S_i^m 中；③仅 S_i^d 中；④ S_i^u 和 S_i^m 中；⑤ S_i^d 和 S_i^m 中；⑥ S_i^u 和 S_i^{dt} 中。

无论图 3.2 所示网络是否存在联络开关，由 3.2.1 小节可知，LP_i 的故障率为 S_i^u、S_i^m 和 S_i^d 的所有元件故障率之和，已计及了所有多重故障的影响。因此，下面仅基于上述六类多重故障对 LP_i 单次停电持续时间的不同影响进行再分类，如表 3.1 所示。

表 3.1　基于负荷点的多重故障分类

网络结构	第 1 类	第 2 类	第 3 类	第 4 类	第 5 类	第 6 类
闭环设计、开环运行	N	S	N	P	P	P
放射式	S	S	N	S	P	—

表 3.1 中，“N”表示无影响的多重故障，即此类多重故障的发生与相应的单重故障相比，LP_i 停电持续时间相同；“S”表示串联系统多重故障，此类多重故障的发生，对 LP_i 停电持续时间有一定影响；“P”表示并联系统多重故障，此类多重故障的发生导致 LP_i 停电持续时间增加。例如，对于“闭环设计、开环运行”网络的第 4 类多重故障，若在 S_i^u 中的元件故障修复期间 S_i^m 中的元件相继故障，LP_i 停电持续时间为 S_i^m 故障元件修复时间；而仅 S_i^u 发生故障时，LP_i 的停电持续时间为故障定位、隔离时间与联络开关切换时间之和，通常情况下，前者大于后者。

3.2.3　年平均停电持续时间计算

1. 串联系统多重故障

1)公式推导

对于 n 个元件串联的系统，根据 n 个事件同时发生的概率计算规则[14]可知(参见 2.8.2 小节)：

$$\prod_{k=1}^{n} \frac{\mu_k}{\lambda_k + \mu_k} = \frac{\mu_s}{\lambda_s + \mu_s} \tag{3.5}$$

将式(3.3)代入式(3.5)解得系统修复率 μ_s，并根据 $U_s = \lambda_s / \mu_s$ 可得系统的年平均停电持续时间，再根据 $t_k = 1/\mu_k$，将 U_s 最终表示为 λ_k 和 t_k 的关系式。分别计算 2、3、4 个元件串联系统年平均停电持续时间，归纳可得，n 个元件串联系统年平均停电持续时间可表示为

$$U_s = \sum_{k=1}^{n}(\lambda_k t_k) + \sum_{1 \leqslant i < j \leqslant n}(\lambda_i \lambda_j t_i t_j) + \sum_{1 \leqslant i < j < l \leqslant n}(\lambda_i \lambda_j \lambda_l t_i t_j t_l) + \cdots + \prod_{k=1}^{n}(\lambda_k t_k) \tag{3.6}$$

现采用第一数学归纳法证明式(3.6)。假设当 $n=m$ 时，式(3.6)成立，则

$$U_s = \sum_{k=1}^{m}(\lambda_k t_k) + \sum_{1 \leqslant i < j \leqslant m}(\lambda_i \lambda_j t_i t_j) + \sum_{1 \leqslant i < j < l \leqslant m}(\lambda_i \lambda_j \lambda_l t_i t_j t_l) + \cdots + \prod_{k=1}^{m}(\lambda_k t_k) \tag{3.7}$$

当 $n=m+1$ 时，即相当于含 m 个元件的串联系统与 1 个元件串联组成两元件串联系统，则

$$\begin{aligned} U_s = {} & (1+\lambda_{m+1} t_{m+1})\left[\sum_{k=1}^{m}(\lambda_k t_k) + \sum_{1 \leqslant i < j \leqslant m}(\lambda_i \lambda_j t_i t_j) + \sum_{1 \leqslant i < j < l \leqslant m}(\lambda_i \lambda_j \lambda_l t_i t_j t_l) + \cdots + \prod_{k=1}^{m}(\lambda_k t_k)\right] \\ & + \lambda_{m+1} t_{m+1} = \sum_{k=1}^{m+1}(\lambda_k t_k) + \sum_{1 \leqslant i < j \leqslant m+1}(\lambda_i \lambda_j t_i t_j) + \sum_{1 \leqslant i < j < l \leqslant m+1}(\lambda_i \lambda_j \lambda_l t_i t_j t_l) + \cdots + \prod_{k=1}^{m+1}(\lambda_k t_k) \end{aligned} \tag{3.8}$$

因此，考虑所有多重故障情况的年平均停电持续时间计算式(3.6)对任意多个元件串联的系统均成立。由推导过程可知，式(3.6)是考虑了所有多重故障的串联系统年平均停电持续时间的精确计算式，而常用计算式只含其一阶项，如式(3.9)所示：

$$U_s = \sum_{k=1}^{n}(\lambda_k t_k) \tag{3.9}$$

2)公式讨论

由 2.8.2 小节串并联系统的计算公式可知，式(3.6)的 p 阶($p=2,3,\cdots,n$)项的各个子项是相应 m 个元件并联系统年平均停电持续时间的简化计算式。但由于串联系统修复率的计算不同于并联系统，不能将式(3.6)的 m 阶项视为串联系统 m 重故障导致的系统年平均停电持续时间。

2. 并联系统多重故障

在预安排停运期间发生故障也会使负荷点停电持续时间增加，因此本书的多重故障是指考虑了预安排停运的多重广义故障。下面对图 3.2 所示网络进行分析，由表 3.1 可知，仅第 4 类、第 5 类和第 6 类为并联系统多重故障，首先对较复杂的第 6 类多重故障进行分析。

1)第6类多重故障

首先将第6类多重故障再分为3种情况[14](参见2.8.2小节)。

情况1：S_i^{u} 与 S_i^{dt} 之间故障重叠，可进一步细分为用添加了上标(上标"f"表示故障，"s"表示预安排停运，余同)的集合对($S_i^{\mathrm{u,f}}$, $S_i^{\mathrm{dt,f}}$)、($S_i^{\mathrm{d,f}}$, $S_i^{\mathrm{u,f}}$)和($S_i^{\mathrm{t,f}}$, $S_i^{\mathrm{u,f}}$)表示的3种子情况。

情况2：S_i^{dt} 故障与 S_i^{u} 预安排停运重叠，用集合对($S_i^{\mathrm{u,s}}$, $S_i^{\mathrm{dt,f}}$)表示。

情况3：S_i^{u} 故障与 S_i^{dt} 预安排停运重叠，分为用集合对($S_i^{\mathrm{d,s}}$, $S_i^{\mathrm{u,f}}$)和($S_i^{\mathrm{t,s}}$, $S_i^{\mathrm{u,f}}$)表示的两种子情况。

(1)情况1。

对于情况1的子情况1，表示这种子情况的集合对($S_i^{\mathrm{u,f}}$, $S_i^{\mathrm{dt,f}}$)含义为：S_i^{u} 中一个或多个元件发生故障，且在其故障修复期间(年故障时间为 $\lambda_{\mathrm{f}}^{\mathrm{u}}t_{\mathrm{f}}^{\mathrm{u}}$)，S_i^{dt} 中的元件相继发生故障(下面所有集合对含义参见此定义)。相应的平均故障率和每次故障的平均停电持续时间可表示为

$$\lambda_{i6,1,1}=\lambda_{\mathrm{f}}^{\mathrm{dt}}(\lambda_{\mathrm{f}}^{\mathrm{u}}t_{\mathrm{f}}^{\mathrm{u}}) \tag{3.10}$$

$$t_{i6,1,1}=\frac{t_{\mathrm{f}}^{\mathrm{u}}t_{\mathrm{f}}^{\mathrm{dt}}}{t_{\mathrm{f}}^{\mathrm{u}}+t_{\mathrm{f}}^{\mathrm{dt}}} \tag{3.11}$$

式中，($\lambda_{\mathrm{f}}^{\mathrm{u}}$, $t_{\mathrm{f}}^{\mathrm{u}}$)和($\lambda_{\mathrm{f}}^{\mathrm{dt}}$, $t_{\mathrm{f}}^{\mathrm{dt}}$)分别为集合 S_i^{u} 和 S_i^{dt} 的等值故障率和等值故障修复时间，可采用式(3.3)以及式(3.9)与式(3.3)的比值计算得到(式(3.9)具有较高计算精度，可参见3.2.4小节，下面内容类似时间的计算原理相同)。

若故障仅发生在 S_i^{u} 中，LP_i 的停电持续时间为集合 S_i^{u} 的故障定位、隔离时间与联络开关切换时间之和，用 $t_i^{\mathrm{u,f}}$ 表示。因此，LP_i 年平均停电持续时间修正量或增加值可表示为

$$U_{i6,1,1}=\lambda_{i6,1,1}(t_{i6,1,1}-t_i^{\mathrm{u,f}}) \tag{3.12}$$

类似地，可求得子情况2和子情况3对应的 LP_i 年平均停电持续时间修正量，与 $U_{i6,1,1}$ 累加可得情况1的修正量可表示为

$$U_{i6,1}=\lambda_{i6,1,1}(t_{i6,1,1}-t_i^{\mathrm{u,f}})+\lambda_{i6,1,2}(t_{i6,1,2}-t_i^{\mathrm{d,f}})+\lambda_{i6,1,3}(t_{i6,1,3}-0) \tag{3.13}$$

式中，$\lambda_{i6,1,k}$ 和 $t_{i6,1,k}$ 分别为第6类多重故障的情况1的子情况 $k(k=2,3)$ 对应的 LP_i 平均故障率和每次故障的平均停电持续时间，$t_i^{\mathrm{d,f}}$ 为集合 S_i^{d} 的故障定位、隔离时间与上游段恢复供电操作时间之和。$\lambda_{i6,1,2}$ 、$t_{i6,1,2}$ 、$\lambda_{i6,1,3}$ 和 $t_{i6,1,3}$ 可分别表示为

$$\lambda_{i6,1,2}=\lambda_{\mathrm{f}}^{\mathrm{u}}(\lambda_{\mathrm{f}}^{\mathrm{d}}t_{\mathrm{f}}^{\mathrm{d}}) \tag{3.14}$$

$$t_{i6,1,2}=\frac{t_{\mathrm{f}}^{\mathrm{u}}t_{\mathrm{f}}^{\mathrm{d}}}{t_{\mathrm{f}}^{\mathrm{u}}+t_{\mathrm{f}}^{\mathrm{d}}} \tag{3.15}$$

$$\lambda_{i6,1,3}=\lambda_{\mathrm{f}}^{\mathrm{u}}(\lambda_{\mathrm{f}}^{\mathrm{t}}t_{\mathrm{f}}^{\mathrm{t}}) \tag{3.16}$$

$$t_{i6,1,3}=\frac{t_{\mathrm{f}}^{\mathrm{u}}t_{\mathrm{f}}^{\mathrm{t}}}{t_{\mathrm{f}}^{\mathrm{u}}+t_{\mathrm{f}}^{\mathrm{t}}} \tag{3.17}$$

式中，λ_f^d，t_f^d 和 λ_f^t，t_f^t 分别为集合 S_i^d 和 S_i^t 的等值故障率和等值故障修复时间。

(2)情况 2。

类似于式(3.12)的推导过程，可求得情况 2 对应的 LP_i 年平均停电持续时间修正量计算公式，可表示为

$$U_{i6,2}=\lambda_{i6,2}(t_{i6,2}-t_i^{u,s}) \tag{3.18}$$

式中，$\lambda_{i6,2}$、$t_{i6,2}$ 和 $U_{i6,2}$ 分别为第 6 类多重故障的情况 2 对应的 LP_i 平均故障率、每次故障的平均停电持续时间和年平均停电持续时间的修正量；$t_i^{u,s}$ 为集合 S_i^u 的计划停电隔离时间与联络开关切换时间之和。其中，$\lambda_{i6,2}$ 和 $t_{i6,2}$ 可表示为

$$\lambda_{i6,2}=\lambda_f^{dt}(\lambda_s^u t_s^u) \tag{3.19}$$

$$t_{i6,2}=\frac{t_s^u t_f^{dt}}{t_s^u+t_f^{dt}} \tag{3.20}$$

式中，λ_s^u 和 t_s^u 分别为集合 S_i^u 的等值预安排停运率和等值预安排停运持续时间。

(3)情况 3。

同理可求得情况 3 对应的 LP_i 年平均停电持续时间修正量计算公式：

$$U_{i6,3}=\lambda_{i6,3,1}(t_{i6,3,1}-t_i^{d,s})+\lambda_{i6,3,2}(t_{i6,3,2}-0) \tag{3.21}$$

式中，$t_i^{d,s}$ 为集合 S_i^d 的预安排停运隔离时间与上游段恢复供电操作时间之和；$\lambda_{i6,3,k}$、$t_{i6,3,k}$ 和 $U_{i6,3,k}$ 分别为第 6 类多重故障的情况 3 的子情况 $k(k=1,2)$对应的 LP_i 平均故障率、每次故障的平均停电持续时间和年平均停电持续时间的修正量；$\lambda_{i6,3,1}$、$t_{i6,3,1}$、$\lambda_{i6,3,2}$ 和 $t_{i6,3,2}$ 可分别表示为

$$\lambda_{i6,3,1}=\lambda_f^u(\lambda_s^d t_s^d) \tag{3.22}$$

$$t_{i6,3,1}=\frac{t_f^u t_s^d}{t_f^u+t_s^d} \tag{3.23}$$

$$\lambda_{i6,3,2}=\lambda_f^u(\lambda_s^t t_s^t) \tag{3.24}$$

$$t_{i6,3,2}=\frac{t_f^u t_s^t}{t_f^u+t_s^t} \tag{3.25}$$

式中，λ_s^d，t_s^d 和 λ_s^t，t_s^t 分别为集合 S_i^d 和 S_i^t 的等值预安排停运率和等值预安排停运持续时间。

(4)总和。

上述 3 种情况之间具有互斥性，且不可能同时发生，因此考虑第 6 类多重故障(仅集合对两两组合)的 LP_i 年平均停电持续时间修正量可表示为

$$U_{i6}=U_{i6,1}+U_{i6,2}+U_{i6,3} \tag{3.26}$$

2)第 4 类多重故障

对于第 4 类多重故障，考虑到在故障期间不允许开展预安排停运，可能发生的子情况可用集合对($S_i^{u,f}$，$S_i^{m,f}$)、($S_i^{u,s}$，$S_i^{m,f}$)、($S_i^{m,f}$，$S_i^{u,f}$)和($S_i^{m,s}$，$S_i^{u,f}$)表示。由于后两种情况与仅集合 S_i^m 中元件故障或预安排停运相比 LP_i 的停电持续时间

不变(假设各集合元件故障修复时间相同,预安排停运持续时间大于故障修复时间),故只需考虑前两种情况。所以,考虑了第 4 类多重故障的 LP_i 年平均停电持续时间修正量 U_{i4} 为

$$U_{i4}=\lambda_f^m(\lambda_f^u t_f^u)(t_f^m-t_i^{u,f})+\lambda_f^m(\lambda_s^u t_s^u)(t_f^m-t_i^{u,s}) \tag{3.27}$$

式中,λ_f^m 和 t_f^m 分别为集合 S_i^m 的等值故障率和等值故障修复时间。

3)第 5 类多重故障

同理,考虑第 5 类多重故障的 LP_i 年平均停电持续时间修正量 U_{i5} 为

$$U_{i5}=\lambda_f^m(\lambda_f^d t_f^d)(t_f^m-t_i^{d,f})+\lambda_f^m(\lambda_s^d t_s^d)(t_f^m-t_i^{d,s}) \tag{3.28}$$

因此,对于"闭环设计,开环运行"的配电网,考虑各类并联系统多重故障后的 LP_i 年平均停电持续时间修正量可表示为

$$U_i^{(2)}=U_{i4}+U_{i5}+U_{i6} \tag{3.29}$$

3.2.4　典型数据计算分析

1. 假设条件

(1)每一负荷点配电变压器均装有熔断器。

(2)除线路外的元件故障停运率和预安排停运率为 0。

(3)故障定位隔离时间、上游段恢复供电平均操作时间、联络开关切换时间均为 0h。

(4)不考虑转供线路的容量和电压约束。

2. 算例 3.1:串联系统年平均停电持续时间误差评估

对于串联系统多重故障,难以分离出多重故障对应的停电时间,因此仅评估常规计算与精确计算的误差大小。算例 3.1 对图 3.1 所示网络(线路均匀分段)的 LP_3 进行计算分析,并计算不同线路长度,不同负荷分区(按负荷密度从高到低排列为 A、B、C)的指标。算例参数和计算结果分别见表 3.2 和表 3.3。

表 3.2　不同供电区域线路可靠性参数

区域	故障停运率/[次/(km·年)]	故障修复时间/(h/次)	预安排停运率/[次/(km·年)]	预安排停运持续时间/(h/次)
A	0.09	1	0.4	4
B	0.12	2	0.5	6
C	0.16	3	0.6	8

表 3.3 常规计算与精确计算的年平均停电持续时间对比

线路长度/km	区域	常规计算/(h/年)	精确计算/(h/年)	常规计算/精确计算/%
5	A	0.45	0.450008	99.998
5	B	1.2	1.200055	99.995
5	C	2.4	2.400219	99.991
10	B	2.4	2.400219	99.991
10	C	4.8	4.800877	99.982
15	C	7.2	7.201973	99.973
30	C	14.4	14.407892	99.945

由表 3.3 可知，线路越长，可靠性水平越低，LP_3 年平均停电持续时间的常规计算与精确计算的比值越小，常规计算造成的误差越大。当馈线长 30km，且属于 C 类供电区域时比值最小，为 99.945%，即常规计算造成的误差最大，为 0.055%。

3. *算例 3.2：并联系统多重故障影响评估*

算例 3.2 基于图 3.3 所示网络，评估并联系统多重故障对网络末端负荷点（受影响最大）年平均停电持续时间的影响，结果如表 3.4 所示。

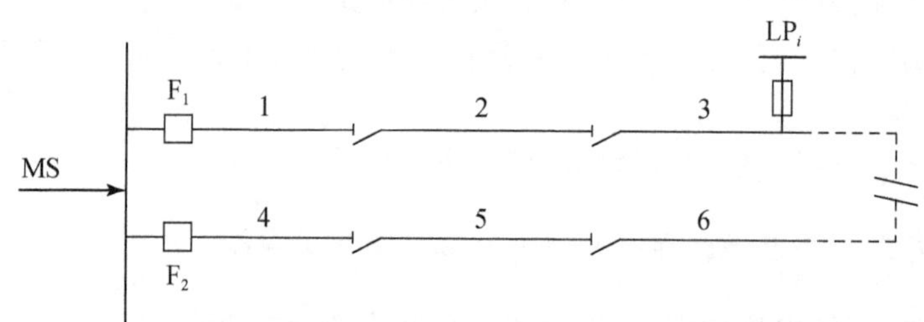

图 3.3 “闭环设计、开环运行”配电系统接线示意图

MS 主电源；□ 断路器；—⊣⁄— 隔离开关；—▭— 熔断器；--⫽-- 联络开关

表 3.4 并联系统多重故障对年平均停电持续时间的影响

线路长度/km	区域	年平均停电持续时间/(10^{-4}h /年)				总和/常规计算/%
		第 4 类	第 6 类	第 4 类与第 6 类的总和	常规计算	
5	A	0.96	4.54	5.50	2817	0.20
5	B	4.93	21.64	26.57	5400	0.49
5	C	16.07	68.14	84.21	8800	0.96
10	B	19.73	86.58	106.31	10800	0.98
10	C	64.29	272.58	336.87	17600	1.91

续表

线路长度/km	区域	年平均停电持续时间/(10^{-4}h /年)				总和/常规计算/%
		第 4 类	第 6 类	第 4 类与第 6 类的总和	常规计算	
15	C	144.66	613.30	757.96	26400	2.87
30	C	578.63	2453.20	3031.83	52800	5.74

由表 3.4 可知,线路越长,可靠性水平越低,并联系统多重故障使 LP_i 增加的年平均停电持续时间越大,占常规计算结果的比例也越大。当馈线长 30km,且属于 C 类供电区域,增加的年平均停电持续时间最大,约为 0.3h,占常规计算结果的 5.74%。

由于配电网可靠性与线路分段数密切相关[15],为了研究分段数的影响,对上述最大比例对应的情况,计算不同分段时末端负荷点 LP_i 的可靠性指标,结果如表 3.5 所示。

表 3.5　年平均停电持续时间的分段灵敏度分析

分段数	年平均停电持续时间/(h /年)				总和/常规计算/%
	第 4 类	第 6 类	第 4 类与第 6 类的总和	常规计算	
5	0.042	0.294	0.336	31.68	1.061
10	0.023	0.331	0.354	15.84	2.235
15	0.016	0.343	0.359	10.56	3.400

由表 3.5 可知,随着分段数的增加,并联系统多重故障使负荷点增加的年平均停电持续时间总和增大,常规计算对应的年平均停电持续时间减小,相关占比增大,最大为 3.400%。

上述典型算例计算分析表明:一般情况下,串联系统年平均停电持续时间常规计算造成的误差以及并联系统多重故障对负荷点年平均停电持续时间的影响都较小;极端情况下(如线路增长、故障/预安排停运率增大或故障修复时间加大),则需考虑并联系统多重故障的影响。

3.3　高压配电网评估中多重故障的影响

本节高压配电网串联系统可靠性计算方法与 3.2 节中介绍的中压配电网串联系统一样,但并联系统多重故障分类与中压配电网并联系统分类有所差别。

3.3.1　多重故障影响公式

高压配电网二阶故障根据停电时间的不同可以分为两类:Ⅰ类二阶故障,即让负荷感受到修复时间的二阶故障;Ⅱ类二阶故障,即让负荷感受到转供时间的二阶故障。

可靠性评估忽略停电时间较短的高阶故障可有效截断状态空间。本节讨论多重故障停电时间占一阶故障停电时间比例,以确定高压配电网可靠性评估需要考虑的元件故障阶数。高压配电网某节点 i 停电时间可表示为

$$U_i = \sum_{k \in G_{\mathrm{d},i}^{(1)}} U_{i,k}^{(1)} + \sum_{k \in G_{\mathrm{bc},i}^{(1)}} U_{i,k}^{(1)} + \sum_{n=2}^{N} \sum_{k \in S_i^{(n)}} U_{i,k}^{(n)} \tag{3.30}$$

式中,$G_{\mathrm{d},i}^{(1)}$ 和 $G_{\mathrm{bc},i}^{(1)}$ 为仅在一阶故障条件下导致节点 i 分别感受到停电时间(故障修复时间或计划停电时间)和负荷转供时间的故障状态集合;$S_i^{(n)}$ 为造成节点 i 停电的 n 阶故障状态集合;N 为多重故障最高阶数;$U_{i,k}^{(n)}$ 为 n 阶故障中第 k 种故障状态造成的节点 i 停电时间。

由于高压配电网一般有备用电源,仅很少一阶故障状态属于集合 $G_{\mathrm{d},i}^{(1)}$,大部分一阶故障状态属于 $G_{\mathrm{bc},i}^{(1)}$,同时计算完成前总的停电时间 U_i 未知。因此,本书仅分析涉及集合 $G_{\mathrm{bc},i}^{(1)}$ 的故障元件 n 阶故障停电时间与相应单个元件故障停电时间和的比值(以下简称占比),而不是直接考虑多重故障停电时间占总停电时间的比值。因此,相关元件二阶故障的占比可表示为(参见 2.8.2 小节)

$$k^{(2)} = \frac{\lambda_1 \lambda_2 t_1 t_2 + (\lambda_{1\mathrm{s}} t_{1\mathrm{s}}) \lambda_2 \dfrac{t_{1\mathrm{s}} t_2}{t_{1\mathrm{s}} + t_2} + (\lambda_{2\mathrm{s}} t_{2\mathrm{s}}) \lambda_1 \dfrac{t_1 t_{2\mathrm{s}}}{t_1 + t_{2\mathrm{s}}}}{(\lambda_1 + \lambda_2) t_{\mathrm{df}}} \tag{3.31}$$

式中,t_{df} 为单重故障时负荷的转供时间。

3.3.2 典型数据计算分析

利用元件典型可靠性参数计算Ⅰ类二阶故障和Ⅱ类二阶故障节点停电时间,并分析二阶故障(Ⅰ类和Ⅱ类)与一阶故障停电时间的比值。采用我国 2005～2012 年输变电设施可靠性参数平均值作为元件典型可靠性参数[16](由于 2008 年参数异常,未采用该年数据),见表 3.6;线路长度取值为 10km;负荷转供时间取值为 5min。不同元件一阶故障停电时间见表 3.7。不同元件二阶故障停电时间及占比如表 3.8 所示。

表 3.6 元件典型可靠性参数

元件	故障率	故障修复时间	计划检修率	故障检修时间
线路	0.002	23	0.013	34
变压器	0.01	90	0.57	57
断路器	0.01	43	0.58	25
母线	0.0016	37	0.5	11

注:故障修复时间和故障检修时间单位为 h/次,线路的故障率和计划检修率单位为次/(km·年),变压器、母线和断路器的故障率和检修率单位为次/年。

表 3.7 不同元件一阶故障停电时间

元件	线路	变压器	断路器	母线
停电时间/(h/年)	0.0017	0.0008	0.0008	0.0001

表 3.8 不同元件二阶故障停电时间及占比

故障元件	Ⅰ类二阶故障		Ⅱ类二阶故障	
	停电时间/(10^{-4}h/年)	占比/%	停电时间/(10^{-6}h/年)	占比/%
线路-线路	3.01	9.03	1.77	0.05
线路-变压器	13.87	55.49	3.98	0.16
线路-断路器	5.15	20.60	2.26	0.09
线路-母线	1.11	6.16	0.93	0.05
变压器-变压器	26.81	160.87	6.27	0.38
变压器-断路器	12.77	76.63	4.56	0.27
变压器-母线	2.01	20.77	3.19	0.33
断路器-断路器	5.44	32.67	2.80	0.17
断路器-母线	0.97	10.08	1.47	0.15
母线-母线	0.17	6.54	0.17	0.06

由表3.8分析可知，Ⅰ类二阶故障占比平均值为39.88%，Ⅱ类二阶故障占比平均值仅为0.17%，Ⅰ类二阶故障占比远远大于Ⅱ类二阶故障占比。经分析，与线路有关的Ⅱ类二阶故障占比随着线路长度增加而变大，110kV线路最长一般为100km，此时表3.8中四种与线路有关的Ⅱ类二阶故障占比分别为0.53%、0.5%、0.49%和0.5%。由于Ⅱ类二阶故障停电时间和一阶故障转供时间均与负荷转供时间成正比，因此Ⅱ类二阶故障占比与转供时间无关。

元件一阶故障后负荷可以转供，转供时间是影响元件二阶故障停电时间占比的关键因素，不同转供时间对表3.8中部分故障模式的Ⅰ类二阶故障占比影响见图3.4。

分析图3.4可知，随着负荷转供时间的减少，Ⅰ类二阶故障占比增加，当转供时间小于20min时大部分故障模式占比大于5%。经过调研，目前国内配置了备自投的区域在数秒内便可实现负荷转供，未配置备自投的区域也大多能在30min内实现负荷转供。一般来说，含线路元件的多重故障占比较大，同时线路越长占比越大。因此，若考虑占比最大的三阶故障，以三条20km线路三阶故障为例分析，计算结果占比仅为0.0001%，占比非常小，故对于高压配电网可靠性评估应考虑到的合理故障阶数为二阶。

考虑到Ⅱ类二阶故障和三阶故障状态数量较少，Ⅱ类二阶故障和三阶故障的

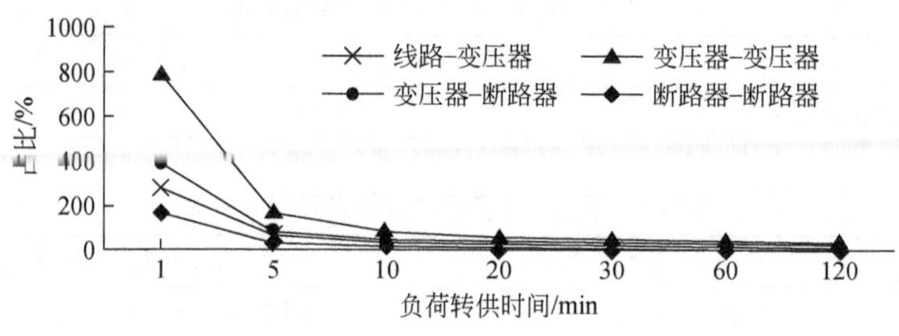

图 3.4 Ⅰ类二阶故障占比

占比很低且Ⅱ类二阶故障占比基本不随线路长度和开关切换时间的变化而变化，可以得出以下结论：①高压配电网需要考虑一阶故障和Ⅰ类二阶故障，一般不需要考虑Ⅱ类二阶故障；②三阶及以上多重故障可以不考虑。

3.4 本章小结

本章基于公式推导和典型配电网算例阐述了多重故障对高中压配电网可靠性指标的影响：一般情况下，无论是放射式还是“闭环设计，开环运行”的中压配电网，多重故障对负荷点可靠性指标影响较小；高压配电网可靠性评估只需考虑多重故障中的Ⅰ类二阶故障，即让负荷感受到故障修复时间的二阶故障。

对于中压配电网，首先论证了常用的串联系统平均故障率计算公式能求得考虑所有单重和多重故障影响的负荷点平均故障率。为了分析多重故障对年平均停电持续时间的影响，针对典型的配电网络，提出了将多重故障分为串联系统多重故障和并联系统多重故障的分类方法。对于串联系统多重故障，推导了考虑所有多重故障的串联系统年平均停电持续时间的精确计算公式，而常用计算式只含其一阶项，指出其 k 阶项不对应于 k 重故障，并较全面地分析了并联系统多重故障对负荷点年平均停电持续时间的影响，推导得到了相关计算公式。

参考文献

[1] Li W. Risk Assessment of Power Systems: Models, Methods, and Applications [M]. Piscataway: Wiley-IEEE Press, 2005.

[2] Billinton R, Allan R N. Reliability Evaluation of Power Systems[M]. 2nd ed. New York: Plenum Press, 1996.

[3] 杜江，郭瑞鹏，李传栋，等．电力系统可靠性评估中的重要控制法[J]．电力系统自动化，2015，39(5)：69-74.

[4] 沈宏，付广春．改进最小路法在配电系统可靠性评估中的应用[J]．中国电力，2010，43(10)：20-22.

[5] 颜秋容,曾庆辉．多重故障对配电网可靠性指标的影响度[J]．电网技术,2010,(8):108-111.
[6] 祁彦鹏,张焰,余建平,等．配电系统可靠性分析的最小割集——网络等值法[J]．电力系统及其自动化学报,2011,23(2):98-104.
[7] 赵华,王主丁,谢开贵,等．中压配电网可靠性评估方法的比较研究[J]．电网技术,2013,37(11):3295-3302.
[8] 韦婷婷,王主丁,李文沅,等．多重故障对中压配电网可靠性评估的影响[J]．电力系统自动化,2015,39(12):69-73.
[9] 昝贵龙,王主丁,李秋燕,等．基于状态空间截断和隔离范围推导的高压配电网可靠性评估[J]．电力系统自动化,2017,41(13):79-85.
[10] 王秀丽,罗沙,谢绍宇,等．基于最小割集的含环网配电系统可靠性评估[J]．电力系统保护与控制,2011,39(9):52-58.
[11] 焦昊,文云峰,郭创新,等．基于概率有序树的预想故障集贪心筛选算法及其在可靠性评估中的应用[J]．中国电机工程学报,2016,36(8):2068-2076.
[12] 黄江宁,郭瑞鹏,赵舫,等．基于故障集分类的电力系统可靠性评估方法[J]．中国电机工程学报,2013,33(16):112-121.
[13] 程林,何剑．电力系统可靠性原理和应用[M]．2版．北京:清华大学出版社,2015.
[14] 国家电力监管委员会电力可靠性管理中心．电力可靠性技术与管理培训教材[M]．北京:中国电力出版社,2007.
[15] 冯霜,王主丁,周建其,等．基于小分段的中压架空线接线模式分析[J]．电力系统自动化,2013,37(4):62-68.
[16] 贾立雄,陈丽娟,胡小正．2006年全国输变电设备和城市用户供电可靠性分析[J]．中国电力,2007,40(5):1-7.

第4章　基于虚拟网络混合搜索方法的可靠性快速评估

本章介绍基于虚拟网络元件停运范围混合搜索方法的可靠性快速评估，只需进行若干次网络元件遍历即可获得所有元件停运的影响范围和隔离范围。

4.1 引　　言

由枚举元件停运引起的节点分类是可靠性评估解析法的核心，而网络拓扑搜索或连通性分析方法则是节点分类的手段，这些直接影响着可靠性评估解析法的计算快速性。

现有的网络连通性分析方法一般需对每个失效事件或每个负荷点进行一次网络拓扑搜索[1~12]，计算量随网络规模的增大而急剧增大。文献[13]～[15]提出的前推故障扩散法针对一般性网络结构配电网，考虑了系统中存在环网、联络开关和备用电源的情况，通常只需进行若干次网络元件遍历的拓扑搜索。

本章在忽略容量电压约束情况下，介绍了基于一般网络结构元件停运范围的快速搜索方法[13~15]。其中，4.2 节介绍模型假设和相关定义，涉及元件停运的影响范围和隔离范围、四个虚拟网络定义和五种节点分类；4.3 节阐述虚拟网络停运范围的混合搜索方法，包括树支法、回路法和连支法；4.4 节讨论基于虚拟网络停运范围的分类节点集合推导和总体算法流程；4.5 节介绍本章所提算法应用于 RBTS-BUS2 和 RBTS-BUS4 算例的情况。

4.2 模型假设和相关定义

本节介绍模型假设和相关定义，涉及元件停运的影响范围和隔离范围、虚拟网络定义和节点分类。

4.2.1 模型假设

对本章模型进行如下假设：

(1)元件的运行周期和修复周期采用运行/停运两种状态表示，其中元件停运包括故障停运和预安排停运两种情况。

(2)所有故障停电和计划停电都是相互独立的，互不影响的。

(3)考虑常开联络开关的影响。

(4)不考虑容量节点电压约束和多重故障的影响。

(5)任何保护设备(protection device，PD)，如断路器、熔断器、负荷开关、隔离开关等都有故障隔离的功能；仅过流保护设备(overcurrent protection device，OPD)如高/低压断路器和熔断器等可断开故障电流；负荷开关可断开正常运行电流(用于计划停电)。

4.2.2　影响范围和隔离范围

由 2.2 节停电过程描述可知，当网络中某元件故障停电或计划停电时，由于各种开关的切换操作，受影响的负荷点可能会感受到不同的停电时间。

1. 影响范围

定义由于某元件停运，会感受到停电的负荷点集合为该元件的影响范围(或停电节点集合)。根据元件停运性质，影响范围又分为故障影响范围和预安排影响范围：故障影响范围采用过流保护设备界定；预安排影响范围采用过流保护设备和负荷开关界定。当网络中存在负荷开关时，元件故障停电和计划停电两种情况下的影响范围可能不同。

单电源侧元件停运由上游最近的过流保护设备/负荷开关断开，多电源侧元件停运由各电源侧最近的过流保护设备/负荷开关断开。

在影响范围内，直接与停运元件相连的负荷会感受到停运元件修复/计划停电时间，其他负荷可通过开关的切换恢复供电，仅感受到故障定位(计划停电除外)和开关的切换操作时间(该时间可能由于不同开关操作存在差别，如辐射型网络中停运元件上游开关的开断和闭合操作以及下游联络开关的闭合操作)。

2. 隔离范围

由于某元件停运，会感受到停运元件修复/计划停电时间的负荷点集合称为该元件的隔离范围(或隔离节点集合)。隔离范围包含于影响范围中，隔离范围中的负荷点只能在停运元件恢复供电后才能继续正常运行，因此将感受到停运元件的修复/计划停电时间。

隔离范围采用任何保护设备界定：单电源侧元件停运由上游最近的保护设备隔离，多电源侧元件停运由各电源侧最近的保护设备隔离。

4.2.3　虚拟网络定义

辐射型结构网络的故障搜索相对直接和简单，为了便于利用辐射型结构网络故障范围推导含环网的一般结构元件故障范围，本书定义了四个虚拟网络，即基础网络、开环网络、联络扩展网络和孤岛扩展网络，以期通过这四个虚拟网络的故障范围推导出真实网络的各种影响范围和隔离范围。

1. 基础网络

基础网络构建的目的主要在于确定元件停运的影响范围，它是在真实网络基础上忽略常开联络开关的影响(或假定常开联络开关不存在)，而且增加了虚拟节点和虚拟支路后获得的虚拟网络结构。这些虚拟节点和虚拟支路包括：一个故障率为零的虚拟电源节点，以及在该虚拟电源节点与各备用电源节点(含联络线电源节点)之间添加的一条故障率为零的虚拟支路。

在进行基础网络节点优化编号前，需要进行预处理：将所有节点的编号清空，将虚拟电源节点新编号设为 0，各备用电源节点按任意顺序从 1 开始进行连续新编号。

2. 开环网络

开环网络为由所有树支(含各节点)组成的网络，即在基础网络上通过删除所有连支将环网结构转化为辐射型网络结构，主要用于确定树支元件停运的影响范围和隔离范围，以及二阶故障隔离范围的中间结果(详见 7.4 节)。若网络中不存在环网，开环网络与基础网络相同。

3. 联络扩展网络

在基础网络上针对常开联络开关添加了相应支路(连支)的网络称为联络扩展网络。添加的支路是将每一个常开联络开关当作常闭开关，增加了相应的开关支路。联络扩展网络考虑了常开联络开关对隔离范围的影响，主要用于确定停运元件的隔离范围和转供范围。若网络中不存在常开联络开关，联络扩展网络与基础网络相同。

4. 孤岛扩展网络

在联络扩展网络上针对可以形成孤岛的分布式电源添加了相应支路(连支)的网络，称为孤岛扩展网络。针对每一个可以形成孤岛的分布式电源，在该电源点与虚拟电源点之间添加一条故障率为零的支路，即为孤岛扩展网络。孤岛扩展网络考虑了分布式电源形成孤岛的可能性，主要用于确定停运元件的隔离范围和孤岛范围。若网络中不存在可以形成孤岛的分布式电源，孤岛扩展网络与联络扩展网络相同。

综上，若网络中不存在环网，开环网络与基础网络相同；若网络中既不存在环网也不存在常开联络开关，基础网络、联络扩展网络和开环网络三个网络都相同；若网络中不存在环网、常开联络开关和可以形成孤岛的分布式电源，四个虚拟网络

(基础网络、联络扩展网络、孤岛扩展网络和开环网络)都相同。

以图 4.1 所示的网络为例,相应的四种虚拟网络如图 4.2 所示。

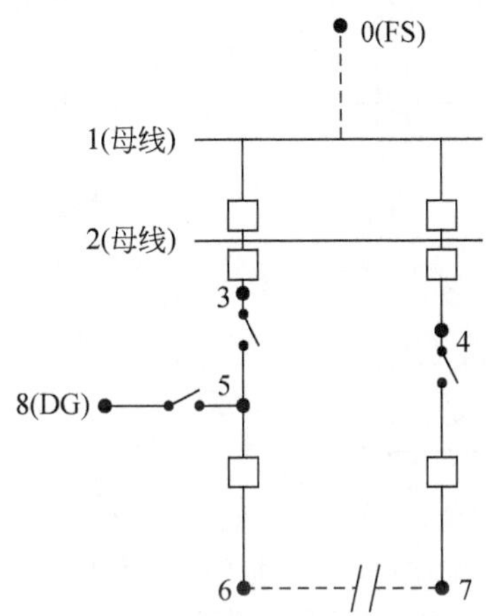

图 4.1　典型配电网络示例图

□断路器; 隔离开关; ● 节点; --//-- 联络线;
●---● 虚拟线路; DG (孤岛)分布式电源; FS 虚拟电源

4.2.4　节点分类

节点分类是可靠性评估的核心,各节点根据停运元件对停电时间的不同影响可分为以下五类。

a 类节点:停电时间不受停运元件 k 影响的节点集合,记作 A_k 。

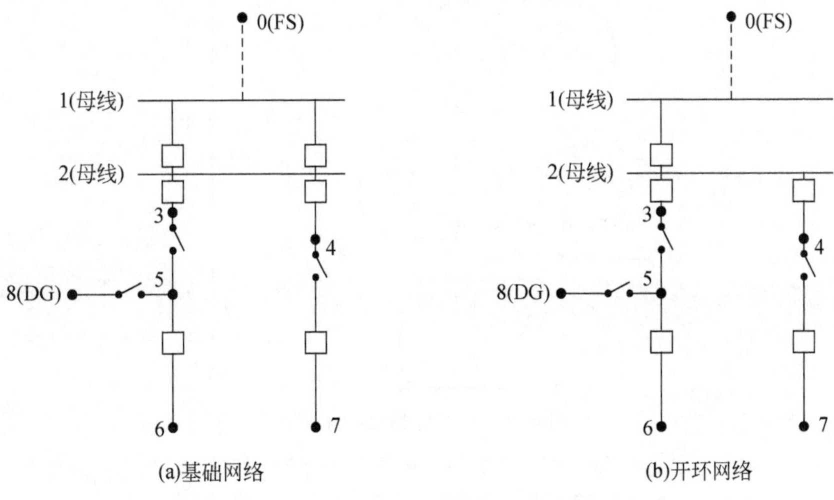

(a)基础网络　(b)开环网络

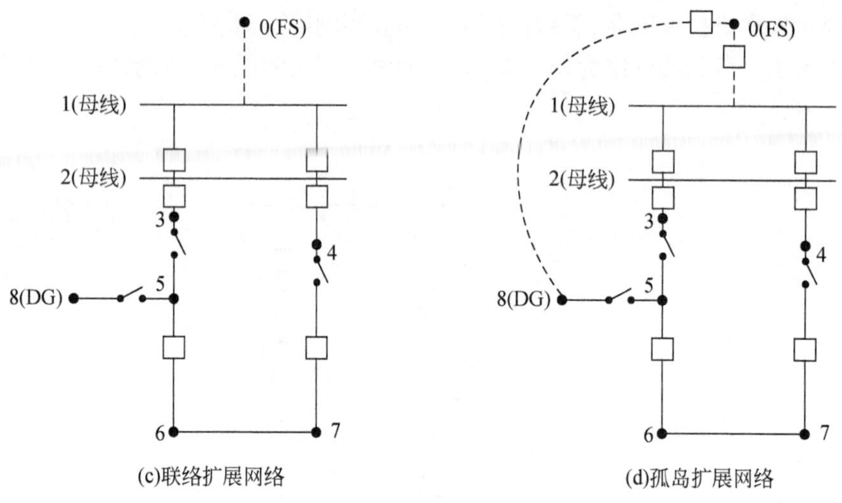

图 4.2　虚拟网络示意图

□断路器；隔离开关；● 节点；●---● 虚拟线路；
DG (孤岛)分布式电源；FS 虚拟电源

b 类节点：仍然由原电源供电，感受到停运元件 k 的故障定位隔离时间（或计划停电隔离时间）和停运段上游或周边开关恢复供电操作时间的节点集合，记作 B_k 。

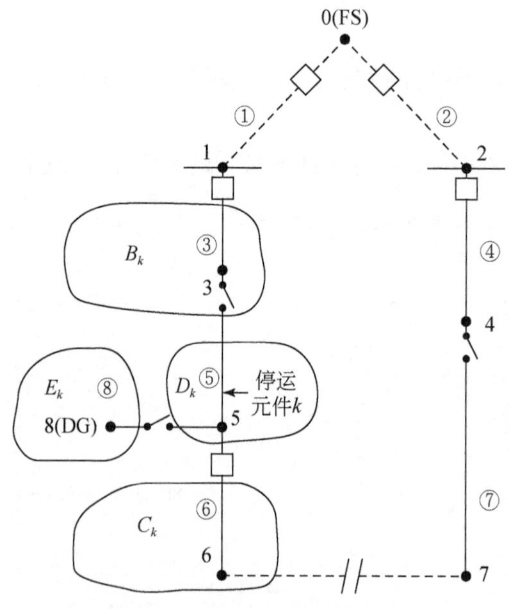

图 4.3　节点分类集合示意图

□断路器；隔离开关；● 节点；--//-- 联络线；
●---● 虚拟线路；DG (孤岛)分布式电源；FS 虚拟电源

c 类节点：在不考虑切负荷情况下，由转供电源供电，感受到停运元件 k 的故障定位隔离时间（或计划停电隔离时间）和联络开关切换时间的节点集合，记作 C_k 。

d 类节点：感受到停运元件 k 修复时间或计划停电持续时间的节点集合，记作 D_k 。

e 类节点：在允许孤岛运行和不考虑切负荷的情况下，感受到停运元件 k 导致的相关孤岛形成时间的节点集合，记作 E_k 。

图 4.3 给出了元件 k 停运的节点分类集合示意图。

4.3　虚拟网络停运范围混合搜索方法

基于开环网络，可采用三种停运范围搜索方法（树支法、回路法和连支法）寻找基础网络不同分类元件停运的影响范围和隔离范围；对于联络扩展网络或孤岛扩展网络，只需采用两种方法（回路法和连支法），仅考虑附加连支对基础网络隔离范围的影响，从而识别联络扩展网络或孤岛扩展网络不同分类元件停运的隔离范围。

4.3.1　元件拓扑分类列表

对于某一种虚拟网络（如基础网络、联络扩展网络或孤岛扩展网络），基于各元件在网络拓扑结构中的不同位置（如辐射型子网络和环型子网络），可将所有元件分为三类：首先采用第 2 章的节点访问优先搜索编号方法，可获得一般结构网络的树支元件（即开环网络支路）和连支元件；然后基于节点优化编号结果，采用父向搜索方式快速获得各基本回路（即仅含一个连支元件的环路）中的树支元件，改称为回路元件；最后将回路元件从树支元件中扣除。将树支元件、回路元件和连支元件分别存储于三种元件拓扑分类列表，分别称为树支元件列表（tree element list，TEL）、回路元件列表（loop element list，LEL_1）和连支元件列表（link element list，LEL_2）。

针对各连支可逐一采用父向搜索方式快速获得相应基本回路中的树支元件，从而获得三种元件拓扑分类列表，主要操作步骤如下所述：

（1）初始化 TEL 含有的所有支路和节点，初始化 LEL_1 和 LEL_2 为空，初始化临时元件列表 TEMP 为空；如果网络中无任何连支，转向步骤（10）。

（2）枚举一个连支并添加该连支到 LEL_2。

（3）使两个节点/支路的编号变量 m_1 和 m_2 分别初始化为该连支两端节点新编号中的一个。如果 $m_1>m_2$，跳转步骤（5）。

（4）把支路 m_2 和节点 m_2 添加到 LEL_1；令节点 m_2 为支路 m_2 的父节点新编号。如果 $m_2=m_1$，把节点 m_1（或节点 m_2）添加到 TEMP，跳转步骤（6）；如果 $m_2>m_1$，重复步骤（4）。

(5)把支路 m_1 和节点 m_1 添加到 LEL_1；令节点 m_1 为支路 m_1 的父节点新编号。如果 $m_1 > m_2$，重复步骤(5)；如果 $m_1 < m_2$，跳转步骤(4)；如果 $m_2 = m_1$，继续到下一步。

(6)若存在未枚举过的连支，转向步骤(2)，否则，继续到下一步。

(7)枚举一个 TEMP 中的节点，若该节点不属于 LEL_1，跳转到步骤(9)。

(8)若该节点所属的基本回路与其父支路所在基本回路不存在相同的支路，将该节点从 LEL_1 中删除。

(9)若 TEMP 中的节点还存在没有枚举过的，转向步骤(7)；否则将属于 LEL_1 和 LEL_2 的元件从 TEL 中删除，继续到下一步。

(10)结束。

以图 4.4 所示的简单网络为例，上述操作步骤的结果为：节点 8、支路(8)和节点 0 属于 TEL，连支 1、连支 2 和连支 3 属于 LEL_2，其余所有元件均属于 LEL_1。其中，连支 1、连支 2 和连支 3 所在基本回路中编号最小的节点分别为节点 0、节点 1 和节点 2，但节点 0 和节点 2 属于 TEL，而节点 1 属于 LEL_1。

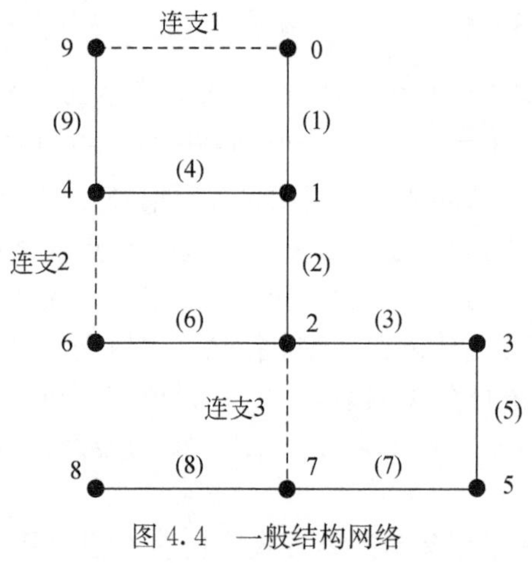

图 4.4 一般结构网络

4.3.2 影响范围搜索方法

一般情况下，元件停运的影响范围首先采用树支法，然后采用回路法，最后采用连支法搜索获得。

1. 树支法

树支法主要用于寻找 TEL 列表元件(树支元件)的影响范围，以及辐射型分支对与其相连的环网节点的等值影响范围。首先分别初始化各节点及其父支路元件的影响范围为各节点本身，然后通过删除所有连支将环网结构转化为辐射型结构，最后按节点编号由大到小的顺序对各节点及其父支路元件进行遍历。当搜索到某一节点时，将该节点影响范围并入其父节点影响范围，并根据当前节点父支路上有无相应开关（界定故障停电和计划停电影响范围的 OPD/负荷开关），进行以下两种情况之一的操作：

(1)若无相应开关，将该节点及其父支路所有元件的影响范围替换为其父节点的影响范围。

(2)若存在相应开关（一个或多个），将父支路最远的此类开关以及它与其父节点之间元件的影响范围替换为其父节点的影响范围；当前节点的影响范围不变，而且将父支路最远的此类开关与当前节点间所有元件的影响范围替换为当前节点的影响范围。

2. 回路法

回路法主要用于寻找 LEL_1 列表元件（回路元件）的影响范围。分别对每个连支，从其两端节点开始，利用父向搜索，按节点编号由大到小的顺序对其基本回路中的节点和元件进行遍历，直到该基本回路的最小编号节点。当搜索到某一节点时，根据当前节点父支路上相应开关（界定故障停电和计划停电影响范围的 OPD/负荷开关）个数 N_k，进行以下三种情况之一的操作：

(1)若 $N_k=0$，将该节点影响范围并入其父节点影响范围，该节点及其父支路所有元件的影响范围替换为与父节点的影响范围相同。

(2)若 $N_k=1$，当前节点的影响范围不变，而且将相应支路唯一开关和当前节点之间的所有元件的影响范围替换为与当前节点相同；父节点的影响范围不变，而且将相应支路唯一开关和父节点之间的所有元件的影响范围替换为与父节点相同；将当前节点及其父节点的影响范围合并后成为相应支路唯一开关的影响范围。

(3)若 $N_k>1$，最远的此类开关和父节点之间的元件的影响范围不变；当前节点的影响范围不变，而且将最近的此类开关与当前节点间的所有元件的影响范围替换为与当前节点相同，将最远与最近的两个此类开关之间所有元件的影响范围设置为空。

3. 连支法

连支法用于寻找 LEL_2 列表元件（连支元件）的影响范围，并对 LEL_1 列表元件的影响范围进行局部修改和调整。根据连支上相应开关（界定故障停电和计划停电影响范围的 OPD/负荷开关）个数 N_k，进行以下三种情况之一的操作：

(1)若 $N_k=0$，则将其两端节点的影响范围合并后成为该连支元件的影响范围；对于不考虑连支影响时与两端节点影响范围相同的元件，将其影响范围替换为相应连支元件的影响范围。

(2)若 $N_k=1$,两端节点的影响范围不变,将连支唯一开关和各端节点之间的所有元件的影响范围替换为与相应端节点相同;将两端节点的影响范围合并后成为那个唯一开关的影响范围。

(3)若 $N_k>1$,两端节点的影响范围不变,各端节点与其最近此类连支开关之间的元件(含最近此类连支开关)影响范围分别与相应端节点相同;离两端节点最近的两开关之间所有元件的影响范围为空。

4.3.3 隔离范围搜索方法

元件隔离范围搜索方法与4.3.2小节影响范围的搜索类似,首先采用树支法,然后采用回路法,最后采用连支法,不同点只是改用任何保护设备开关界定隔离范围。

4.4 基于虚拟网络停运范围的可靠性评估

本节主要讨论基于虚拟网络元件停运范围的分类节点集合推导方法和总体算法流程。

4.4.1 基于虚拟网络的分类节点集合推导

基于虚拟网络的分类节点集合推导是节点分类的手段。采用上述虚拟网络元件停运范围混合搜索方法,确定了基础网络中各元件停运的影响范围和隔离范围,以及联络扩展网络和孤岛扩展网络中各元件停运的隔离范围,之后无须再次进行拓扑搜索,便可以在 $O(N)$ 复杂度内基于虚拟网络元件的停运范围推导出实际网络中元件停运的各种影响范围,即不同的分类节点集合,具体方法如下:

(1)确定元件 k 停运在基础网络中的影响范围和隔离范围,分别记为 $Y_k^{(JC)}$ 和 $G_k^{(JC)}$。

(2)确定元件 k 停运在联络扩展网络和孤岛扩展网络中的隔离范围,分别记为 $G_k^{(LK)}$ 和 $G_k^{(GK)}$。

(3)基于 $Y_k^{(JC)}$、$G_k^{(JC)}$、$G_k^{(LK)}$ 和 $G_k^{(GK)}$ 可将 $Y_k^{(JC)}$ 分为四部分,分别为b类节点集合、c类节点集合、d类节点集合和e类节点集合,可表示为

$$B_k=Y_k^{(JC)}-G_k^{(JC)},\quad C_k=G_k^{(JC)}-G_k^{(LK)},\quad D_k=G_k^{(GK)},\quad E_k=G_k^{(LK)}-G_k^{(GK)} \tag{4.1}$$

以图4.5所示的网络为例,对于元件 k 停运后的分类节点集合,由虚拟网络停运范围混合搜索方法可得到 $Y_k^{(JC)}=\{3,5,6,8\}$、$G_k^{(JC)}=\{5,6,8\}$、$G_k^{(LK)}=\{5,8\}$ 和 $G_k^{(GK)}=\{5\}$,并据此可推导获得 $B_k=Y_k^{(JC)}-G_k^{(JC)}=\{3\}$、$C_k=G_k^{(JC)}-G_k^{(LK)}=\{6\}$、

$D_k = G_k^{(GK)} = \{5\}$ 和 $E_k = G_k^{(LK)} - G_k^{(GK)} = \{8\}$ 。

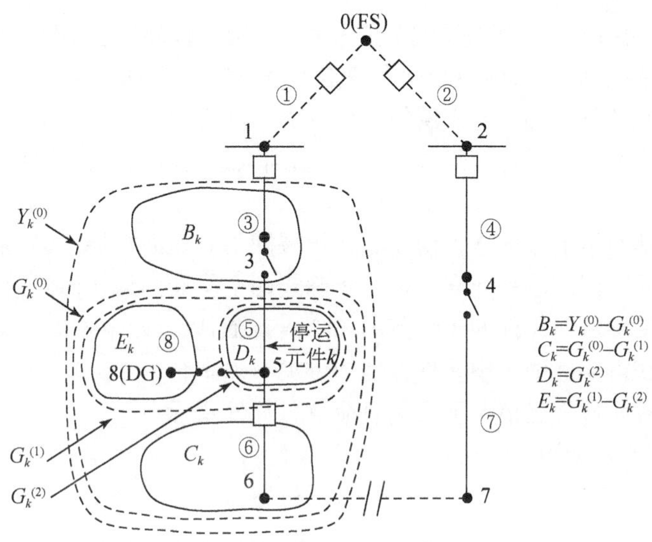

图 4.5　基于虚拟网络的分类节点集合推导示意图

□断路器；隔离开关；● 节点；联络线；虚拟线路；DG (孤岛)分布式电源；FS 虚拟电源

4.4.2　指标计算公式

基于各元件停运的分类节点集合,可获得各节点的影响元件分类集合,便于表示各节点的年停电时间。

设导致节点 i 停电的元件中:若元件 k 停运使节点属于 b 类,则元件 $k \in G_{b,i}$;若元件 k 停运使节点属于 c 类,则元件 $k \in G_{c,i}$;若元件 k 停运使节点属于 d 类,则元件 $k \in G_{d,i}$;若元件 k 停运使节点属于 e 类,则元件 $k \in G_{e,i}$ 。

节点 i 的停运率可由集合 $G_{b,i}$ 、$G_{c,i}$ 、$G_{d,i}$ 和 $G_{e,i}$ 中元件的停运率累加计算得到;仅以负荷点与电源的连通性作为该负荷点是否停电的判据时,节点 i 的年停电时间可表示为

$$U_i = \sum_{k \in G_{b,i}} (\lambda_k t_{k,g}) + \sum_{k \in G_{c,i}} (\lambda_k t_{k,1}) + \sum_{k \in G_{d,i}} (\lambda_k t_{k,f}) + \sum_{k \in G_{e,i}} (\lambda_k t_{k,e}) \tag{4.2}$$

式中,λ_k 为元件 k 的故障(或预安排)停运率; $t_{k,g}$ 为元件 k 的故障定位隔离时间(或预安排停运隔离时间)与上游恢复供电平均操作时间之和; $t_{k,1}$ 为元件 k 的故障定位隔离时间(或预安排停运隔离时间)与联络开关切换时间之和; $t_{k,f}$ 为元件 k 的总停运持续时间; $t_{k,e}$ 为元件 k 停运导致的孤岛形成时间。

4.4.3 算法流程

基于虚拟网络元件停运范围混合搜索方法的可靠性评估总体思路和步骤如下：

(1)获得基础网络，采用访问优先搜索编号方法对该网络进行节点优化编号。

(2)基于元件分类确定基础网络三种分类元件列表。

(3)采用故障范围混合搜索方法，获得基础网络三种列表各元件的影响范围和隔离范围。

(4)在基础网络上添加连支构建联络扩展网络和孤岛扩展网络，基于基础网络的隔离范围，采用回路法和连支法进一步确定两个扩展网络元件停运的隔离范围。

(5)根据基础网络元件的影响范围和隔离范围，以及两个扩展网络中元件的隔离范围，推导获得实际网络中元件停运的分类节点集合。

(6)累加各元件停运情况下相关负荷点可靠性指标。

算法总体流程如图 4.6 所示。

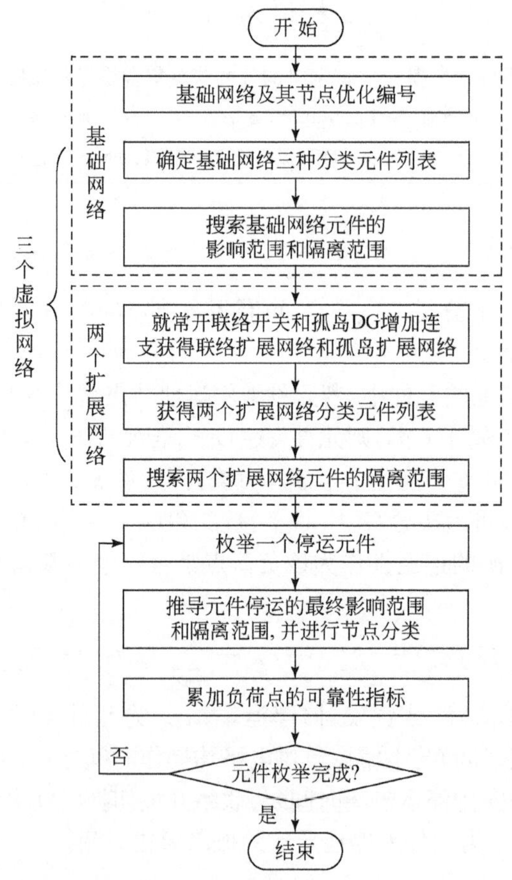

图 4.6 基于虚拟网络元件停运范围混合搜索方法的评估流程图

4.4.4 方法复杂度分析

本章算法搜索工作量包括:元件优化编号需要对网络进行一次搜索;针对基础网络元件的影响范围和隔离范围,需要先对开环网络部分进行一次搜索,然后对各基本回路进行一次搜索;针对联络扩展网络和孤岛扩展网络元件的隔离范围,还需要分别对两个扩展网络附加的连支,采用回路法和连支法进行相关的搜索工作。由此可见,对于无联络的简单辐射型网络,基于节点优化编号的搜索算法仅需对网络进行两三次遍历即可;对于存在联络的含环网和分布式电源的复杂网络,算法也只需针对每一个环网、每一个联络开关和每一个可以形成孤岛的分布式电源,增加一次相应的基本回路搜索。因此,网络搜索次数与网络规模关系不大;且由下面的分析可知,网络每一次搜索或遍历的算法时间复杂度也只是关于输入规模的线性函数。

下面针对基础网络元件的影响范围和隔离范围的搜索,进行算法时间复杂度分析。算法时间复杂度分析是评价算法性能的重要手段,它反映了算法的执行时间随着输入规模增大而增长的数量级。算法执行时间可以定义为语句运行的总时间 $T(N)$,其中 N 表示算法的输入规模。算法通常用大 O 符号表示时间复杂度,大 O 符号表示程序执行时间的渐近上界,描述了程序执行的最坏情况。

设输入规模为网络元件数,算法伪代码如下:

```
for i= N to 1
  根据过流保护设备/负荷开关位置确定停电节点集合;
  根据任何保护设备位置确定隔离节点集合;//O(N)
end
for i= N to 1//枚举故障元件
  元件 i 停运及其 b、c、d 和 e 负荷分类;
  计算各个负荷点的可靠性指标;//O(N)
end
```

算法的时间复杂度为 $T(N)=O(N)+O(N)=O(N)$,也就是说算法的最坏运行时间为 $O(N)$,因此该算法是关于输入规模 N 的线性函数。

4.5 两 RBTS 可靠性测试算例

本节算例为文献[16]给出的两个 RBTS 可靠性测试系统,详细数据见该文献,有如下假设:

(1)熔断器、隔离开关和 33kV 电源进线的故障率为 0。

(2)假设主变高压侧和断路器两侧均有隔离开关,所有主变和断路器故障后可从系统中将自身隔离。

4.5.1 算例 4.1：RBTS-BUS2

算例 4.1 为连接到 RBTS-BUS2 的配电网，如图 4.7 所示。该网络有 58 个节点，2 个常开联络开关，1 个基本回路，图中 $LP_1 \sim LP_{22}$ 表示负荷点。

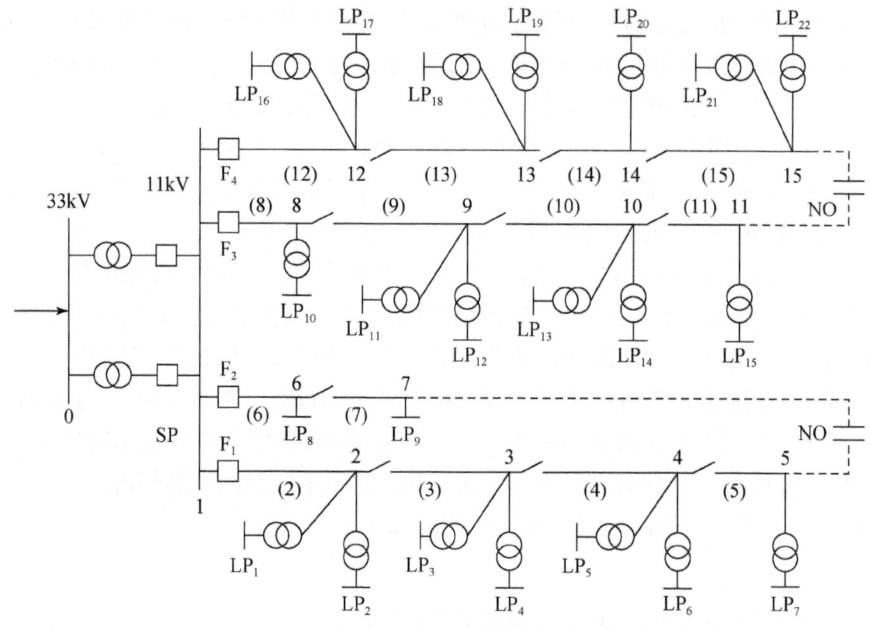

图 4.7　RBTS-BUS2 配电网

□ 断路器；—/— 隔离开关；--||-- 联络开关

本章算法已在供电网计算分析及辅助决策软件（详见附录 C）平台上实现，采用 600MHz Pentium III 处理器，本算例计算时间为 0.01s，在考虑 33kV/11kV 变压器和各断路器故障影响时，各负荷点和变电站低压母线的可靠性指标计算结果如表 4.1 所示。

表 4.1　RBTS-BUS2 各负荷点和变电站低压母线的可靠性指标

子系统	节点	λ /（次/年）	t /（h/次）	U /（h/年）
馈线 F_1	LP_1	0.296	12.270	3.635
	LP_2	0.309	11.970	3.700
	LP_3	0.309	11.965	3.700
	LP_4	0.296	12.271	3.635
	LP_5	0.309	11.965	3.700
	LP_6	0.306	12.039	3.684
	LP_7	0.309	11.839	3.661

续表

子系统	节点	λ/(次/年)	t/(h/次)	U/(h/年)
馈线 F_2	LP_8	0.196	3.069	0.601
	LP_9	0.196	2.870	0.562
馈线 F_3	LP_{10}	0.300	12.149	3.639
	LP_{11}	0.309	11.965	3.700
	LP_{12}	0.313	11.893	3.717
	LP_{13}	0.309	11.797	3.648
	LP_{14}	0.313	11.726	3.665
	LP_{15}	0.300	12.149	3.639
馈线 F_4	LP_{16}	0.309	11.964	3.700
	LP_{17}	0.300	12.192	3.652
	LP_{18}	0.300	12.149	3.639
	LP_{19}	0.313	11.851	3.704
	LP_{20}	0.313	11.851	3.704
	LP_{21}	0.309	11.797	3.648
	LP_{22}	0.313	11.726	3.665
变电站低压母线	SP	0.056	1.036	0.058

现就基于虚拟网络元件停运范围的可靠性评估在本算例的应用做进一步说明。

根据 4.4.3 小节算法流程，在步骤(1)中，获得的基础网络即为图 4.7 去除两条联络线路后的网络，节点优化编号方法已详细解释，简单起见，忽略新编号所得结果。

在步骤(2)中，形成基础网络的三种分类元件列表，即含有一个 33kV/11kV 变压器的 LEL_2，含有另一个 33kV/11kV 变压器和变电站低压母线 SP 的 LEL_1，以及含有其他剩余元件的 TEL。

在步骤(3)中，采用故障范围混合搜索方法，获得基础网络三种列表各元件停运对应于过流保护设备和所有保护设备的影响范围和隔离范围。

例如，LP_1 处配变停运的影响范围仅包含 LP_1，这是因为其上游有熔断器(图 4.7 中隐藏了)；馈线 F_1、F_2、F_3 或 F_4 的主干线任何部分停运的影响范围分别包括各自馈线的所有负荷；33kV/11kV 变压器或 11kV 断路器停运的影响范围包括该四馈线系统所有的负荷。

再如，LP_1 处的配变停运的隔离范围仅包含 LP_1，这是因为上游有熔断器；馈线 F_1、F_2、F_3 或 F_4 的主干线任何部分停运的隔离范围仅包括本区域下游负荷(基础网络有联络线不存在的假设)，这是因为所有主干馈线段的上游均有开关；

33kV/11kV 变压器或并联回路中 11kV 断路器停运的隔离范围不含任何负荷，这是由于算例中的假设(2)；馈线 F_1、F_2、F_3 或 F_4 出线断路器停运的隔离范围包括相应馈线的所有负荷。

在步骤(4)中，通过对每一个常开的联络开关增加一个含有零故障率隔离开关的支路，得到联络扩展网络；由于该系统无可以孤岛运行的分布式电源，孤岛扩展网络同联络扩展网络。基于基础网络的隔离范围，采用回路法和连支法进一步确定两个扩展网络元件停运可能不同的隔离范围。

例如，不同于基础网络的隔离范围有：馈线 F_1、F_2、F_3 或 F_4 的主干线任何部分停运的隔离范围仅包括停运隔离段的负荷，这是因为考虑了联络线所有主干馈线段上下游均有可供隔离的开关；馈线 F_1、F_2、F_3 或 F_4 出线断路器停运的隔离范围不含任何负荷，这是因为考虑了联络线和算例中的假设(2)。

在步骤(5)中，根据基础网络元件的影响范围和隔离范围，以及两个扩展网络中元件的隔离范围，推导获得实际网络中元件停运的各种影响范围，即不同的分类节点集合。例如，若故障元件 k 为主干线段 3，根据虚拟网络元件停运范围混合搜索方法可得到 $Y_k^{(JC)}=\{LP_1,LP_2,LP_3,LP_4,LP_5,LP_6,LP_7\}$、$G_k^{(JC)}=\{LP_3,LP_4,LP_5,LP_6,LP_7\}$、$G_k^{(LK)}=\{LP_3,LP_4\}$ 和 $G_k^{(GK)}=\{LP_3,LP_4\}$，并据此可推导获得 $B_k=Y_k^{(JC)}-G_k^{(JC)}=\{LP_1,LP_2\}$、$C_k=G_k^{(JC)}-G_k^{(LK)}=\{LP_5,LP_6,LP_7\}$、$D_k=G_k^{(GK)}=\{LP_3,LP_4\}$ 和 $E_k=G_k^{(LK)}-G_k^{(GK)}=\varnothing$。

在步骤(6)中，累加各元件停运情况下的相关负荷点可靠性指标。

例如，LP_1 处的配变故障对该负荷点的年均故障率贡献为 0.015 次/年，对该负荷点的年均停电时间贡献为年均故障率贡献(0.015 次/年)乘以故障修复时间(200h/次)。需要说明的是，这里使用了 200h 的修复时间，这是因为配变故障影响范围和隔离范围都包含了 LP_1。如果配变故障隔离范围不包括 LP_1，那么应该使用 1h 的切换时间。

4.5.2 算例 4.2：RBTS-BUS4

算例 4.2 为连接到 RBTS-BUS4 的配电系统，如图 4.8 所示。本系统有 102 个节点，5 个基本回路和 4 个常开开关。本算例假设同算例 4.1，计算时间为 0.02s，在考虑 33kV/11kV 变压器和各断路器故障影响时，各负荷点和各变电站低压母线的可靠性指标如表 4.2 所示。

在表 4.2 中的负荷点可靠性指标利用手算进行了验证，与文献[16]中的数据有所差异，原因是本章将两个算例作为一个整体进行评估，而文献[16]对辐射型馈线和变电站低压 11kV 母线进行了分别处理。文献[16]中每个负荷点的平均故障率加上变电站低压侧 11kV 母线平均故障率，其值应与本章结果相同。对于算例 4.1，文献[16]中 LP_1 的故障率为 0.240，变电站低压侧母线 SP 的故障率为 0.056；

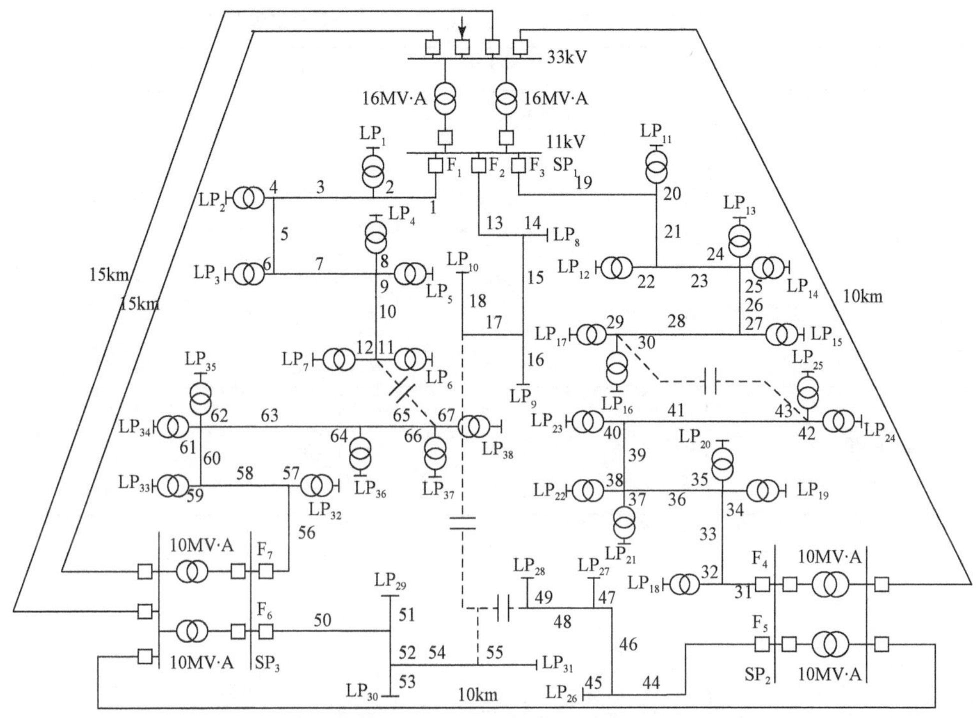

图 4.8 RBTS-BUS4 配电系统

□ 断路器； --||-- 联络开关

本章中 LP_1 的故障率为 0.29625，这个数值很接近 0.296(0.240 加 0.056)；0.296 和 0.29625 的微小差异可能是因为文献[16]中 LP_1 的值应为 0.24025，四舍五入后产生误差。然而，文献[16]中对每个负荷点每年平均停电时间加上相应变电站低压侧 11kV 母线的年平均停电时间并不总是与本节算例相同，这取决于备用电源的连接方式。在算例 4.1 中，任一常开联络开关只能从同一变电站低压侧母线获得备用电源，因此正确的年均停电时间为上面所说的相应两值“相加”；在算例 4.2 中，联络开关可从不同变电站低压侧母线获得备用电源，此时正确的年平均停电时间可能不是两值“相加”。例如，文献[16]中 LP_1 的年平均停电时间为 3.44，其更精确的值应为 3.4375，变电站低压侧母线 SP 的年平均停电时间为 0.0585；本章算例 4.2 中 LP_1 的年平均停电时间为 3.495，这个数值比 3.496(即 3.4375＋0.0585)小 0.001，这是因为变电站低压侧母线故障时，下接的馈线可通过其他变电站低压侧母线转供，负荷点 LP_1 将感受到转供时间(1h/次)，而不是该变电站低压侧母线的修复时间(2h/次)。由于低压侧母线故障率为 0.001 次/年，算例 4.2 中 LP_1 的停电时间要比 3.496(即 3.4375＋0.0585)少 0.001×(2－1)＝0.001(对此，可参见 5.4 节中的阐述)。

表 4.2 RBTS-BUS4 各负荷点和变电站低压母线的可靠性指标

子系统	节点	λ/(次/年)	t/(h/次)	U/(h/年)
馈线 F_1	LP_1	0.352	9.929	3.495
	LP_2	0.362	9.796	3.544
	LP_3	0.352	9.929	3.495
	LP_4	0.365	9.753	3.560
	LP_5	0.362	9.547	3.544
	LP_6	0.365	9.753	3.560
	LP_7	0.362	9.796	3.544
馈线 F_2	LP_8	0.239	1.658	0.396
	LP_9	0.248	1.789	0.444
	LP_{10}	0.252	1.831	0.461
馈线 F_3	LP_{11}	0.355	9.994	3.550
	LP_{12}	0.352	10.040	3.534
	LP_{13}	0.352	10.040	3.534
	LP_{14}	0.342	10.183	3.485
	LP_{15}	0.352	10.040	3.534
	LP_{16}	0.342	10.183	3.485
	LP_{17}	0.352	10.040	3.534
馈线 F_4	LP_{18}	0.406	8.833	3.588
	LP_{19}	0.397	8.927	3.540
	LP_{20}	0.406	8.833	3.588
	LP_{21}	0.406	8.833	3.588
	LP_{22}	0.397	8.927	3.540
	LP_{23}	0.406	8.833	3.588
	LP_{24}	0.352	9.929	3.495
	LP_{25}	0.362	9.796	3.544
馈线 F_5	LP_{26}	0.352	9.929	3.495
	LP_{27}	0.365	9.753	3.560
	LP_{28}	0.362	9.547	3.544
馈线 F_6	LP_{29}	0.365	9.753	3.560
	LP_{30}	0.362	9.796	3.544
	LP_{31}	0.239	1.658	0.396

续表

子系统	节点	λ/(次/年)	t/(h/次)	U/(h/年)
馈线 F_7	LP_{32}	0.248	1.789	0.444
	LP_{33}	0.252	1.831	0.461
	LP_{34}	0.355	9.994	3.550
	LP_{35}	0.352	10.040	3.534
	LP_{36}	0.352	10.040	3.534
	LP_{37}	0.342	10.183	3.485
	LP_{38}	0.352	10.040	3.534
变电站低压母线	SP_1	0.342	10.183	3.485
	SP_2	0.352	10.040	3.534
	SP_3	0.406	8.833	3.588

4.6 本章小结

本章阐述了基于四种虚拟网络和三种元件拓扑分类的停运范围混合搜索方法，该方法有效解决了可靠性评估解析法中不同元件停运引起的不同节点分类这一核心问题，一般只要进行若干次网络元件遍历就可获得所有元件的影响范围和隔离范围，网络元件遍历次数与网络规模关系不大，而且每次网络元件遍历的时间复杂度为 $O(N)$，可用于含辐射网和环网一般网络结构的大规模配电网络的快速评估，算例计算结果表明了本章方法的有效性和实用性。

本章可靠性评估是基于单重故障网络连通性分析，设备容量约束和节点电压约束以及多重故障影响将在后面章节中介绍。

参考文献

[1] 谢开贵，周平，周家启，等．基于故障扩散的复杂中压配电系统可靠性评估算法[J]．电力系统自动化，2001，25(4)：45-48.

[2] 李卫星，李志民，刘迎春．复杂辐射状配电系统的可靠性评估[J]．中国电机工程学报，2003，23(3)：69-79.

[3] 谢开贵，尹春元，周家启．中压配电系统可靠性评估[J]．重庆大学学报(自然科学版)，2002，25(1)：52-56，69.

[4] 谢开贵，王小波．计及开关故障的复杂配电系统可靠性评估[J]．电网技术，2008，32(19)：16-21.

[5] 彭鹄，谢开贵，邵黎，等．基于开关影响范围的复杂配电网可靠性顺流评估算法[J]．电网技术，2007，31(9)：13-16.

[6] 管霖,冯垚,刘莎,等. 大规模配电网可靠性指标的近似估测算法[J]. 中国电机工程学报,2006,10(5):92-98.

[7] 谢开贵,易武,夏天,等. 面向开关的配电网可靠性评估算法[J]. 电力系统自动化,2007,31(16):40-44.

[8] Gilligan S R. A method for estimating the reliability of distribution circuits[J]. IEEE Transactions on Power Delivery,1992,7(2):694-698.

[9] Kjolle G,Sand K. RELRAD-an analytical approach for distribution system reliability assessment[J]. IEEE Transactions on Power Delivery,1992,7(2):809-814.

[10] Billinton R,Wang P. Distribution system reliability cost/worth analysis using analytical and sequential simulation techniques[J]. IEEE Transactions on Power Systems,1998,13(4):1245-1250.

[11] Chen R L,Allen K,Billinton R. Value-based distribution reliability assessment and planning [J]. IEEE Transactions on Power Delivery,2002,10(1):421-429.

[12] 王秀丽,罗沙,谢绍宇,等. 基于最小割集的含环网配电系统可靠性评估[J]. 电力系统保护与控制,2011,39(9):52-58.

[13] Wang Z D, Shokooh F, Qiu J. An efficient algorithm for assessing reliability indices of general distribution systems[J]. IEEE Transactions on Power Systems, 2002, 17(3):608-614.

[14] 赵华,王主丁. 复杂配网的前推分块遍历可靠性评估快速算法[J]. 电力系统及其自动化学报,2016,28(2):85-92.

[15] 昝贵龙,赵华,吴延琳,等. 考虑容量及电压约束的配电网可靠性评估前推故障扩散法[J]. 电力系统自动化,2017,41(7):61-67.

[16] Allan R N, Billinton R, Sjarief I, et al. A reliability test system for educational purposes: Basic distribution system data and results[J]. IEEE Transactions on Power Systems,1991,6(2):813-820.

第5章　复杂中压配电网可靠性快速评估

本章在第 4 章故障范围混合搜索方法的基础上，阐述复杂中压配电网可靠性快速评估，涉及弱环、联络开关、分布式电源、时变负荷、设备容量约束、节点电压约束和高压配电网对可靠性评估的影响。

5.1 引　　言

鉴于现有中压配电网可靠性评估文献中经常提到“复杂配电网”但又没明确其具体含义或概念，本章根据配电网的特点及其可靠性评估的复杂性，定义复杂中压配电网为：在可靠性评估中考虑了弱环、联络开关、分布式电源、时变负荷、设备容量约束、节点电压约束和高压配电网影响的中压配电网络。随着用户对供电可靠性要求的不断提高，可靠性定量计算分析在供电可靠性管理中的作用也越来越大，而考虑了上述多方面影响的中压配电网可靠性评估结果会更加符合实际。

实际配电网中，系统某元件发生停运时，将部分负荷经联络线切换到其他线路时尤其需要考虑设备容量及节点电压的限制[1~7]。其中，文献[4]提出根据各元件停运负荷转供路径潮流变化近似计算相应的容量允许负荷转供率和电压允许负荷转供率，基于节点分支线最大电压降进行快速电压约束校验，提出了考虑设备载流量和节点电压约束的可靠性计算简化模型，无须多次调用完整潮流计算程序。分布式电源运行方式分直接并网运行和微网运行，其中微网运行分为微网并网运行和微网孤岛运行。在忽略自身停运的前提下，分布式电源的接入可以通过并网运行（直接并网或微网并网）和微网孤岛运行影响系统可靠性水平[8,9]。其中，文献[9]基于配电网特点，将点估计法与馈线分类相结合，具有在保证计算精度的前提下计算效率高的优点。高压配电网对中压配电网可靠性评估具有一定的影响，文献[10]～[13]提出将上级电网可靠性评估结果作为下级电网等值电源的参数，有效降低统一评估的难度，但将上级停电影响结果仅用故障率及修复时间等效过于简单。为此，文献[14]提出了采用具有更多参数（如切负荷大小）的电源或元件模型，但没有给出可靠性指标的一般性简洁计算公式。

本章在第 4 章故障范围混合搜索方法的基础上，讨论考虑容量电压约束、分布式电源、负荷变化和高压配电网影响的中压配电网可靠性快速评估。其中，5.2 节介绍考虑容量电压约束的负荷转供区域切负荷率及其可靠性指标计算方法，包括相关简化条件和馈线间负荷转供模型；5.3 节讨论分布式电源并网运行和孤岛运行对可靠性评估的影响，包括分布式电源出力恒定和不确定情况下的影响，并介绍减小计算量的馈线分类方法；5.4 节阐述考虑高压配电网对中压配电网可靠性评估影响的等值电源二参数法和 $4N+2M$ 参数法，以及它们的适用范围；5.5 节介绍一种计算多时段负荷点平均停电持续时间的简单方法。

5.2　考虑负荷转供约束的可靠性快速评估

本节根据转供区域负荷转移路径潮流变化，基于设备载流量和节点电压约束近似计算满足设备容量和节点电压约束的允许负荷转供率，从而在故障范围混合搜索方法的基础上有效考虑切负荷对可靠性评估的影响。

5.2.1　方法基础

1. 计算条件

由于实际配电网可靠性快速评估所需要的基础数据(如可靠性参数、负荷削减方法、配电变压器负荷大小等)一般情况下准确度不高，计算结果本属近似估算；而且针对配电网规划和改造方案的比较和筛选，对基础数据的要求并不一定十分严格，这是因为在相同的基础数据条件下，方案筛选更多依赖可靠性评估结果的相对值而不是绝对值。因此兼顾计算的准确性和效率，本章介绍的可靠性评估做了如下的适当简化：

(1)不考虑馈线停运段上游(主供电源侧)的容量电压约束。

(2)不考虑多重故障的影响(参见 3.2 节的结论)。

(3)近似潮流估算：负荷转移后的潮流可不考虑支路上的功率损耗变化，电压损耗公式涉及的节点电压可使用额定电压。

(4)由元件停运引起的负荷削减区域包括负荷可转供区域(相应于 4.2.4 小节 c 类节点集合 C_j 的范围)和含分布式电源的孤岛运行区域(相应于 4.2.4 小节 e 类节点集合 E_j 的范围)。由于多联络区域负荷转供问题可转化为多个单联络区域负荷转供问题，本章负荷转供仅考虑单一负荷转移方向；对应于某元件停运，不考虑形成多个孤岛运行方式。

(5)负荷削减方法有多种，如平均负荷削减法、分级负荷削减法和随机负荷削减法等。由于实际情况往往无法获得确切的负荷削减方式，本书采用平均负荷削减方式，即在负荷削减区域内，对所有负荷点按同一比例(允许负荷转供率)进行削减，以期推导出可靠性指标计算的通式或一般表达式。

2. 转供模型

用于计算分析的馈线间负荷转供模型如图 5.1 所示,并进行了如下的相关定义。

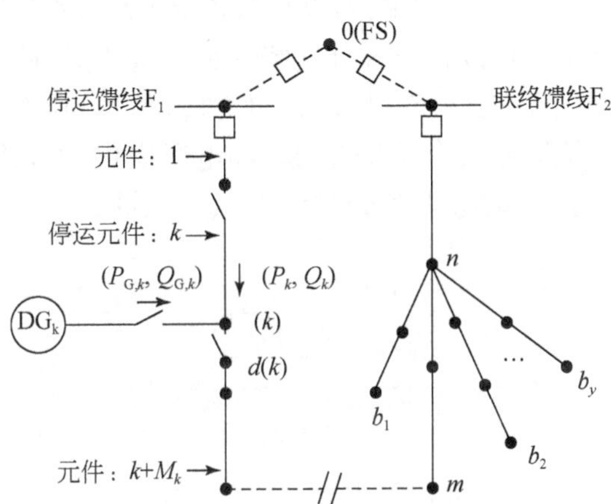

图 5.1　元件停运时馈线间负荷转供模型示意图

□断路器；●节点；╱ 隔离开关；

--//-- 联络开关；FS 虚拟电源；●---● 虚拟线路

定义 5-1:将网络中为转供负荷提供临时电源的馈线称为联络馈线,将网络中发生元件停运的馈线称为停运馈线。

定义 5-2:从联络线两端节点开始分别进行父向搜索,直到搜索到虚拟电源点,搜索到的支路分别定义为联络馈线和停运馈线的主干线支路,其余支路定义为分支线。

定义 5-3:定义某主干线节点 n 至其所直接相接的各分支线末端节点间的最大电压降为 $\Delta V_{n\text{-}b,\max}$,可表示为

$$\Delta V_{n\text{-}b,\max}=\begin{cases}\max\{\Delta V_{n\text{-}b_1},\Delta V_{n\text{-}b_2},\cdots,\Delta V_{n\text{-}b_y}\}, & \text{有 } y \text{ 条分支线}\\ 0, & \text{无分支线}\end{cases}\tag{5.1}$$

式中, $\Delta V_{n\text{-}b_1}$, $\Delta V_{n\text{-}b_2}$,…, $\Delta V_{n\text{-}b_y}$ 分别为系统正常运行时,主干线节点 n 分别至与其直接相连的各分支线末端节点间的电压降(图 5.1)。

定义 5-4:设元件 k 停运时,搜索到其转供范围中优化编号最小的节点编号为 $d(k)$,则需转供的负荷为

$$\widetilde{S}_{d(k)}=P_{d(k)}+\mathrm{j}Q_{d(k)}\tag{5.2}$$

式中, $\widetilde{S}_{d(k)}$, $P_{d(k)}$, $Q_{d(k)}$ 分别为系统正常运行时,流入节点 $d(k)$ 的复功率、有功功率和无功功率。

3. 算法流程

本节算法基于故障范围混合搜索方法确定的影响范围和隔离范围,根据某元件停运时负荷转供路径潮流变化近似计算相应的容量允许负荷转供率和电压允许负荷转供率。其中,基于节点优化编号,仅需从各分支线末端进行一次父向搜索即可计算各主干线节点至其直接相连各分支线的最大电压降;针对某元件停运后的负荷转移无须对全网进行交流潮流计算或近似潮流估算:利用父向搜索可方便快速地从联络线两端开始估算主干线节点功率和电压变化,再利用求得的主干节点分支线“最大电压降”可自动考虑各分支线节点电压约束。算法总流程如图 5.2 所示。

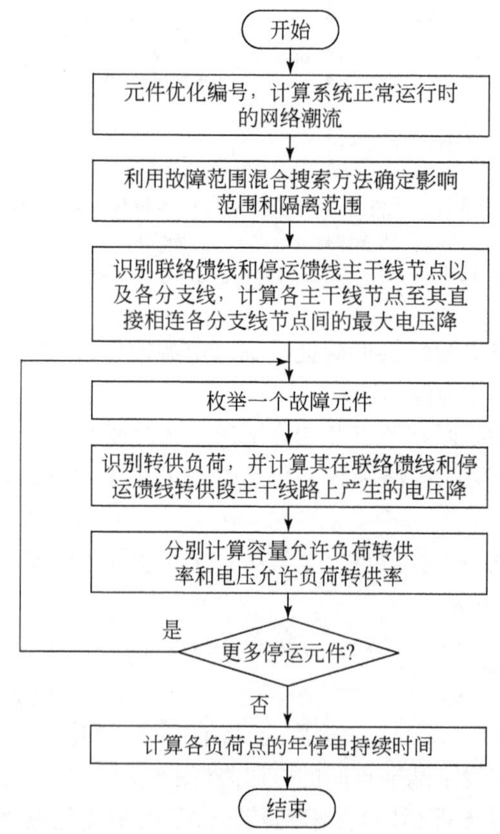

图 5.2 考虑容量电压约束的可靠性快速评估算法流程

5.2.2　容量允许负荷转供率

1. 计算思路

负荷转供后分支线的功率变化较小，因此本节仅考虑主干线的容量约束。当某元件停运时其转供区域负荷由联络馈线转供，转供后联络馈线主干线功率为其正常情况功率加上转供的总负荷；转供后停运馈线主干线功率为转供总功率减去其正常情况下的功率，但正方向与正常时反向。令转供后主干线各线段功率等于其允许的最大功率，可求得各线段允许的最大负荷转供率，其中的最小值为相应故障元件的容量允许转供率。

2. 计算方法

以图 5.1 所示的简单配电网络为例，首先计算网络正常运行时各支路的潮流，并确定各主干支路 b 的额定功率幅值为

$$S_{b,\max}=\sqrt{3}V_{\mathrm{N}}I_{b,\max} \tag{5.3}$$

式中，V_{N} 为网络的额定电压；$I_{b,\max}$ 为支路 b 允许的最大电流。

假设元件 k 停运时主干线某支路 b 的容量允许负荷转供率为 $K_{k,b}^{(r)}$ 。

1)联络馈线

负荷转供后联络馈线主干支路 b 流过的功率为

$$\widetilde{S}_{k,b}=K_{k,b}^{(r)}\widetilde{S}_{d(k)}+\widetilde{S}_{b}=(K_{k,b}^{(r)}P_{d(k)}+P_{b})+\mathrm{j}(K_{k,b}^{(r)}Q_{d(k)}+Q_{b}) \tag{5.4}$$

式中，P_b 和 Q_b 分别为系统正常运行时，流过支路 b 的有功功率和无功功率。

考虑到支路 b 的容量约束有

$$(K_{k,b}^{(r)}P_{d(k)}+P_{b})^{2}+(K_{k,b}^{(r)}Q_{d(k)}+Q_{b})^{2}=(S_{b,\max})^{2},\quad b\in B_{\mathrm{LL}} \tag{5.5}$$

式中，B_{LL} 为联络馈线主干线上所有支路集合。

由式(5.5)可求得 $K_{k,b}^{(r)}$ ，假设各负荷和支路潮流功率因数相同，可得到 $K_{k,b}^{(r)}$ 的简化表达式：

$$K_{k,b}^{(r)}=\frac{P_{b,\max}-P_{b}}{P_{d(k)}},\quad b\in B_{\mathrm{LL}} \tag{5.6}$$

式中，$P_{b,\max}$ 为主干支路 b 的额定有功功率。

元件 k 停运时满足联络馈线容量约束的允许负荷转供率可表示为

$$K_{k,\mathrm{LL}}^{(r)}=\min_{b\in B_{\mathrm{LL}}}\{1,K_{k,b}^{(r)}\} \tag{5.7}$$

2)停运馈线

假设停运馈线转供段负荷全部转供，考虑到转供段主干线潮流正方向与正常时反向，则负荷转供后相应主干支路 b 上流过的功率为 $\widetilde{S}_{d(k)}-\widetilde{S}_{b}$ 。

考虑到支路容量约束有

$$[K_{k,b}^{(r)}(P_{d(k)}-P_b)]^2+[K_{k,b}^{(r)}(Q_{d(k)}-Q_b)]^2=(S_{b,\max})^2,\quad b\in B_{\mathrm{TY}}\tag{5.8}$$

式中，B_{TY} 为停运馈线转供段主干线上所有支路集合(含联络线)。

同理，由式(5.8)可求得 $K_{k,b}^{(r)}$，若假设各负荷和支路潮流功率因数相同，可得到 $K_{k,b}^{(r)}$ 的简化表达式：

$$K_{k,b}^{(r)}=\frac{P_{b,\max}}{P_{d(k)}-P_b},\quad b\in B_{\mathrm{TY}}\tag{5.9}$$

元件 k 停运时满足停运馈线转供区域容量约束的允许负荷转供率可表示为

$$K_{k,\mathrm{TY}}^{(r)}=\min_{b\in B_{\mathrm{TY}}}\{1,K_{k,b}^{(r)}\}\tag{5.10}$$

3)馈线系统

元件 k 停运时满足两馈线系统容量约束的允许负荷转供率可表示为

$$K_k^{(r)}=\min\{K_{k,\mathrm{LL}}^{(r)},K_{k,\mathrm{TY}}^{(r)}\}\tag{5.11}$$

5.2.3 电压允许负荷转供率

1. 计算思路

由于负荷转供后各分支线功率变化较小，可忽略负荷转供引起分支线的电压降变化。首先，计算与各主干线节点直接相连的分支线的最大电压降，为满足这些分支线末端节点电压要求，可得各主干线节点缩小了的允许电压变化范围；然后，基于事先计算得到的各主干线节点允许电压变化范围，计算负荷转供后各主干线节点对应的允许最大负荷转供率，其中的最小值为相应停运元件的电压允许转供率。

2. 计算方法

1)联络馈线

如图 5.1 所示，对于元件 k 停运，若负荷全部转供，仅转供负荷在电源点到联络馈线主干线某节点 n 之间产生的电压降可表示为

$$\Delta V_{k,\mathrm{LL}\text{-}n}=\frac{P_{d(k)}R_{\mathrm{LL}\text{-}n}+Q_{d(k)}X_{\mathrm{LL}\text{-}n}}{V_{\mathrm{N}}},\quad n\in N_{\mathrm{LL}}\tag{5.12}$$

式中，N_{LL} 为联络馈线主干线节点集合；$R_{\mathrm{LL}\text{-}n}$ 和 $X_{\mathrm{LL}\text{-}n}$ 分别为从虚拟电源点到联络馈线主干线节点 n 所有主干支路的电阻总和以及电抗总和。

当元件 k 停运时，令节点 n 各分支线(含节点 n)的最小电压为最小允许电压值 $V_{\min}$，则有

$$V_n-K_{k,n}^{(d)}\Delta V_{k,\mathrm{LL}\text{-}n}-\Delta V_{n\text{-}b,\max}=V_{\min},\quad n\in N_{\mathrm{LL}}\tag{5.13}$$

式中，$K_{k,n}^{(d)}$ 为元件 k 停运时对应联络馈线上节点 n 的电压允许负荷转供率；V_n 为系统正常运行时节点 n 的电压。

满足联络馈线节点 n 电压的允许负荷转供率 $K_{k,n}^{(d)}$ 可表示为

$$K_{k,n}^{(d)}=\frac{V_n-\Delta V_{n\text{-}b,\max}-V_{\min}}{\Delta V_{k,\text{LL-}n}},\quad n\in N_{\text{LL}} \tag{5.14}$$

元件 k 停运时满足联络馈线电压约束的允许负荷转供率可表示为

$$K_{k,\text{LL}}^{(d)}=\min_{n\in N_{\text{LL}}}\{1,K_{k,n}^{(d)}\} \tag{5.15}$$

2)停运馈线

假设与元件 k 停运相关联络馈线主干线的末端节点为 m，若负荷全部转供，转供后节点 m 至停运馈线主干线某节点 n 间的电压降为

$$\Delta V_{k,m\text{-}n}=\sum_{b\in B_{m\text{-}n}}\frac{(P_{d(k)}-P_b)R_{b,\text{TY}}+(Q_{d(k)}-Q_b)X_{b,\text{TY}}}{V_{\text{N}}},\quad n\in N_{\text{TY}} \tag{5.16}$$

式中，N_{TY} 为停运馈线转供区域主干线节点集合；$B_{m\text{-}n}$ 为节点 m 至停运馈线主干线某节点 n 间的主干线支路集合(含联络线)；$R_{b,\text{TY}}$ 和 $X_{b,\text{TY}}$ 分别为集合 $B_{m\text{-}n}$ 中支路 b 的电阻和电抗。

当元件 k 停运时，令节点 n 各分支线(含节点 n)的最小电压为最小允许电压值 $V_{\min}$，则有

$$V_{k,m,n}-K_{k,n}^{(d)}\Delta V_{k,m\text{-}n}-\Delta V_{n\text{-}b,\max}=V_{\min},\quad n\in N_{\text{TY}} \tag{5.17}$$

式中，$K_{k,n}^{(d)}$ 为元件 k 停运时满足停运馈线节点 n 电压的允许负荷转供率；$V_{k,m,n}$ 为负荷转移后对应 $K_{k,n}^{(d)}$ 的节点 m 的电压。

式(5.17)中，$V_{k,m,n}$ 可表示为

$$V_{k,m,n}=V_m-K_{k,n}^{(d)}\Delta V_{k,\text{LL-}m} \tag{5.18}$$

式中，V_m 为系统正常运行时节点 m 的电压。

由式(5.17)和式(5.18)，满足停运馈线节点 n 电压的允许负荷转供率可表示为

$$K_{k,n}^{(d)}=\frac{V_m-\Delta V_{n\text{-}b,\max}-V_{\min}}{\Delta V_{k,\text{LL-}m}+\Delta V_{k,m\text{-}n}},\quad n\in N_{\text{TY}} \tag{5.19}$$

元件 k 停运时满足停运馈线转供区域电压约束的允许负荷转供率可表示为

$$K_{k,\text{TY}}^{(d)}=\min_{n\in N_{\text{TY}}}\{1,K_{k,n}^{(d)}\} \tag{5.20}$$

3)馈线系统

元件 k 停运时满足两馈线系统电压的允许负荷转供率可表示为

$$K_k^{(d)}=\min\{K_{k,\text{LL}}^{(d)},K_{k,\text{TY}}^{(d)}\} \tag{5.21}$$

5.2.4 转供区域切负荷率

元件 k 停运时满足两馈线系统容量电压约束的允许负荷转供率 K_k 可表示为

$$K_k=\min\{K_k^{(r)},K_k^{(d)}\} \tag{5.22}$$

因此，停运元件 k 转供区域的切负荷率即为 $1-K_k$。

5.2.5 考虑转供约束的指标计算

对于元件 k 停运的负荷转供区域，根据考虑容量电压约束时的切负荷率 $1-K_k$ 可能需要切除部分负荷，这些切除的负荷会感受到修复时间(或计划停电持续时间)，不同于式(4.2)，节点 i 的年平均停电持续时间 U_i 可表示为

$$U_i=\sum_{k\in G_{c,i}}\{\lambda_k[(1-K_k)t_{k,f}+K_kt_{k,1}]\}+\sum_{k\in G_{b,i}}(\lambda_kt_{k,g})+\sum_{k\in G_{d,i}}(\lambda_kt_{k,f})+\sum_{k\in G_{e,i}}(\lambda_kt_{k,e}) \tag{5.23}$$

5.2.6 算例 5.1：考虑负荷转供约束

图 5.3 所示为一个连接到 RBTS-BUS2 的配电网，有 1 个常开联络开关，1 个基本回路。本算例仅针对馈线 F_1 和 F_2 进行可靠性指标计算，并做了如下假设：

(1)熔断器、隔离开关、33 kV 电源进线的故障率为 0。

(2)所有断路器和变压器故障后可从系统中将自身隔离。

本算例采用元件参数和 RBTS 原始算例相同，负荷选取原始算例中的峰值负荷，功率因数为 0.9，线路允许的最大电流为 445 A。

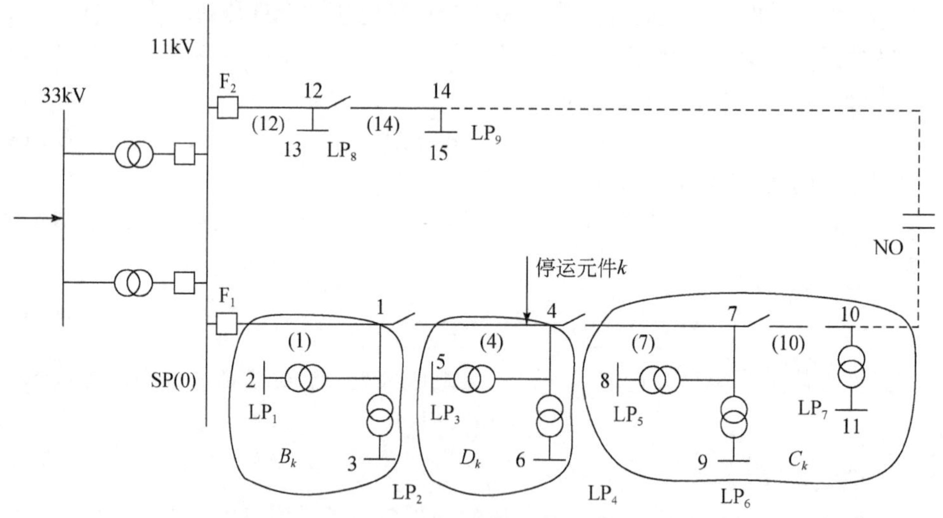

图 5.3 RBTS-BUS2 配电系统 F1 和 F2 馈线

按本章算法计算部分元件停运时的容量转供率及电压转供率，见表 5.1。

表 5.1 部分元件停运所对应的容量转供率及电压转供率

故障元件	$\min K_k^{(r)}$	$\min K_k^{(d)}$	计算平均停电持续时间所取 K_k 值
F_1	0.546	1.000	0.546

续表

故障元件	min $K_k^{(r)}$	min $K_k^{(d)}$	计算平均停电持续时间所取 K_k 值
支路(1)	0.777	1.000	0.777
支路(4)	1.000	1.000	1.000
支路(7)	1.000	1.000	1.000
F_2	0.188	0.617	0.188
支路(12)	0.352	0.927	0.352

以支路(4)停运为例做进一步说明，相应计算结果如下：

(1)F_1 和 F_2 元件优化编号如图 5.3 所示，子节点编号大于父节点编号。

(2)对于支路(4)停运产生的影响范围、隔离范围和转供范围如图 5.3 所示。

(3)F_1 和 F_2 主干节点为{1,4,7,10,12,14}，F_1 和 F_2 其余节点为分支节点。各主干节点及其分支节点的电压降如表 5.2 所示。

表 5.2　主干节点到分支节点电压降　　(单位：p.u.)

主干节点	分支节点	$\Delta V_{n\text{-}b}$	$\Delta V_{n\text{-}b,\max}$
1	2	0.002	0.003
	3	0.003	
4	5	0.003	0.003
	6	0.002	
7	8	0.003	0.003
	9	0.002	
10	11	0.002	0.002
12	13	0.005	0.005
14	15	0.006	0.006

(4)图 5.3 中支路(4)停运产生的转供负荷涉及的范围是 C_k，其最小的节点编号是 7。考虑容量和电压约束得到的转供率为 1。

未考虑容量及电压约束时负荷点可靠性指标如表 5.3 所示；考虑容量及电压约束时的负荷点可靠性指标见表 5.4。由表 5.3 和表 5.4 可见，由于元件停运所对应的转供段负荷可能只有部分可实现转供，没能转供的负荷会感受到更长的停电时间，这使得考虑容量约束时的负荷点年平均停电持续时间比忽略这些约束的相应时间更大。

表 5.3　未考虑容量及电压约束时的负荷点可靠性指标

子系统	节点	λ/(次/年)	r/(h/次)	U/(h/年)
馈线 F_1	LP_1	0.295	12.306	3.633
	LP_2	0.308	11.998	3.698
	LP_3	0.308	11.998	3.698
	LP_4	0.295	12.306	3.633
	LP_5	0.308	11.998	3.698
	LP_6	0.305	12.072	3.682
	LP_7	0.308	11.871	3.659
馈线 F_2	LP_8	0.196	3.071	0.601
	LP_9	0.196	2.875	0.562
变压器 11kV 侧母线	SP	0.056	1.036	0.058

表 5.4　考虑容量及电压约束时的负荷点可靠性指标

子系统	节点	λ/(次/年)	r/(h/次)	U/(h/年)
馈线 F_1	LP_1	0.295	12.324	3.639
	LP_2	0.308	12.015	3.704
	LP_3	0.308	12.156	3.747
	LP_4	0.295	12.471	3.682
	LP_5	0.308	12.156	3.747
	LP_6	0.305	12.233	3.731
	LP_7	0.308	12.030	3.708
馈线 F_2	LP_8	0.196	3.119	0.610
	LP_9	0.196	3.565	0.698
变压器 11kV 侧母线	SP	0.056	1.036	0.058

本章所提算法已在 CEES 平台上实现，采用 Intel(R) Core(TM) i3-2310M 2.10GHz 的处理器本算例的计算时间为 0.002s。

5.3　考虑分布式电源影响的可靠性快速评估

分布式电源在配电网的接入可以通过并网运行(直接并网或微网并网)和微网孤岛运行影响系统可靠性水平。

5.3.1　方法基础

1. 计算条件和转供模型

本节计算条件和转供模型与5.2.1小节相同。

2. 分布式电源的影响分析

分布式电源对系统可靠性可能产生的影响有:①分布式电源自身的故障和预安排停运使得系统可靠性水平降低;②对于负载率和分布式电源渗透率较高的馈线,可能会因分布式电源出力不足或退出运行导致停运馈线过载而切掉部分负荷,从而降低系统可靠性水平;③中压配电网以“闭环设计,开环运行”的接线模式为主,对于某一元件停运,并网运行分布式电源提高了可转供容量裕度,减少了因潮流转移路线负载偏重情况下的切负荷量;④孤岛运行的分布式电源减少了孤岛内负荷点的停电时间或切负荷量。

本节假设分布式电源完全可靠,故不考虑第一种影响。工程实际中,馈线一般不会重载(负载率大于或等于80%),分布式电源总容量通常不超过上一级变压器供电区域内最大负荷的25%[15],因此,即使分布式电源退出运行,停运馈线通常也不会过载(负载率大于或等于100%),即不会失负荷,故第二种影响也可不考虑。因此本节基于设备容量和节点电压约束,主要研究并网运行分布式电源对转供区域允许负荷转供率或切负荷量的影响,以及孤岛运行分布式电源对孤岛内负荷点的停电时间或切负荷量的影响,即仅考虑上述第三和第四种影响。

3. 策略、方法和流程

配电网馈线较多,并非所有馈线都需要考虑分布式电源对供电可靠性的影响;而且,若系统中分布式电源接入数量较多,由于其出力的随机性,逐一考虑分布式电源出力的各个组合状态计算效率低。因此,对于考虑分布式电源并网运行和孤岛运行方式的配电网可靠性快速评估问题,除了在保证计算精度的前提下较快地考虑分布式电源出力的随机性和涉及分布式电源的切负荷率问题外,还应该基于配电网馈线间相对独立或紧密的关联性对馈线进行分类,将一个复杂的大规模问题简化为多个小规模问题求解,进一步减少计算工作量,最终实现考虑分布式电源影响的可靠性快速评估。

1)馈线分类策略

将配电网中所有馈线分为不必考虑和需要考虑分布式电源对可靠性影响的两大类,并分别归入集合 A 和集合 B。具体步骤如下:

(1)首先将存在孤岛运行分布式电源的馈线归入集合 B。

(2)判断馈线的接线模式,将所有剩余馈线分为放射式馈线和若干个有联络馈线集合 $S_i(i=1,2,\cdots,M)$(同处一个集合的馈线有联络关系,各个集合之间的馈线无联络关系)。

(3)对于放射式剩余馈线,将其归入集合 A。

(4)对于有联络馈线集合,若某集合中的所有馈线均无并网运行的分布式电源接入,则将该集合所有馈线归入集合 A。

(5)对于有并网运行分布式电源接入的有联络馈线集合,在假设该集合所有馈线均无分布式电源接入的情况下,依次对各馈线进行负荷转供情况下的容量和电压约束校验,将能通过校验的馈线归入集合 A,否则归入集合 B。

2)实用方法

对于集合 A 中的馈线,采用不考虑分布式电源影响的方法计算相应馈线各负荷点的可靠性指标。对于集合 B 中的馈线,采用考虑分布式电源影响的可靠性评估方法,需要考虑分布式电源出力随机性及其对切负荷的影响。基于集合 A 和集合 B 中馈线各负荷点的可靠性指标,计算系统可靠性指标。

3)算法流程

基于馈线分类的可靠性评估流程如图 5.4 所示。

5.3.2 分布式电源出力恒定的切负荷率

1. 转供区域的切负荷率

负荷转供区域内分布式电源(即接入 c 类节点的分布式电源)恢复并网前后对潮流的影响不同,相应的容量电压允许负荷转供率不同,需要分别计算。分布式电源恢复并网前,停运馈线转供区域无分布式电源接入,但仍需要考虑联络馈线接入分布式电源的影响。

1)容量约束

(1)联络馈线。

元件 k 停运时,考虑到联络馈线主干支路 b 的容量约束,转供区域分布式电源恢复并网前后满足容量约束的允许负荷转供率 $K_{k,1,b}^{(r)}$ 和 $K_{k,2,b}^{(r)}$ 应分别满足

$$\left[K_{k,1,b}^{(r)}P_{d(k)}+\left(P_b-\sum_{l\in \mathrm{DG}_b}P_{\mathrm{G},l}\right)\right]^2+\left[K_{k,1,b}^{(r)}Q_{d(k)}+\left(Q_b-\sum_{l\in \mathrm{DG}_b}Q_{\mathrm{G},l}\right)\right]^2=(S_{b,\max})^2 \tag{5.24}$$

$$\begin{aligned}&\left[\left(K_{k,2,b}^{(r)}P_{d(k)}-\sum_{l\in \mathrm{DG}_{d(k)}}P_{\mathrm{G},l}\right)+\left(P_b-\sum_{l\in \mathrm{DG}_b}P_{\mathrm{G},l}\right)\right]^2\\&+\left[\left(K_{k,2,b}^{(r)}Q_{d(k)}-\sum_{l\in \mathrm{DG}_{d(k)}}Q_{\mathrm{G},l}\right)+\left(Q_b-\sum_{l\in \mathrm{DG}_b}Q_{\mathrm{G},l}\right)\right]^2=(S_{b,\max})^2\end{aligned} \tag{5.25}$$

式中,DG_b 为联络馈线主干支路 b 下游节点接入分布式电源编号组成的集合;$P_{\mathrm{G},l}$

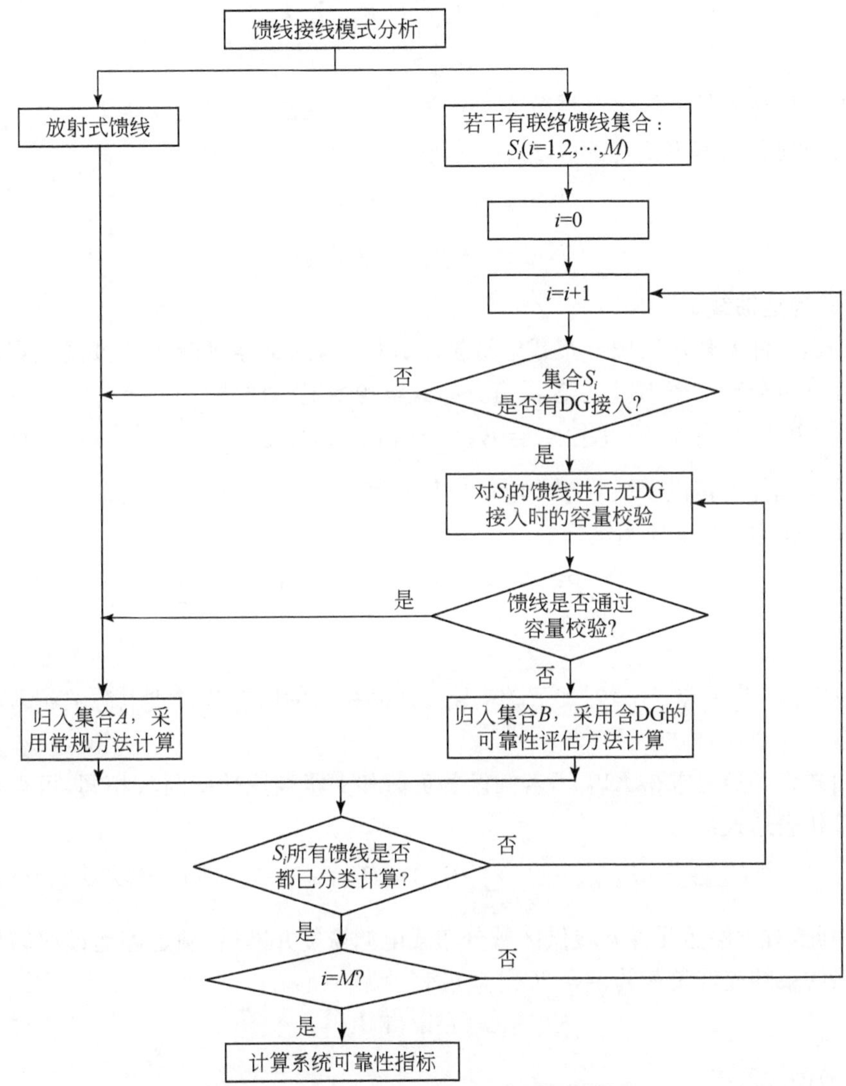

图 5.4　基于馈线分类的可靠性评估流程

和 $Q_{G,l}$ 分别为分布式电源编号为 l 的有功出力和无功出力；$DG_{d(k)}$ 为节点 $d(k)$下游接入的所有 DG 编号组成的集合。

由式(5.24)和式(5.25)可分别求得 $K_{k,1,b}^{(r)}$ 和 $K_{k,2,b}^{(r)}$，假设各负荷、发电和支路潮流功率因数相同，可分别得到相应的简化表达式：

$$K_{k,1,b}^{(r)}=\frac{P_{b,\max}-P_b+\sum\limits_{l\in DG_b}P_{G,l}}{P_{d(k)}},\quad b\in B_{LL} \tag{5.26}$$

$$K_{k,2,b}^{(r)}=\frac{P_{b,\max}-P_b+\sum\limits_{l\in \mathrm{DG}_b}P_{\mathrm{G},l}+\sum\limits_{l\in \mathrm{DG}_{d(k)}}P_{\mathrm{G},l}}{P_{d(k)}},\quad b\in B_{\mathrm{LL}} \tag{5.27}$$

对于停运元件 k 转供区域分布式电源恢复并网前后，满足联络馈线容量约束的允许负荷转供率 $K_{k,1,\mathrm{LL}}^{(r)}$ 和 $K_{k,2,\mathrm{LL}}^{(r)}$ 可分别表示为

$$K_{k,1,\mathrm{LL}}^{(r)}=\min_{b\in B_{\mathrm{LL}}}\{1,K_{k,1,b}^{(r)}\} \tag{5.28}$$

$$K_{k,2,\mathrm{LL}}^{(r)}=\min_{b\in B_{\mathrm{LL}}}\{1,K_{k,2,b}^{(r)}\} \tag{5.29}$$

(2)停运馈线。

停运元件 k 转供区域分布式电源恢复并网前，满足停运馈线转供区域容量约束的允许负荷转供率 $K_{k,1,\mathrm{TY}}^{(r)}$ 与没有分布式电源情况一样，即

$$K_{k,1,\mathrm{TY}}^{(r)}=K_{k,\mathrm{TY}}^{(r)}=\min_{b\in B_{\mathrm{TY}}}\{1,K_{k,b}^{(r)}\} \tag{5.30}$$

停运元件 k 转供区域分布式电源恢复并网后，节点 $d(k)$ 下游支路 b 的容量允许负荷转供率 $K_{k,2,b}^{(r)}$ 应满足

$$\Big[K_{k,2,b}^{(r)}(P_{d(k)}-P_b)-\sum_{l\in \mathrm{DG}_{d(k)\text{-}b}}P_{\mathrm{G},l}\Big]^2+\Big[K_{k,2,b}^{(r)}(Q_{d(k)}-Q_b)-\sum_{l\in \mathrm{DG}_{d(k)\text{-}b}}Q_{\mathrm{G},l}\Big]^2=(S_{b,\max})^2 \tag{5.31}$$

式中，$\mathrm{DG}_{d(k)\text{-}b}$ 为节点 $d(k)$ 到其下游支路 b 之间接入的所有分布式电源的编号组成的集合。

由式(5.31)可求得 $K_{k,2,b}^{(r)}$，若假设各负荷和支路潮流功率因数相同，可得到相应的简化表达式：

$$K_{k,2,b}^{(r)}=\Big(P_{b,\max}+\sum_{l\in \mathrm{DG}_{d(k)\text{-}b}}P_{\mathrm{G},l}\Big)\Big/(P_{d(k)}-P_b),\quad b\in B_{\mathrm{TY}} \tag{5.32}$$

因此，对于停运元件 k 转供区域分布式电源恢复并网后，满足停运馈线转供区域容量约束的允许负荷转供率 $K_{k,2,\mathrm{TY}}^{(r)}$ 可表示为

$$K_{k,2,\mathrm{TY}}^{(r)}=\min_{b\in B_{\mathrm{TY}}}\{1,K_{k,2,b}^{(r)}\} \tag{5.33}$$

(3)馈线系统。

对于停运元件 k 转供区域分布式电源恢复并网前后，满足停运馈线和联络馈线容量约束的允许负荷转供率可分别表示为

$$K_{k,1}^{(r)}=\min\{K_{k,1,\mathrm{LL}}^{(r)},K_{k,1,\mathrm{TY}}^{(r)}\} \tag{5.34}$$

$$K_{k,2}^{(r)}=\min\{K_{k,2,\mathrm{LL}}^{(r)},K_{k,2,\mathrm{TY}}^{(r)}\} \tag{5.35}$$

2)电压约束

(1)联络馈线。

类似式(5.14)的推导，停运元件 k 转供区域分布式电源恢复并网前后，满足联络馈线节点 n 电压的允许负荷转供率 $K_{k,1,n}^{(d)}$ 和 $K_{k,2,n}^{(d)}$ 可分别表示为

$$K_{k,1,n}^{(d)}=\frac{V_{n,1}^{G}-\Delta V_{n\text{-}b,\max}^{G}-V_{\min}}{\Delta V_{k,\text{LL-}n}},\quad n\in N_{\text{LL}} \tag{5.36}$$

$$K_{k,2,n}^{(d)}=\frac{V_{n,2}^{G}-\Delta V_{n\text{-}b,\max}^{G}-V_{\min}}{\Delta V_{k,\text{LL-}n}},\quad n\in N_{\text{LL}} \tag{5.37}$$

式中，$V_{n,1}^{G}$ 和 $\Delta V_{n\text{-}b,\max}^{G}$ 为系统正常运行时在 V_n 和 $\Delta V_{n\text{-}b,\max}$ 基础上考虑了联络馈线相关分布式电源影响后的数值；$V_{n,2}^{G}$ 是在 $V_{n,1}^{G}$ 基础上考虑了停运馈线相关分布式电源的影响；$V_{n,1}^{G}$ 、$V_{n,2}^{G}$ 和 $\Delta V_{n\text{-}b,\max}^{G}$ 都只需要针对各分布式电源基于父向搜索进行局部计算修正。

对于停运元件 k 转供区域分布式电源恢复并网前后，满足联络馈线电压约束的允许负荷转供率 $K_{k,1,\text{LL}}^{(d)}$ 和 $K_{k,2,\text{LL}}^{(d)}$ 可分别表示为

$$K_{k,1,\text{LL}}^{(d)}=\min_{n\in N_{\text{LL}}}\{1,K_{k,1,n}^{(d)}\} \tag{5.38}$$

$$K_{k,2,\text{LL}}^{(d)}=\min_{n\in N_{\text{LL}}}\{1,K_{k,2,n}^{(d)}\} \tag{5.39}$$

(2)停运馈线。

类似式(5.19)的推导，停运元件 k 转供区域分布式电源恢复并网前，满足停运馈线节点 n 电压的允许负荷转供率可表示为

$$K_{k,1,n}^{(d)}=\frac{V_{m,1}^{G}-\Delta V_{n\text{-}b,\max}-V_{\min}}{\Delta V_{k,\text{LL-}m}+\Delta V_{k,m\text{-}n}},\quad n\in N_{\text{TY}} \tag{5.40}$$

式中，$V_{m,1}^{G}$ 即为 $n=m$ 时的 $V_{n,1}^{G}$ 。

停运元件 k 转供区域分布式电源恢复并网后，停运馈线相关分布式电源在节点 m 至停运馈线主干线某节点 n 间引起的电压升高可表示为

$$\Delta V_{k,m\text{-}n}^{G}=\sum_{b\in B_{m\text{-}n}}\frac{R_{b,\text{TY}}\sum\limits_{l\in \text{DG}_{d(k)\text{-}b}}P_{\text{G},l}+X_{b,\text{TY}}\sum\limits_{l\in \text{DG}_{d(k)\text{-}b}}P_{\text{G},l}}{V_{\text{N}}},\quad n\in N_{\text{TY}} \tag{5.41}$$

类似式(5.19)的推导，满足停运馈线节点 n 电压的允许负荷转供率可表示为

$$K_{k,2,n}^{(d)}=\frac{V_{m,2}^{G}+\Delta V_{k,m\text{-}n}^{G}-\Delta V_{n\text{-}b,\max}^{G}-V_{\min}}{\Delta V_{k,\text{LL-}m}+\Delta V_{k,m\text{-}n}},\quad n\in N_{\text{TY}} \tag{5.42}$$

式中，$V_{m,2}^{G}$ 为 $n=m$ 时的 $V_{n,2}^{G}$ ；$\Delta V_{n\text{-}b,\max}^{G}$ 为系统正常运行时在 $\Delta V_{n\text{-}b,\max}$ 基础上考虑了停运馈线相关分布式电源影响后的数值。

对于停运元件 k 转供区域分布式电源恢复并网前后，满足停运馈线电压约束的允许负荷转供率 $K_{k,1,\text{TY}}^{(d)}$ 和 $K_{k,2,\text{TY}}^{(d)}$ 可分别表示为

$$K_{k,1,\text{TY}}^{(d)}=\min_{n\in N_{\text{TY}}}\{1,K_{k,1,n}^{(d)}\} \tag{5.43}$$

$$K_{k,2,\text{TY}}^{(d)}=\min_{n\in N_{\text{TY}}}\{1,K_{k,2,n}^{(d)}\} \tag{5.44}$$

(3)馈线系统。

对于停运元件 k 转供区域分布式电源恢复并网前后，满足停运馈线和联络馈线电压约束的允许负荷转供率可分别表示为

$$K_{k,1}^{(d)} = \min\{K_{k,1,\mathrm{LL}}^{(d)}, K_{k,1,\mathrm{TY}}^{(d)}\} \tag{5.45}$$

$$K_{k,2}^{(d)} = \min\{K_{k,2,\mathrm{LL}}^{(d)}, K_{k,2,\mathrm{TY}}^{(d)}\} \tag{5.46}$$

3)转供区域切负荷率

对于停运元件 k 转供区域分布式电源恢复并网前后，满足馈线系统的容量电压约束的允许负荷转供率可分别表示为

$$K_{k,1} = \min\{K_{k,1}^{(r)}, K_{k,1}^{(d)}\} \tag{5.47}$$

$$K_{k,2} = \min\{K_{k,2}^{(r)}, K_{k,2}^{(d)}\} \tag{5.48}$$

因此，相应的转供区域切负荷率分别为 $1-K_{k,1}$ 和 $1-K_{k,2}$ 。

2. 孤岛区域的切负荷率

在允许孤岛运行的情况下，相应于 4.2.4 小节 e 类节点集合 E_k 的范围即为孤岛运行区域。元件的停运可能会导致系统出现电力孤岛，当其中的电源不足时，系统会切除部分负荷。为简化计算，当孤岛中的总发电量大于总负荷时，认为该孤岛能够就地平衡，切负荷量为 0；若孤岛中的总发电量小于总负荷，则将孤岛中的总负荷量与总发电量之差作为该孤岛的切负荷量。

对于元件 k 停运产生的孤岛区域，不受切负荷影响的那部分负荷占比可简化表示为

$$K_{k,\mathrm{e}} = \min\left\{1, \frac{\sum\limits_{l\in \mathrm{DG}_{E_k}} P_{\mathrm{G},l}}{\sum\limits_{i\in E_k} P_{\mathrm{D},i}}\right\} \tag{5.49}$$

式中，DG_{E_k} 为相应于 E_k 的孤岛运行区域内所有分布式电源编号组成的集合；$P_{\mathrm{D},i}$ 为节点 i 的负荷。

相应于停运元件 k 的孤岛区域的切负荷率即为 $1-K_{k,\mathrm{e}}$ 。

5.3.3　分布式电源出力不确定的切负荷率

1. 点估计法应用思路

本章借助三点估计法(参见附录 A)处理含出力不确定分布式电源的容量电压约束问题，其减少计算量的应用思路介绍如下。

对于停运馈线转供区域分布式电源出力不确定的情况，在转供区域分布式电源恢复并网前，仅联络馈线的分布式电源在运行(分布式电源编号从 1 开始到 n_{LL})，采用三点估计法求得分布式电源出力向量的各估计点 $X_1(i,j)=(\mu_1, \mu_2, \cdots, x'_{i,j}, \cdots, \mu_{n_{\mathrm{LL}}})$ 和相应权重 $\omega'_{i,j}$ ($i=1,2,\cdots,n_{\mathrm{LL}}, j=1,2,3$)；当转供区域分布式电源(编号从 $n_{\mathrm{LL}}+1$ 开始到 $n_{k,\mathrm{ZG}}$)恢复并网后，同理可求得此时分布式电源出力向量的

各估计点 $X_2(i,j)=(\mu_1,\mu_2,\cdots,x''_{i,j},\cdots,\mu_{n_{k,\mathrm{ZG}}})$ 和相应权重 $\omega''_{i,j}$（$i=1,2,\cdots,n_{k,\mathrm{ZG}}$，$j=1,2,3$）。将估计点 $X_1(i,j)$ 和 $X_2(i,j)$ 中相应分布式电源的出力水平代入 5.3.2 小节，即可求得相应估计点的允许负荷转供率 $K_{k,1}(i,j)$ 和 $K_{k,2}(i,j)$ 。

同理，对于停运元件 k 孤岛运行区域分布式电源（编号从 $n_{k,\mathrm{ZG}}+1$ 开始到 $n_{k,\mathrm{GD}}$）出力不确定的情况，也可求得相应估计点不受切负荷影响的那部分负荷占比 $K_{k,\mathrm{e}}(i,j)$ 和权重 $\omega^{\mathrm{e}}_{i,j}$（$i=n_{k,\mathrm{ZG}}+1,n_{k,\mathrm{ZG}}+2,\cdots,n_{k,\mathrm{GD}},j=1,2,3$）。

2. 切负荷率计算

对于停运元件 k 转供区域分布式电源恢复并网前后，考虑各个估计点权重的平均允许负荷转供率可分别表示为

$$K_{k,1}=\sum_{i=1}^{n_{\mathrm{LL}}}\sum_{j=1}^{3}(\omega'_{i,j}K_{k,1}(i,j)) \tag{5.50}$$

$$K_{k,2}=\sum_{i=1}^{n_{k,\mathrm{LL}}}\sum_{j=1}^{3}(\omega''_{i,j}K_{k,2}(i,j)) \tag{5.51}$$

因此，相应转供区域的切负荷率分别为 $1-K_{k,1}$ 和 $1-K_{k,2}$ 。

对于元件 k 停运产生的孤岛运行区域，考虑各个估计点和权重的不受切负荷影响的那部分负荷占比平均值可表示为

$$K_{k,\mathrm{e}}=\sum_{i=n_{k,\mathrm{ZG}}+1}^{n_{k,\mathrm{GD}}}\sum_{j=1}^{3}(\omega^{\mathrm{e}}_{i,j}K_{k,\mathrm{e}}(i,j)) \tag{5.52}$$

5.3.4 考虑分布式电源的指标计算

对于停运馈线上的任一节点 i，根据节点 i 停电持续时间的不同，采用 4.4.2 小节的方法将导致该节点 i 停运的元件分成 4 个集合：$G_{\mathrm{b},i}$，$G_{\mathrm{c},i}$、$G_{\mathrm{d},i}$ 和 $G_{\mathrm{e},i}$，不同集合元件停运导致节点 i 的停电持续时间有所不同。

节点 i 的停运率可由集合 $G_{\mathrm{b},i}$，$G_{\mathrm{c},i}$、$G_{\mathrm{d},i}$ 和 $G_{\mathrm{e},i}$ 中元件的停运率累加得到。

考虑到负荷转供的限制和分布式电源存在恢复并网时间，停运馈线转供区域内并网运行的分布式电源对该区域内节点 i 的停电时间会产生影响，并将转供区域内节点 i 的负荷分成如下三部分：

(1)分布式电源恢复并网前平均可转供负荷，占节点 i 总负荷的比例为 $K_{k,1}$ 。这部分负荷感受故障定位、隔离时间(预安排停运隔离时间)和联络开关切换时间。

(2)分布式电源恢复并网后新增的平均可转供负荷，占节点 i 总负荷的比例为 $K_{k,2}-K_{k,1}$ 。这部分负荷除感受故障定位、隔离时间(预安排停运隔离时间)和联络开关切换时间外，还需感受馈线 F_1 上分布式电源的恢复并网时间。

(3)平均不能转供负荷，占节点 i 总负荷的比例为 $1-K_{k,2}$ 。这部分负荷需感受元件 k 的故障(预安排)总停运持续时间。

对于停运元件 k 的孤岛运行区域，当孤岛中的分布式电源不足时，系统会切除该区域内的部分负荷，并将孤岛区域内节点 i 的负荷分成如下两部分：

(1)不受切负荷影响的那部分负荷，占节点 i 总负荷的比例为 $K_{k,\mathrm{e}}$ 。这部分负荷感受元件 k 停运导致的孤岛形成时间。

(2)切除的负荷，占节点 i 总负荷的比例为 $1-K_{k,\mathrm{e}}$ 。这部分负荷需感受元件 k 的故障(预安排)总停运持续时间。

综上，由于分布式电源的接入以及停运馈线和联络馈线的容量约束，节点 i 因预安排停运而感受的年平均停电持续时间可表示为

$$\begin{aligned}U_i=&\sum_{k\in G_{\mathrm{c},i}}\{\lambda_k[K_{k,1}t_{k,1}+(K_{k,2}-K_{k,1})(t_{k,1}+t_{k,\mathrm{b}})+(1-K_{k,2})t_{k,\mathrm{f}}]\}\\&+\sum_{k\in G_{\mathrm{e},i}}\{\lambda_k[t_{k,\mathrm{e}}K_{k,\mathrm{e}}+(1-K_{k,\mathrm{e}})t_{k,\mathrm{f}}]\}+\sum_{k\in G_{\mathrm{d},i}}(\lambda_k t_{k,\mathrm{f}})+\sum_{k\in G_{\mathrm{b},i}}(\lambda_k t_{k,\mathrm{g}})\end{aligned}\tag{5.53}$$

式中，$t_{k,\mathrm{b}}$ 为元件 k 停运后其下游分布式电源的恢复并网时间(电网电压、频率恢复正常后，分布式电源重新并网所需的延时)。

5.3.5 涉及分布式电源的三算例

本节包括算例 5.2、算例 5.3 和算例 5.4 等涉及并网运行分布式电源的三个算例。

1. 算例 5.2:馈线分类效果

某市城区配电网有 10kV 线路 158 回，其中单辐射线路 65 回，有联络线路 93 回，根据线路之间的联络情况，可以将有联络线路分成 38 个有联络线路集合。所有线路中，有 7 回单辐射线路和 18 回有联络线路有分布式电源接入，这 18 回有分布式电源接入的有联络线路属于 9 个有联络馈线集合，且这 9 个馈线集合共 23 回线路。在这 23 回线路中，有 15 回线路通过了无分布式电源接入时的转供容量约束校验。由 5.4.1 小节可知，只需对没能通过校验的 8 回有联络线路采用本章方法计算可靠性指标，其他线路则采用常规方法计算。由此可见，通过馈线分类，需要考虑分布式电源对转供容量或供电可靠性影响的线路仅占线路总数的 5.06%。

2. 算例 5.3:改进的 RBTS-BUS2

本算例采用 5 台型号完全相同分布式电源接入的 RBTS-BUS2[16] 的馈线 F_3 和 F_4 开展可靠性评估，配电网络示意图如图 5.5 所示(熔断器都没有画出)。网络结构、各线段长度、各负荷功率平均水平同文献[16]。线路型号为 LGJ-150，最大载流量为 300A，负荷功率因数取 0.9。假设分布式电源额定有功出力为 200kW，额

定无功出力为 20.306kvar，恢复并网时间为 0.5h。为了考虑分布式电源出力概率分布的差异性及负荷变化，将一天等分成两个时段：时段 1 和时段 2，各时段的分布式电源出力离散概率分布情况以及实际负荷功率如表 5.5 所示。在无分布式电源接入的情况下，馈线 F_3 和 F_4 都没有通过负荷转供容量约束校验。算例可靠性参数见表 5.6，除线路外的元件故障和预安排停运率为 0。

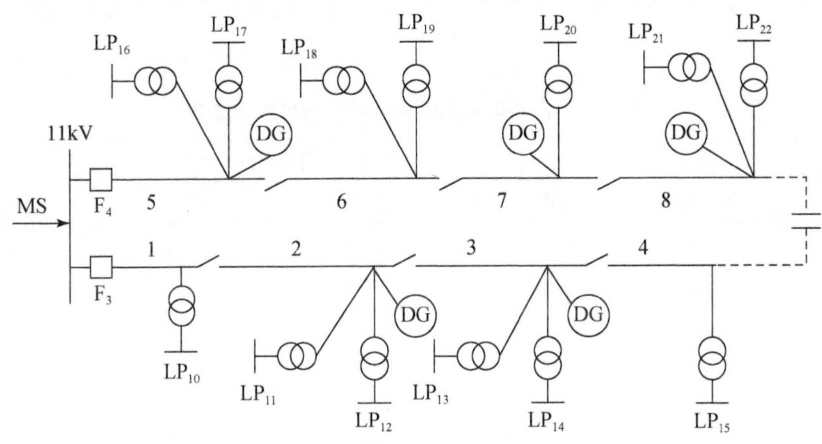

图 5.5　含分布式电源的配电网络

□ 断路器；—⁄— 隔离开关；--┤├-- 联络开关

表 5.5　不同时段分布式电源出力及其概率分布

时段	分布式电源出力概率分布				负荷实际水平与平均水平的比值
	0kW	50kW	150kW	200kW	
1	0.37	0.53	0.07	0.03	0.9
2	0.17	0.71	0.10	0.02	1.1

表 5.6　可靠性参数

影响时间及停运率	故障停运	预安排停运
(定位)隔离时间/(h/次)	0.5	0.1
联络开关切换时间/(h/次)	0.5	0.1
上游恢复供电操作时间/(h/次)	0.5	0.1
线路停运率/[次/(km·年)]	0.065	1
修复时间/(h/次)	5	8

基于表 5.5 和表 5.6 的参数，对图 5.5 所示网络各负荷点开展可靠性评估，分别计算以下 4 种情况的负荷点年平均停电持续时间，结果如表 5.7 所示。

情况 1:不计馈线容量约束。

情况 2:考虑馈线容量约束且无分布式电源接入。

情况 3:在情况 2 的基础上,在相应节点接入 5 台分布式电源。采用枚举法计算分布式电源出力组合状态,即逐一列举所有可能的出力组合情况,某组合状态的概率即为其涉及的各分布式电源出力状态对应概率的乘积。

情况 4:与情况 3 不同的是,采用三点估计法得到分布式电源出力组合状态及对应权重。

表 5.7 不同情况负荷点可靠性指标计算结果

负荷节点	停电率/(次/年)	年平均停电持续时间/(h/年)			
		情况 1	情况 2	情况 3	情况 4
10	3.728	11.81	11.81	11.81	11.81
11	3.887	13.46	16.69	16.16	16.19
12	3.941	13.88	17.10	16.57	16.60
13	3.887	11.85	17.46	16.44	16.48
14	3.941	12.26	17.88	16.86	16.90
15	3.728	11.81	17.64	16.40	16.44
16	3.887	13.46	13.46	13.46	13.46
17	3.728	12.21	12.21	12.21	12.21
18	3.728	11.81	14.41	13.94	13.96
19	3.941	13.47	16.07	15.61	15.63
20	3.941	13.47	17.71	16.81	16.85
21	3.887	11.85	16.95	15.52	15.58
22	3.941	12.26	17.36	15.94	15.99

由表 5.7 可知,LP_{10}、LP_{16}和 LP_{17}在各种情况下的年平均停电持续时间不变,主要是由于不存在转供通道。在分布式电源接入并考虑容量约束的情况下,其余各负荷点的年平均停电持续时间较无分布式电源接入时都有所改善。其中,LP_{21}的年平均停电持续时间由无分布式电源接入时的 16.95h 减小到 15.52h(枚举法计算结果),降低比例最大,为 8.43%。

逐一比较表 5.7 中情况 3 和情况 4 的各负荷点年平均停电持续时间可知,三点估计法的计算结果与枚举法得到的计算结果相比,最大相对误差仅为 0.39%。

由于图 5.5 所示网络除干线外的支路首端都接有熔断器,停运不涉及转供问题。为了对比枚举法和三点估计法计算量,仅分析干线支路 1~8 停运时,停运支路下游分布式电源恢复并网前后,影响转供容量的分布式电源数量,并分别计算采用枚举法和三点估计法求得的相关分布式电源出力组合状态数，如表 5.8 所示。

表 5.8　枚举法和三点估计法的计算量对比

停运支路 k	影响转供容量的分布式电源数量/台		分布式电源出力组合状态数/个	
	（并网前）$n_{k,1}$	（并网后）$n_{k,2}$	枚举法	三点估计法
1	3	5	270	18
2	3	4	108	16
3	3	3	27	7
4	3	3	27	7
5	2	4	90	14
6	2	4	90	14
7	2	3	36	12
8	2	2	9	5
总计			657	93

由表 5.8 可得，采用枚举法总共需计算 657 种分布式电源出力组合状态，而采用三点估计法仅需计算 93 种，计算量减小了 85.85%。

3. 算例 5.4：计算时间测试

采用有 9 条架空馈线（含 301 台配变和 824 个节点）的实际配电系统进行计算时间测试。系统基本情况为：线路 1～线路 3 为单辐射线路，线路 4 与线路 6 联络，线路 5 与线路 7 联络，线路 8 与线路 9 联络；线路 1、线路 4、线路 5 和线路 7 各接入 2 台分布式电源，线路 6 接入 3 台分布式电源；线路 4～线路 7 中，线路 5 和线路 7 在无分布式电源接入的情况下不能通过转供容量约束校验。在由 Intel(R)Core(TM)i5-3230M 2.60GHz，4GB SDRAM 和 Windows 7 旗舰版构成的计算机环境下，基于算例 5.4 相关参数，采用本章方法（三点估计法考虑分布式电源出力随机性）多次计算此配电系统可靠性指标，平均耗时 8.39s。

5.4　考虑高压配电网影响的可靠性快速评估

对于考虑高压配电网影响的中压配电网可靠性评估，简单的办法就是将高中压配电网作为一个整体系统进行计算，但由于系统规模大，而且高中压配电网的不同特点评估方法各异（如多重故障的考虑），采用统一的可靠性评估方法可能会导致计算精度或时间上的问题，因此有必要将高压配电网和中压配电网分开进行快速评估，并考虑它们之间的相互影响。

5.4.1 方法基础

1. 协调评估基本思路

首先，采用高压配电网可靠性评估方法计算各高压变电站低压母线的可靠性指标(参见第 7 章和第 8 章)，并将其作为中压馈线上级电网等值电源的可靠性参数；然后，结合上级电网等值电源的可靠性参数，基于中压配电网可靠性评估方法(参见第 4 章、5.2 节和 5.3 节)，计算考虑了高压电网影响的中压配电网可靠性指标。

2. 配电网两分层等值方法

本节针对每个高压变电站低压母线，将其高压侧的配电网视为中压配电网的等值电源，将其中压负荷侧的配电网(含高压变电站低压母线)视为高压配电网的等值负荷，如图 5.6 所示。

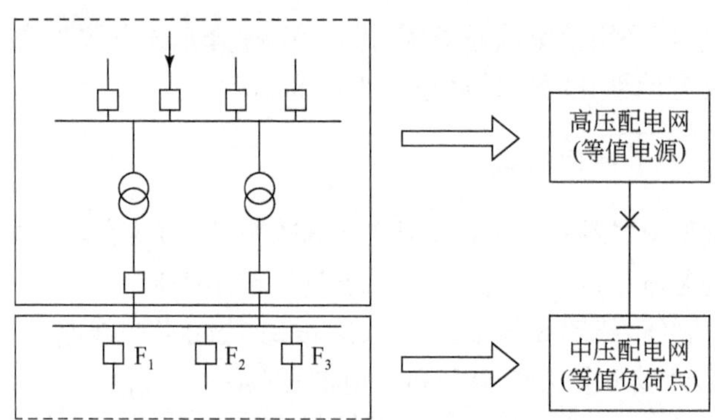

图 5.6　配电网两分层等值方法示意图

□ 虚拟断路器(故障率为0)；— 变电站低压母线

3. 误差指标定义

为了研究高压配电网对中压配电网可靠性评估的影响，本节定义高压配电网影响率 α，如式(5.54)所示：

$$\alpha=\frac{\mathrm{SAIDI}^{\mathrm{HV}}-\mathrm{SAIDI}^{\mathrm{MV}}}{\mathrm{SAIDI}^{\mathrm{HV}}}\times 100\% \tag{5.54}$$

式中，$\mathrm{SAIDI}^{\mathrm{HV}}$ 和 $\mathrm{SAIDI}^{\mathrm{MV}}$ 分别为考虑和不考虑高压配电网影响的中压馈线系统平均停电持续时间的准确值。

为了比较 2 参数等值电源和下面介绍的 $4N+2M$ 参数等值电源的误差大小，

分别定义了误差率 β_2 和 β_{4N+2M}，如式(5.55)和式(5.56)所示：

$$\beta_2=\frac{\mathrm{SAIDI}_2^{\mathrm{HV}}-\mathrm{SAIDI}^{\mathrm{HV}}}{\mathrm{SAIDI}^{\mathrm{HV}}-\mathrm{SAIDI}^{\mathrm{MV}}}\times 100\% \tag{5.55}$$

$$\beta_{4N+2M}=\frac{\mathrm{SAIDI}_{4N+2M}^{\mathrm{HV}}-\mathrm{SAIDI}^{\mathrm{HV}}}{\mathrm{SAIDI}^{\mathrm{HV}}-\mathrm{SAIDI}^{\mathrm{MV}}}\times 100\% \tag{5.56}$$

式中，$\mathrm{SAIDI}_2^{\mathrm{HV}}$ 和 $\mathrm{SAIDI}_{4N+2M}^{\mathrm{HV}}$分别为采用 2 参数和 $4N+2M$ 参数等值电源最终计算得到的中压馈线系统平均停电持续时间的近似值。

5.4.2　基于 2 参数等值电源的协调计算

为了比较分析 2 参数等值电源和 $4N+2M$ 参数等值电源的特点，本节先介绍基于 2 参数等值电源的协调计算。

1. 2 参数等值电源的定义

2 参数等值电源定义为：针对某一变电站低压母线，将其高压侧的配电网等效为一般的电源元件，包含 2 个独立的可靠性参数(即高压配电网的平均故障率和平均故障停电持续时间)。图 5.7 为 2 参数等值电源示意图。

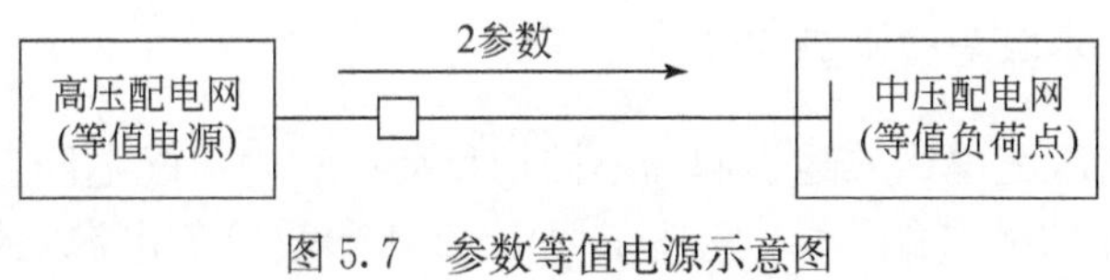

图 5.7　参数等值电源示意图

□ 虚拟断路器(故障率为0)；│ 变电站低压母线

2. 等值电源参数计算

对于变电站低压母线 i，其高压侧配电网等值电源的平均故障率 λ_i^{HV} (次/年)，可表示为

$$\lambda_i^{\mathrm{HV}}=\sum_{k\in G_i}\lambda_k \tag{5.57}$$

式中，G_i 为导致变电站低压母线 i 停电的高压配电网故障状态集合；λ_k 为高压配电网故障状态 k 的停运率(含故障停电和计划停电)，次/年。

对于变电站低压母线 i，其高压侧配电网等值电源的平均故障停电持续时间(h/次)可表示为

$$t_i^{\mathrm{HV}}=\frac{U_i^{\mathrm{HV}}}{\lambda_i^{\mathrm{HV}}} \tag{5.58}$$

式中，U_i^{HV} 为变电站低压母线 i 的年平均停电持续时间，h/年，可采用式(5.59)计算：

$$U_i^{\mathrm{HV}}=\sum_{k\in G_i}\{\lambda_k[Q_{i,k}t_{k,\mathrm{f}}+(1-Q_{i,k})t_{i,k,\mathrm{s}}]\} \tag{5.59}$$

式中，$t_{i,k,\mathrm{s}}$ 为高压配电网故障状态 k 时变电站低压母线 i 的负荷通过高压配电网转供所需要的时间，h；$t_{k,\mathrm{f}}$ 为故障状态 k 的修复时间，h；$Q_{i,k}$ 为高压配电网故障状态 k 时变电站低压母线 i 负荷切除的比例。

3. 可靠性指标附加值计算

高中压配电网可靠性协调评估可以通过计算中压配电网负荷点可靠性指标的附加值来反映，对于与变电站低压母线 i 直接相连中压馈线的各负荷点，在考虑高压配电网影响后的停电时间附加值可表示为

$$\Delta U_i^{\mathrm{MV}}=\lambda_i^{\mathrm{HV}}[K_i^{\mathrm{MV}}\min\{t_{i,1}^{\mathrm{MV}},t_i^{\mathrm{HV}}\}+(1-K_i^{\mathrm{MV}})t_i^{\mathrm{HV}}] \tag{5.60}$$

式中，K_i^{MV} 和 $t_{i,1}^{\mathrm{MV}}$ 分别为变电站低压母线 i 的负荷高压侧配电网停运时可通过中压线路转供的比例(参见式(5.22)、式(5.50)、式(5.51)和式(5.52))以及转供所需要的时间。

5.4.3 基于 4N+2M 参数等值电源的协调计算

1. 4N+2M 参数等值电源定义

为了考虑高压配电网停运引起的不同切负荷率和中压配电网负荷转供率共同作用对可靠性评估的影响，本节阐述了 $4N+2M$ 参数等值电源：针对某变电站低压母线，将引起该母线切负荷率相同的高压配电网故障状态归为一类，对应切负荷率在 0～1 的某类故障状态，采用 4 个可靠性参数表示，对应切负荷率为 0 和 1 这两种故障状态，分别采用 2 个可靠性参数表示。因此，对于某变电站低压母线，若存在 N 种 0～1 的不同切负荷率，则有 $4N$ 个参数；若存在 M 种切负荷率为 0 或 1 的情况(M 取值仅为 0、1 或 2)，则有 $2M$ 个参数；等值电源参数总共有 $4N+2M$ 个，且 $N+M>0$。图 5.8 为 $4N+2M$ 参数等值电源示意图。

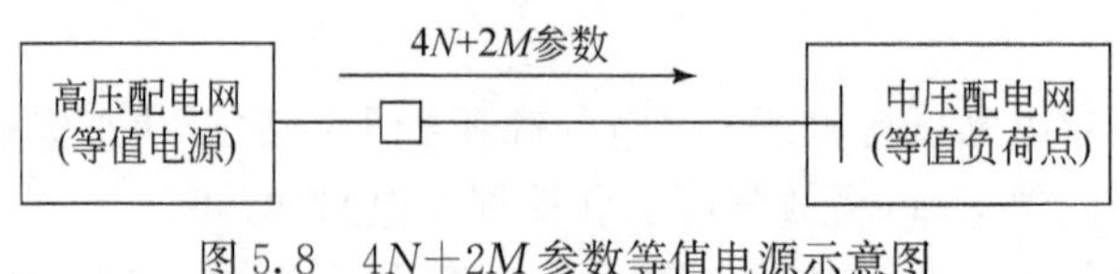

图 5.8　$4N+2M$ 参数等值电源示意图

□ 虚拟断路器(故障率为0)；│变电站低压母线

影响变电站低压母线切负荷率的因素有多种，如高压配电网的结构和负载情况等。若高压配电网转供通道不一样，切负荷率可能不同；若系统负荷较大，通过高压配电网进行负荷转供时可能会因高压线路或变压器过载切负荷。考虑到高压

转供通道相同的各故障状态切负荷率相同，以及系统重载运行情况较少，实际系统切负荷率的种数 $N+M$ 通常较少(一般不超过 2)。

2. 等值电源参数计算

1)4N 参数

针对某变电站低压母线 i，对于其高压侧配电网切负荷率在 0～1 的第 j 个故障状态分类，高压配电网等值电源 4 个独立可靠性参数包括：平均故障率 $\lambda_{i,j}^{\mathrm{HV}}$ 、平均修复时间 $t_{i,j,\mathrm{f}}^{\mathrm{HV}}$ 、平均内部转供时间 $t_{i,j,\mathrm{s}}^{\mathrm{HV}}$ 和平均切负荷率 $Q_{i,j}^{\mathrm{HV}}$ ，它们可分别用式(5.61)～式(5.64)表示：

$$\lambda_{i,j}^{\mathrm{HV}}=\sum_{k\in G_{i,j}}\lambda_k,\quad j=1,2,\cdots,N_i^Q \tag{5.61}$$

$$t_{i,j,\mathrm{f}}^{\mathrm{HV}}=\frac{\sum\limits_{k\in G_{i,j}}(\lambda_k t_{k,\mathrm{f}})}{\lambda_{i,j}^{\mathrm{HV}}},\quad j=1,2,\cdots,N_i^Q \tag{5.62}$$

$$t_{i,j,\mathrm{s}}^{\mathrm{HV}}=\frac{\sum\limits_{k\in G_{i,j}}(\lambda_k t_{i,k,\mathrm{s}})}{\lambda_{i,j}^{\mathrm{HV}}},\quad j=1,2,\cdots,N_i^Q \tag{5.63}$$

$$Q_{i,j}^{\mathrm{HV}}=\frac{\sum\limits_{k\in G_{i,j}}(\lambda_k Q_{i,k})}{\lambda_{i,j}^{\mathrm{HV}}},\quad j=1,2,\cdots,N_i^Q \tag{5.64}$$

式中，N_i^Q 为对应变电站低压母线 i 且切负荷率在 0～1 的高压配电网故障状态分类个数；$G_{i,j}$ 为针对变电站低压母线 i 且属于第 j 个分类的高压配电网故障状态集合。

2)2M 参数

对于切负荷率为 0 的情况(如满足 $N-1$ 安全准则的高压配电网，一阶故障时全部负荷都可转供)，受影响的负荷将全部感受到高压配电网负荷转供时间，可采用 2 个参数表示，这 2 个参数分别为高压配电网的故障率 $\lambda_{i(0)}^{\mathrm{HV}}$ 和负荷转供时间 $t_{i(0),\mathrm{s}}^{\mathrm{HV}}$ ，如式(5.65)和式(5.66)所示：

$$\lambda_{i(0)}^{\mathrm{HV}}=\sum_{k\in G_{i(0)}}\lambda_k \tag{5.65}$$

$$t_{i(0),\mathrm{s}}^{\mathrm{HV}}=\frac{\sum\limits_{k\in G_{i(0)}}(\lambda_k t_{i,k,\mathrm{s}})}{\lambda_{i(0)}^{\mathrm{HV}}} \tag{5.66}$$

式中，$G_{i(0)}$ 为对应变电站低压母线 i 且切负荷率为 0 的高压配电网故障状态集合。

当切负荷率为 1 时(如单辐射高压配电网或部分二阶故障，所有负荷都不能通过高压配电网转供)，此时受影响的负荷全部都会感受到高压配电网的修复时间(不考虑中压馈线转供时)，也可采用 2 个参数表示，这 2 个参数分别为高压配电网

故障率 $\lambda_{i(1)}^{\mathrm{HV}}$ 和修复时间 $t_{i(1),\mathrm{f}}^{\mathrm{HV}}$，如式(5.67)和式(5.68)所示：

$$\lambda_{i(1)}^{\mathrm{HV}} = \sum_{k \in G_{i(1)}} \lambda_k \tag{5.67}$$

$$t_{i(1),\mathrm{f}}^{\mathrm{HV}} = \frac{\sum\limits_{k \in G_{i(1)}} (\lambda_k t_{k,\mathrm{f}})}{\lambda_{i(1)}^{\mathrm{HV}}} \tag{5.68}$$

式中，$G_{i(1)}$ 为对应变电站低压母线 i 且切负荷率为 1 的高压配电网故障状态集合。

3. 可靠性指标附加值计算

高中压配电网可靠性协调评估主要是通过中压配电网负荷点可靠性指标附加值的计算来反映，考虑到通过中压馈线的转供时间一般比通过高压配电网的转供时间大，比高压配电网修复时间小(即 $t_{i,\mathrm{s}}^{\mathrm{HV}} < t_{i,1}^{\mathrm{MV}} < t_{i,\mathrm{f}}^{\mathrm{HV}}$)，本节给出了高压配电网对中压馈线负荷点停电时间影响附加值的一般表达式。

1)4N 参数相关指标附加值

综合考虑高压配电网内部负荷转供和中压馈线间负荷转供的相互影响，针对变电站低压母线 i，对其高压侧配电网切负荷率在 0～1 的第 j 个故障状态分类，高压配电网对相应中压馈线各负荷点停电时间的影响可分为以下三部分：

(1)部分中压馈线负荷可通过其高压配电网内部转供，该部分负荷将感受到其高压配电网内部负荷转供时间 $t_{i,\mathrm{s}}^{\mathrm{HV}}$，占总负荷的比例为 $1 - Q_{i,j}^{\mathrm{HV}}$。

(2)对于相应于 $Q_{i,j}^{\mathrm{HV}}$ 的高压配电网切除的负荷，可通过中压线路转供的负荷感受到其高压配电网故障定位隔离时间(预安排停运隔离时间)和中压线路联络开关切换时间之和 $t_{i,1}^{\mathrm{MV}}$，占总负荷的比例为 $\min\{Q_{i,j}^{\mathrm{HV}}, K_i^{\mathrm{MV}}\}$。

(3)对于相应于 $Q_{i,j}^{\mathrm{HV}}$ 的高压配电网切除的负荷中，不能通过中压线路转供的负荷会感受其高压配电网停电的修复时间 $t_{i,\mathrm{f}}^{\mathrm{HV}}$，占总负荷的比例为 $\max\{0, (Q_{i,j}^{\mathrm{HV}} - K_{i,j}^{\mathrm{MV}})\}$。

因此，针对变电站低压母线 i，有关 4N 参数对相应中压线路各负荷点停电时间影响的附加值可表示为

$$\Delta U_{i(4N)}^{\mathrm{MV}} = \sum_{j=1}^{N_i^Q} \{\lambda_{i,j}^{\mathrm{HV}}[(1 - Q_{i,j}^{\mathrm{HV}}) t_{i,j,\mathrm{s}}^{\mathrm{HV}} + \min\{Q_{i,j}^{\mathrm{HV}}, K_i^{\mathrm{MV}}\} t_{i,1}^{\mathrm{MV}} + \max\{0, (Q_{i,j}^{\mathrm{HV}} - K_i^{\mathrm{MV}})\} t_{i,j,\mathrm{f}}^{\mathrm{HV}}]\} \tag{5.69}$$

2)2M 参数相关指标附加值

2M 参数仅涉及切负荷率为 0 和 1 的两种情况。

(1)切负荷率为 0。

相关负荷将全部感受到高压配电网负荷转供时间，作为式(5.69)的特例，高压配电网对相应中压线路各负荷点停电时间影响的附加值可表示为

$$\Delta U_{i(0)}^{\mathrm{MV}}=\lambda_{i(0)}^{\mathrm{HV}}t_{i(0),\mathrm{s}}^{\mathrm{HV}} \tag{5.70}$$

(2)切负荷率为 1。

若切除负荷可通过中压馈线转供负荷，部分负荷将感受到中压转供时间，部分负荷感受到高压修复时间，作为式(5.69)的特例，高压配电网对相应中压线路各负荷点停电时间影响的附加值可表示为

$$\Delta U_{i(1)}^{\mathrm{MV}}=\lambda_{i(1)}^{\mathrm{HV}}[K_i^{\mathrm{MV}}t_{i,1}^{\mathrm{MV}}+(1-K_i^{\mathrm{MV}})t_{i(1),\mathrm{f}}^{\mathrm{HV}}] \tag{5.71}$$

3)$4N+2M$ 参数相关指标附加值

综合以上 3 种典型切负荷率情况，针对变电站低压母线 i，其高压配电网对相连中压馈线各负荷点停电时间影响的附加值可表示为

$$\Delta U_i^{\mathrm{MV}}=\Delta U_{i(4N)}^{\mathrm{MV}}+\Delta U_{i(0)}^{\mathrm{MV}}+\Delta U_{i(1)}^{\mathrm{MV}} \tag{5.72}$$

5.4.4　两种等值电源的比较分析

(1)采用 2 参数等值电源需要先进行高压配电网可靠性指标计算，再进行中压配电网可靠性评估，过程简单直观，但相比式(5.72)，以式(5.57)和式(5.58)表示的 2 参数等值电源难以考虑不同高压配电网切负荷率和中压线路负荷转供率共同作用的影响。

(2)使用 $4N+2M$ 参数等值电源需要先根据不同切负荷率进行高压配电网的等值参数计算，再利用式(5.72)计算高压配电网影响后中压馈线各负荷点停电时间的附加值，能有效避免 2 参数法可能产生的计算误差。但 $4N+2M$ 参数等值电源涉及更多参数，且需要先根据切负荷率大小将故障状态分类，计算工作量比采用 2 参数等值电源大。

(3)与全电压等级精确计算相比，2 参数等值电源与 $4N+2M$ 参数等值电源都能大大简化计算过程。对于高压配电网切负荷率或中压线路允许负荷转供率为 0 时的情况，2 参数等值电源与 $4N+2M$ 参数等值电源均不会产生误差。这是因为，此时涉及 $4N$ 参数的式(5.69)可简化为类似 2 参数的式(5.59)的表达式，不需要考虑中压转供的作用，由式(5.57)得到的 λ_i^{HV} 和由式(5.58)得到的 t_i^{HV} 两参数相乘即为式(5.59)，考虑了高压配电网 λ_k 、$t_{i,k,\mathrm{s}}$ 、$t_{k,\mathrm{f}}$ 和 $Q_{i,k}$ 的影响，计算是准确的。但对于需要考虑中压转供作用的情况，由于在计算中压线路允许负荷转供率时，难以考虑高压配电网是否存在相关的可行转供通道，致使 2 参数等值电源与 $4N+2M$ 参数等值电源都可能产生一定误差。对此，简化的近似处理规则可考虑为：对于仅存在站内联络的中压馈线，可令 $K_i^{\mathrm{MV}}=0$，这是由于此时中压转供负荷在高压配电网中的转移通道很可能与相应变电站低压母线高压配电网侧转供通道相同；否则，K_i^{MV} 可利用 5.2 节或 5.3 节中压线路允许负荷转供率公式进行计算，即假定存在其他可行的高压配电网转供通道。

5.4.5 算例 5.5:考虑高压配电网影响

1. 网架及其数据

本节以可靠性测试系统 RBTS-BUS4 配电网为例,网架结构如图 4.8 所示,线路类型及长度详见参考文献[16],元件可靠性参数如表 5.9 所示,负荷通过高压配电网转供的时间为 1h,通过中压馈线转供的时间为 2h。

表 5.9 元件可靠性参数

元件		故障率	修复时间/h	元件		故障率	修复时间/h
变压器	33/11	0.015/(次/年)	15	母线	33	0.001/(次/年)	4
	11/0.415	0.015/(次/年)	200		11	0.001/(次/年)	4
断路器	33	0.015/(次/年)	4	线路	33	0.046/[次/(km·年)]	8
	11	0.004/(次/年)	4		11	0.065/[次/(km·年)]	5

2. 计算条件

本算例高中压配电网可靠性评估采用了 CEES 软件(参见附录 C),涉及的方法为基于故障模式后果分析的混合方法,并做了如下假设:

(1)熔断器、隔离开关和 33kV 电源进线的故障率为 0。

(2)主变高压侧和断路器两侧均有隔离开关,所有主变和断路器故障后可从系统中将自身隔离。

(3)实际电网一般只存在一种或两种不同切负荷率和中压配电网转供率,为了计算分析高压配电网各种不同切负荷率和中压配电网各种不同转供率及其组合情况下的协调评估误差,对应高压配电网各故障状态,假设因高压配电网容量电压约束的切负荷率都相同,分别为 0、0.25、0.5、0.75 和 1,假设因中压馈线容量电压约束的负荷转供率都相同,分别为 0、0.25、0.5、0.75 和 1。

3. 高中压配电网分层等值

采用 5.4.1 小节配电网两分层等值方法对 RBTS-BUS4 配电网进行处理,可得到含中压等值负荷的高压配电网和含高压等值电源的中压配电网,分别如图 5.9 和图 5.10 所示。

4. 高压配电网影响分析

基于上述计算条件,对应不同高压配电网切负荷率和中压负荷转供率,采用式

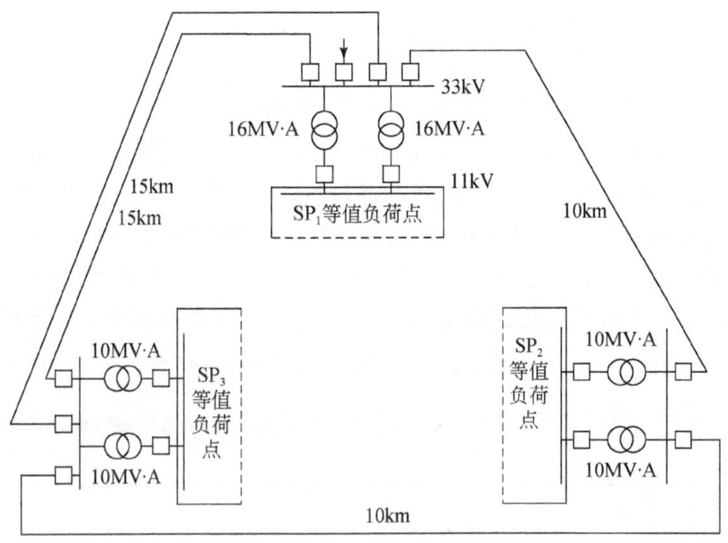

图 5.9　含中压等值负荷的高压配电网

□ 断路器

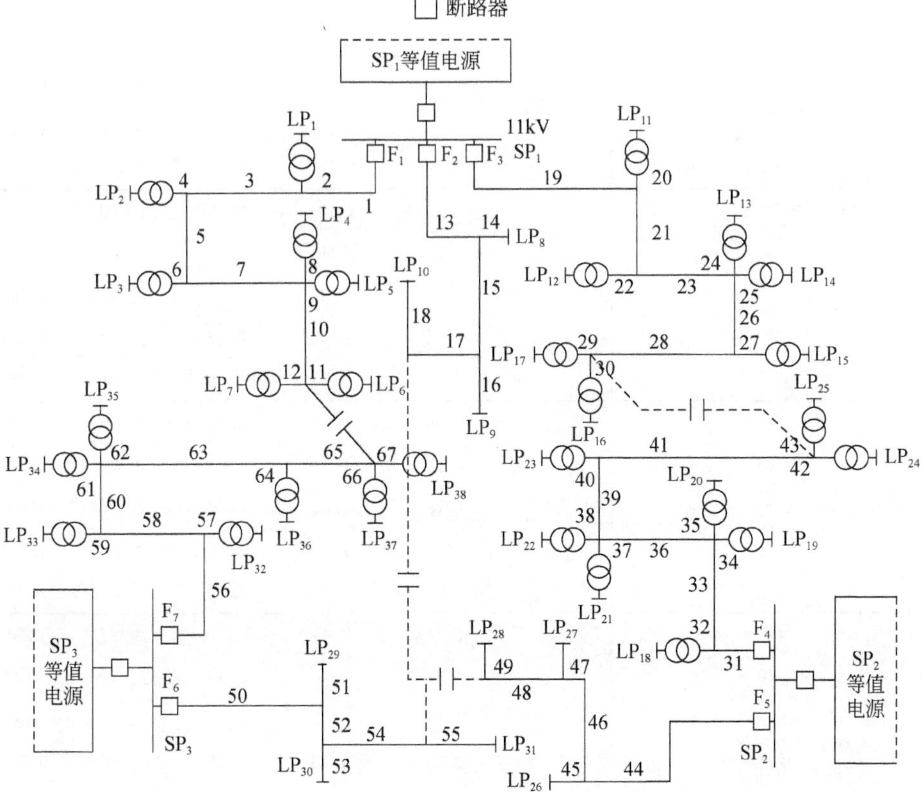

图 5.10　含高压等值电源的中压配电网

□ 断路器；--┤├-- 联络开关

(5.54)计算高压配电网可靠性影响率 α (%),结果如表 5.10 所示。由该表可以看到:

(1)高压配电网对中压负荷点可靠性的影响率为 1.03%~51.18%,各计算情况下的算术平均值约为 12.15%,这是因为高压配电网故障率低,且很多故障情况下负荷仅感受到较短的高压转供时间,所以对中压馈线可靠性影响一般较小。

(2)在中压负荷转供率相同的条件下,随着高压配电网切负荷率增大,高压配电网对可靠性影响会有所增大。这是由于切掉的负荷将感受到高压修复时间或者中压转供时间,一般都比高压转供时间大。高压配电网对可靠性影响最大的情况出现在高压配电网切负荷率为 1 和中压转供率为 0 时的馈线 5(此时 α 为 51.18%)。

表 5.10 不同高压切负荷率和中压转供率的高压配电网可靠性影响率 α

(单位:%)

中压转供率/p.u. \ 高压切负荷率/p.u.	馈线	0	0.25	0.5	0.75	1
0	1	1.03	3.48	5.80	8.02	10.14
0.25		1.07	1.32	3.85	6.26	8.54
0.5		1.12	1.37	1.63	4.25	6.74
0.75		1.17	1.44	1.70	1.96	4.68
1		1.23	1.51	1.78	2.06	2.33
0	2	4.55	14.15	22.00	28.53	34.06
0.25		5.30	6.44	17.12	25.61	32.52
0.5		5.79	7.03	8.23	19.42	28.17
0.75		6.66	8.06	9.42	10.74	22.83
1		7.97	9.62	11.20	12.74	14.22
0	3	1.04	3.52	5.87	8.11	10.24
0.25		1.10	1.35	3.94	6.40	8.73
0.5		1.13	1.39	1.64	4.29	6.80
0.75		1.18	1.45	1.71	1.97	4.72
1		1.24	1.51	1.79	2.07	2.34
0	4	2.24	7.41	12.06	16.27	20.09
0.25		2.37	2.90	8.29	13.11	17.45
0.5		2.45	2.99	3.52	9.00	13.89
0.75		2.56	3.13	3.68	4.24	9.88
1		2.69	3.28	3.87	4.45	5.02

续表

中压转供率/p.u. \ 高压切负荷率/p.u.	馈线	0	0.25	0.5	0.75	1
0	5	8.74	25.03	36.39	44.76	51.18
0.25		10.11	12.14	29.48	41.10	49.44
0.5		11.00	13.18	15.25	32.76	44.28
0.75		12.53	14.96	17.26	19.44	37.41
1		14.81	17.59	20.20	22.65	24.95
0	6	8.52	24.36	35.53	43.82	50.22
0.25		9.93	11.93	28.90	40.39	48.68
0.5		10.85	13.00	15.06	32.27	43.69
0.75		12.47	14.89	17.19	19.36	37.13
1		14.91	17.71	20.34	22.80	25.11
0	7	2.06	6.77	11.06	14.96	18.54
0.25		2.17	2.65	7.56	12.00	16.04
0.5		2.23	2.73	3.22	8.21	12.71
0.75		2.33	2.85	3.36	3.86	9.00
1		2.44	2.98	3.52	4.05	4.57

5. 等值电源的参数计算

基于如图 5.9 所示的等值图，利用上面所阐述的高压等值电源 2 参数和 $4N+2M$ 参数的一般表达式，分别计算出对应于变电站低压母线 SP_1、SP_2 和 SP_3 的高压配电网等值电源参数，如表 5.11 和表 5.12 所示。

表 5.11　不同高压切负荷率下的 2 参数等值电源参数

	切负荷率/p.u.	0	0.25	0.5	0.75	1
SP_1	故障率 λ_i^{HV} /(次/年)	0.0435	0.0435	0.0435	0.0435	0.0435
	停电时间 t_i^{HV} /(h/次)	1.07	3.70	6.33	8.96	11.59
SP_2	故障率 λ_i^{HV} /(次/年)	0.0855	0.0855	0.0855	0.0855	0.0855
	停电时间 t_i^{HV} /(h/次)	1.07	3.73	6.39	9.06	11.72
SP_3	故障率 λ_i^{HV} /(次/年)	0.087	0.087	0.087	0.087	0.087
	停电时间 t_i^{HV} /(h/次)	1.07	3.70	6.33	8.96	11.59

表 5.12　不同高压切负荷率下的 4*N*+2*M* 参数等值电源参数

变电站低压母线	2*M* 参数(*M*=1/2)				4*N* 参数(*N*=0/1)			
	$\lambda_{i(0)}^{\mathrm{HV}}$ /(次/年)	$t_{i(0),\mathrm{s}}^{\mathrm{HV}}$ /(h/次)	$\lambda_{i(1)}^{\mathrm{HV}}$ /(次/年)	$t_{i(1),\mathrm{f}}^{\mathrm{HV}}$ /(h/次)	$\lambda_{i,j}^{\mathrm{HV}}$ /(次/年)	$t_{i,\mathrm{f}}^{\mathrm{HV}}$ /(h/次)	$t_{i,\mathrm{s}}^{\mathrm{HV}}$ /(次/年)	$Q_{i,j}^{\mathrm{HV}}$ /(h/p.u.)
	—	—	0.001	4	0.0425	11.76	1	0.25/0.5/0.75
SP_1	0.0425	1	0.001	4	—	—	—	—
	—	—	0.0435	11.59	—	—	—	—
	—	—	0.002	4	0.0835	11.90	1	0.25/0.5/0.75
SP_2	0.0835	1	0.002	4	—	—	—	—
	—	—	0.086	11.72	—	—	—	—
			0.002	4	0.085	11.76	1	0.25/0.5/0.75
SP_3	0.085	1	0.002	4	—	—	—	—
	—	—	—	0.087	11.59	—	—	—

6. 协调评估及其误差分析

基于上述计算条件，针对不同的高压配电网切负荷率和中压负荷转供率，分别采用 2 参数等值电源和 4*N*+2*M* 参数等值电源进行高中压配电网的可靠性协调评估，并采用式(5.55)和式(5.56)分别计算 2 参数等值电源和 4*N*+2*M* 参数等值电源的误差率 β_2(%)和 β_{4N+2M}(%)，结果如表 5.13 所示。由该表可知：

(1)当高压配电网切负荷率或中压线路允许负荷转供率为 0 时，2 参数等值电源与 4*N*+2*M* 参数等值电源均没有误差。

(2)当高压配电网切负荷率为 1 时，2 参数等值电源与 4*N*+2*M* 参数等值电源一般也不会产生误差，本算例误差是因为电源进线母线故障导致全网失电(详见图 5.9 的网架结构)，使全网负荷都要感受修复时间，而中压线路允许负荷转供率由于没有考虑到相关高压通道负荷转供的可行性，会将部分负荷误认为只感受到中压负荷转供时间。

(3)对于高压配电网切负荷率在 0～1 的情况，4*N*+2*M* 参数等值电源误差明显小于 2 参数等值电源：2 参数等值电源最大误差为 169.32%，而 4*N*+2*M* 参数等值电源为−1.95%。这是因为 2 参数等值电源难以考虑不同高压配电网切负荷率与中压负荷转供率的配合与响应，而 4*N*+2*M* 参数等值电源能有效避免相关的计算误差。

(4)若采用 2 参数等值电源，当中压负荷转供率一定时，随着高压配电网切负荷率增大，误差率先增大后减小，切负荷率为 0.5 左右时误差最大，这是因为 2 参数等值电源不能区别对待通过高中压转供的负荷会感受到不同的停电时间。

表 5.13　基于等值电源协调评估的误差率(β_2 和 β_{4N+2M})　（单位:%）

高压切负荷率/p.u. \ 中压转供率/p.u.	变电站	馈线	0		0.25		0.5		0.75		1	
			2 参数	$4N+2M$	2 参数	$4N+2M$	2 参数	$4N+2M$	2 参数	$4N+2M$	2 参数	$4N+2M$
0	SP₁	1,2,3	0	0	0	0	0	0	0	0	0	0
0.25			0	0	149.29	−0.88	33.05	−0.29	9.83	−0.17	−0.12	−0.12
0.5			0	0	149.29	−0.88	167.34	−1.48	30.85	−0.55	−0.34	−0.34
0.75			0	0	149.29	−0.88	167.34	−1.48	107.54	−1.91	−0.78	−0.78
1			0	0	149.29	−0.88	167.34	−1.48	107.54	−1.91	−2.25	−2.25
0	SP₂	4,5	0	0	0	0	0	0	0	0	0	0
0.25			0	0	151.03	−0.89	33.18	−0.29	9.85	−0.18	−0.13	−0.13
0.5			0	0	151.03	−0.89	169.32	−1.50	30.98	−0.55	−0.34	−0.34
0.75			0	0	151.03	−0.89	169.32	−1.50	108.82	−1.95	−0.79	−0.79
1			0	0	151.03	−0.89	169.32	−1.50	108.82	−1.95	−2.29	−2.29
0	SP₃	6,7	0	0	0	0	0	0	0	0	0	0
0.25			0	0	149.29	−0.88	33.05	−0.29	9.83	−0.17	−0.12	−0.12
0.5			0	0	149.29	−0.88	167.34	−1.48	30.85	−0.55	−0.34	−0.34
0.75			0	0	149.29	−0.88	167.34	−1.48	107.54	−1.91	−0.78	−0.78
1			0	0	149.29	−0.88	167.34	−1.48	107.54	−1.91	−2.25	−2.25

另外，使用 CEES 软件进行仿真计算，基于 Intel 600MHz Pentium III 的处理器，本算例采用 2 参数和 $4N+2M$ 参数等值电源进行高中压配电网的可靠性协调评估的计算时间相当，约为 0.02s。这是由于 $4N+2M$ 参数法较 2 参数法除多了 2 个不同参数的计算外，还增加了式(5.69)～式(5.72)的简单加减乘除，对计算工作量的影响很小。

5.5　考虑负荷变化的可靠性快速评估

由式(5.19)和式(5.49)可知，节点 i 的年平均停电持续时间 U_i 是切负荷率的函数，而切负荷率与负荷大小密切相关，因此 U_i 的计算应反映负荷的变化，多时段负荷点 i 年平均停电持续时间可表示为

$$U_i = \frac{1}{T_h}\sum_{t=1}^{T_h}(U_i(t) + \Delta U_i^{\mathrm{MV}}(t)) \tag{5.73}$$

式中，T_h 为全年负荷变化时间的等分段总数(若采用典型日负荷曲线代表年负荷变化，$T_h=24$)；$U_i(t)$ 为对应第 t 时段负荷按式(5.23)或式(5.53)计算的节点 i

的年平均停电持续时间，$\Delta U_i^{\mathrm{MV}}(t)$ 为考虑高压配电网影响后对应第 t 时段负荷按式(5.72)计算的负荷点 i 年平均停电时间附加值。注意，式(5.23)、式(5.53)和式(5.72)中的允许负荷转供率和切负荷率为节点负荷大小或各支路潮流的函数，各支路潮流可考虑采用简化的全局系数方法近似计算，首先计算系统最大负荷时的支路潮流，各时段支路潮流则为其最大功率乘以该时段的全局系数(即各时段系统总负荷除以系统最大负荷时的总负荷)。

5.6 本章小结

在第 4 章停运范围混合搜索方法的基础上，本章介绍了考虑容量电压约束、分布式电源、高压配电网和负荷变化对可靠性评估影响的实用方法。其中，基于节点分支线最大电压降可以进行快速电压约束校验；基于考虑设备载流量和节点电压约束的可靠性计算简化模型，可以快速估算满足容量电压约束的允许负荷转供率和切负荷率；基于馈线分类策略和点估计法能有效减少有关分布式电源随机性的计算量；基于功率平衡采用负荷平均削减方式能有效处理微网孤岛运行对系统可靠性的影响；采用 2 参数或 $4N+2M$ 参数等值电源可快速评估高压配电网对中压配电网可靠性的影响。

典型配电网的计算分析表明：

(1)考虑负荷转供约束的可靠性评估算法不仅使评估结果更加符合实际，而且计算效率高。

(2)馈线分类策略可将所有馈线分为不必考虑和需要考虑分布式电源对可靠性影响的两大类馈线，大大减少了不必要的计算；点估计法计算结果非常接近枚举法计算结果，且减少了计算量。

对于有联络且未通过转供容量约束校验的馈线，分布式电源并网运行可以减轻馈线转供容量限制，有利于提高供电可靠性水平；而对于放射式馈线和有联络且通过转供容量约束校验的馈线，若计及分布式电源自身停运率，分布式电源的接入可能反而降低供电可靠性水平。

(3)对于本章相关典型配电网算例，高压配电网对中压馈线平均停电持续时间影响率的算术平均值约为 12.15%。

2 参数等值电源的适用范围主要包括：①高压配电网切负荷率为 0 的情况(如高压配电网比较坚强，负荷可以通过高压配电网完全转供)；②高压配电网切负荷率为 1 的情况(如辐射型的高压配电网，所有负荷不能通过高压配电网转供)；③中压线路允许负荷转供率为 0 的情况(如辐射型的中压配电网)。其中，对于情况①和情况③，采用 2 参数等值电源不会产生误差；对于情况②，产生的误差一般很小。

考虑到高压配电网可能存在有限个不同切负荷率的实际情况，提出了 $4N+$

$2M$ 参数等值电源，给出了相应的参数和可靠性指标计算的一般表达式，很大程度上避免了采用 2 参数等值电源可能导致的误差，而且增加的计算量不大。

对于存在高压配电网切除的负荷通过中压馈线转供的情况，2 参数等值电源与 $4N+2M$ 参数等值电源都可能会产生一定误差，这是由于中压馈线允许负荷转供率的计算中难以考虑高压配电网是否存在相关的可行转供通道。

参考文献

[1] 邵黎，谢开贵，王进，等．基于潮流估计和分块负荷削减的配电网可靠性评估算法[J]. 电网技术，2008，32(24)：33-38.

[2] Li W X，Wang P，Li Z M，et al. Reliability evaluation of complex radial distribution systems considering restoration sequence and network constraints[J]. IEEE Transactions on Power Delivery，2004，19(2)：753-758.

[3] 吴素农，吴文传，张伯明．考虑传输容量约束的配电网可靠性快速评估[J]. 电网技术，2009，33(14)：21-25.

[4] 昝贵龙，赵华，吴延琳，等．考虑容量及电压约束的配电网可靠性评估前推故障扩散法[J]. 电力系统自动化，2017，41(7)：61-67.

[5] 邱生敏，王浩浩，管霖．考虑复杂转供和计划停电的配电网可靠性评估[J]. 电网技术，2011，35(5)：121-126.

[6] Silva A M L D，Nascimento L C，Rosa M A D，et al. Distributed energy resources impact on distribution system reliability under load transfer restrictions[J]. IEEE Transactions on Smart Grid，2012，3(4)：2048-2055.

[7] 赵华，王主丁，谢开贵，等．中压配电网可靠性评估方法的比较研究[J]. 电网技术，2013，37(11)：3295-3302.

[8] Conti S，Nicolosi R，Rizzo S A. Generalized systematic approach to assess distribution system reliability with renewable distributed generators and microgrids[J]. IEEE Transactions on Power Delivery，2011，27(1)：261-270.

[9] 韦婷婷，王主丁，寿挺，等．基于 DG 并网运行的中压配网可靠性评估实用方法[J]. 电网技术，2016，40(10)：3006-3012.

[10] Billinton R，Goel L. Overall adequacy assessment of an electric power system[J]. IEE Proceedings-Generation，Transmission and Distribution，1992，139(1)：57-63.

[11] Billinton R，Jonnavithula S. A test system for teaching overall power system reliability assessment [J]. IEEE Transactions on Power Systems，1996，11(4)：1670-1676.

[12] 程林，刘满君，叶聪琪，等．基于变电站主接线等效模型的全电压等级可靠性评估方法[J]. 电网技术，2015，39(1)：29-34.

[13] Miao Y Z，Luo W，Lei W M，et al. Power supply reliability indices computation with consideration of generation systems，transmission systems and sub-transmission systems' load transfer capabilities [C]//2016 IEEE PES Asia-Pacific Power and Energy Engineering Conference，Xi'an，2016.

[14] 葛少云，季时宇，刘洪，等．基于多层次协同分析的高中压配电网可靠性评估[J]. 电工技术

学报. 2016,31(19):172-181.

[15] 鲍薇,胡学浩,何国庆,等. 分布式电源并网标准研究[J]. 电网技术,2012,36(11):46-52.

[16] Allan R N,Billiton R,Sjarief I,et al. A reliability test system for educational purposes:Basic distribution system data and results[J]. IEEE Transactions on Power Systems,1991,6(2):813-820.

第6章　中压配电网可靠性近似估算模型和方法

基于第3章中压配电网多重故障影响小的结论，本章介绍中压配电网可靠性近似估算模型和方法，便于工程技术人员进行直观快速的可靠性指标计算分析。

6.1　引　　言

尽管常规的可靠性评估方法[1~4]可以得到各负荷点和系统的可靠性指标，便于辨识出系统薄弱环节和针对重要用户的薄弱环节，但需要完整的网络拓扑结构和各设备参数，数据录入工作烦琐，数据维护工作量大，而且部分配电网缺乏详细的网架数据(如配变位置等)，尤其是规划态配电网。因此，在工程实际中非常需要一种数据要求量小且具有一定精度的可靠性近似估算模型和方法[5~15]，便于工程技术人员进行直观快速的可靠性计算分析。

基于3.2节多重故障对中压配电网负荷点可靠性影响较小的结论[16]，本章比较全面地阐述中压配电网可靠性近似估算模型和方法[9,11,15]。其中，6.2节介绍根据典型供电区域和典型接线模式的馈线分类原则，将大规模中压配电网的可靠性指标的估算等效为不同区域不同接线模式馈线可靠性指标的加权平均；6.3节介绍基于故障模式后果分析法得到的可靠性近似估算基本模型Ⅰ；6.4节介绍对基本模型Ⅰ进一步简化后得到的基本模型Ⅱ；6.5节介绍基于现有可靠性指标和相关主要影响因素变化比例的可靠性近似估算基本模型Ⅲ；6.6节介绍考虑设备容量约束、负荷变化、双电源和带电作业影响的可靠性近似估算扩展模型。

6.2　总 体 思 路

考虑到可靠性评价指标众多以及可靠性估算的简化，本章仅涉及2.4.2小节介绍的SAIDI、SAIFI、ASAI和RS-1等指标。首先介绍SAIFI和SAIDI的近似估算解析模型，再根据SAIDI估计值，利用式(6.1)和式(6.2)分别计算ASAI和RS-1指标。

$$\mathrm{ASAI}=1-\frac{\mathrm{SAIDI}}{8760} \tag{6.1}$$

$$\mathrm{RS\text{-}1}=\left(1-\frac{\mathrm{SAIDI}}{8760}\right)\times 100\% \tag{6.2}$$

本章估算总体思路是将规模庞大的配电网可靠性计算等效为不同典型供电区域若干典型接线模式可靠性指标计算的加权平均，从而使得可靠性估算这一复杂问题得以简化，并且具有实用性。具体算法主要描述为以下几个步骤：

(1)对于待估算区域，事先进行典型供电区域划分，例如，按区域类型划分为市中心区、市区、市郊区、县城区、乡镇中心和农村等。对于各典型供电区域，将中压配电线路再分为多种典型接线模式。

(2)对于各典型接线模式，综合考虑各项主要影响因素，计算 SAIDI 指标和 SAIFI 指标。

(3)以各典型接线模式所接用户数与待估算区域总用户数的占比为权重加权平均，即可求得待估算区域的系统可靠性指标，如式(6.3)和式(6.4)所示：

$$\mathrm{SAIDI_s}=\sum_{l=1}^{N_\mathrm{A}}\sum_{h=1}^{N_\mathrm{M}}(w_{l,h}T_{l,h}) \tag{6.3}$$

$$\mathrm{SAIFI_s}=\sum_{l=1}^{N_\mathrm{A}}\sum_{h=1}^{N_\mathrm{M}}(w_{l,h}F_{l,h}) \tag{6.4}$$

式中，$\mathrm{SAIDI_s}$ 和 $\mathrm{SAIFI_s}$ 分别为待估算区域的系统平均停电持续时间和系统平均停电频率；N_A 为将待估算区域划分成的典型供电区域数；N_M 为典型接线模式数量；$w_{l,h}$ 为第 l 种典型供电区域的第 h 种典型接线模式的用户数占待估算区域总用户数的比例；$T_{l,h}$ 和 $F_{l,h}$ 分别为第 l 种典型供电区域的第 h 种典型接线模式的系统平均停电持续时间和系统平均停电频率，下面分别采用相应典型馈线 i 的系统平均停电持续时间和系统平均停电频率表示(如下面基本模型Ⅰ中的 $T_{i,1}^{\mathrm{o,S}}$ 和 $F_{i,1}^{\mathrm{o,S}}$，以及基本模型Ⅱ和Ⅲ中的 T_i)。

6.3 基本模型Ⅰ

中压配电网的可靠性指标较多，本章基本模型Ⅰ仅对 SAIDI 和 SAIFI 进行估算。

6.3.1 计算条件

1. 线路结构定义

对于有联络架空线路，定义从各联络点(或联络开关)到电源点的所有最短路径中，断路器、负荷开关和用于分段的隔离开关总数最多的为基本主干线；对于单辐射架空线路，从各末端节点到电源点的最短路径中，将断路器、负荷开关和用于分段的隔离开关总数最多的线路也定义为基本主干线。当多条最短路径所含开关数量相同时，则以这些路径中线路最长的路径为基本主干线。

定义从基本主干线接出的有断路器的分支线路中，最靠近基本主干线的断路器的下游部分为大分支，其中末端无联络开关的为辐射型大分支，末端有联络开关的为联络型大分支。主干线为除大分支外的所有线路段。

图 6.1 为有联络架空线路，线路段 1、2、3、4 和 5 为基本主干线，线路段 9 为辐射型大分支，线路段 11 为联络型大分支，而主干线则包括线路段 1、2、3、4、5、6、7、8 和 10。

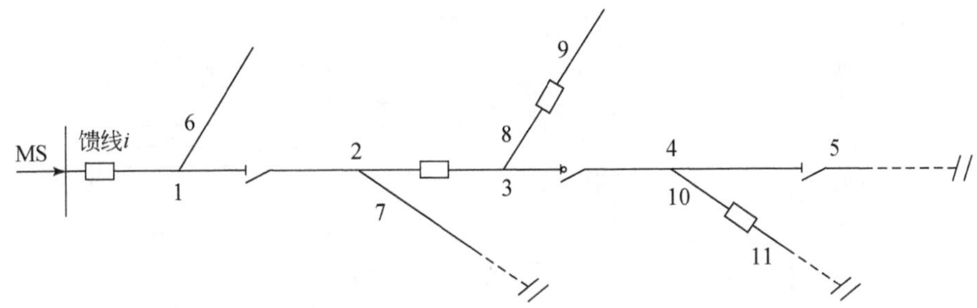

图 6.1　架空线路主干线和大分支定义示意图

MS主电源；□ 断路器；—┤╱— 隔离开关　—▸╱— 负荷开关；--// 联络开关

对于单辐射电缆线路，从末端环网柜或分支箱到电源点的最短路径中，定义环网柜或分支箱数量最多的线路为主干线；而对于有联络电缆线路，主干线则为从各联络点到电源点的最短路径中环网柜或分支箱数量最多的线路(单纯用于联络的除外)。除主干线外的线路则为分支线路。

2. 典型接线模式

对于各典型供电区域，根据线路类型(架空/电缆)、线路联络情况(单辐射/有联络)、架空线路有无大分支以及电缆线路环网柜进出线开关和支线开关的类型(断路器/负荷开关)，将中压配电线路再分为 12 种典型接线模式，其中架空系统 4 种，电缆系统 8 种，如图 6.2 所示。电缆系统中，定义环网柜中连接上游和下游主干线的开关分别为进线开关和出线开关；定义环网柜中接负荷的开关为支线开关；当环网柜内开关为带熔断器的负荷开关时，将其视为断路器。

3. 假设条件

本节采用的可靠性估算假设条件如下：

(1)主干线和大分支都均匀分段，且用户沿线路长度均匀分布。

(2)对于架空线路，假设主干线上的开关只分布在基本主干线上，且大分支无下一级大分支。

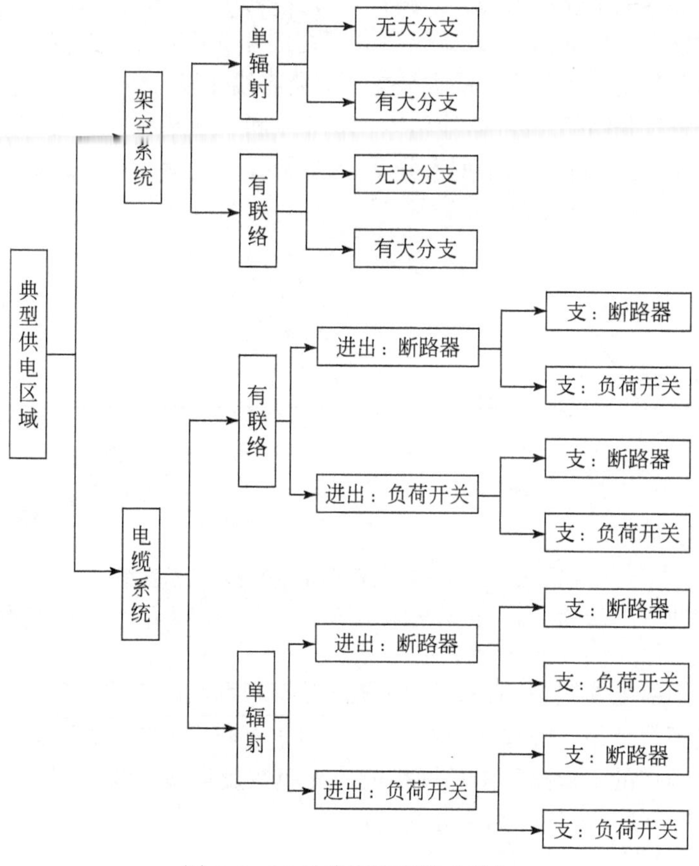

图 6.2　12 种典型接线模式划分

(3)架空线路中相同类型大分支的长度及其上的各类开关数量相同;电缆线路各分支线长度相同,且分支线中无开关。

(4)架空系统中,主干线上的负荷开关和用于分段的隔离开关均匀分布在由断路器划分的区段中;大分支上的开关亦类似分布。

(5)配变高压侧均装有熔断器。

(6)不考虑馈线出线断路器、大分支首端断路器、联络开关和所有隔离开关故障。

(7)在考虑设备容量约束和负荷变化的模型中,假设 $n(n>1)$联络的架空线路和电缆线路的主干线分段数均为 n。

(8)联络开关切换时间和上游恢复供电操作时间相同。

(9)在计算主干设备停运对可靠性指标的贡献时,假设各类大分支均匀分布在各段。

6.3.2　简化公式

本章基本模型针对 12 种典型接线模式，不考虑设备容量约束，但计及不同类型开关同时存在对 SAIDI 和 SAIFI 的影响，且考虑了大分支、双电源和带电作业的影响，推导得到的故障停运和预安排停运的可靠性指标近似估算解析公式。

1. 架空系统故障停运

本节首先详细推导各类设备故障停运对单辐射且无大分支和有联络且无大分支两种典型接线模式馈线 SAIDI 的贡献，汇总得到 SAIDI 估算式，并类似推导得到 SAIFI 估算式。其中，断路器和负荷开关的故障，分断路器和负荷开关紧邻两侧配置和未配置隔离开关两种情况。然后分析了辐射型大分支和联络型大分支对可靠性指标的影响，进一步推导得到单辐射且有大分支和有联络且有大分支两种典型接线模式的可靠性指标估算公式。

1)单辐射且无大分支

对于单辐射且无大分支的架空线路，对 SAIDI 和 SAIFI 影响较大的设备主要包括主干线、断路器、负荷开关和配变。

(1)主干线。

某段主干线故障，故障段上游最近的断路器跳开，该断路器上游负荷不受影响。对于受影响范围内的负荷，故障段上游部分经故障定位、隔离及倒闸操作恢复供电；故障段及下游部分经故障修复后恢复供电。采用断路器划分的分段数计算故障定位、隔离及倒闸操作时间；采用断路器、负荷开关和隔离开关划分的分段数计算故障修复时间。

为便于计算，这里先假设倒闸操作后才进行故障修复，即故障段及其下游负荷都感受故障定位、隔离及倒闸操作时间。令 N_{i1} 表示馈线 i 被主干线断路器(不含出线断路器，余同)分成的段数，M_i 表示馈线 i 的总用户数，则平均每段用户数为 M_i/N_{i1}。当电源端第 1 段线路故障，感受到故障定位、隔离及倒闸操作时间的用户有 N_{i1} 段；第 2 段线路故障则影响第 $N_{i1}-1$ 段的负荷；依次类推，第 N_{i1} 段线路故障，只影响最后 1 段用户。枚举主干线所有故障情况，可知主干线故障影响的用户总数为 $(N_{i1}+\cdots+2+1)M_i/N_{i1}$。令 L_i 表示馈线 i 的总长度，λ_f 表示线路故障停运率，则主干线上每段线路的故障率为 $L_i\lambda_f/N_{i1}$。因此，对于单辐射且无大分支的架空馈线 i，主干线故障定位、隔离及倒闸操作时间对 SAIDI 的贡献为

$$T_{i,1}^{o,l1}=\frac{(N_{i1}+\cdots+2+1)\dfrac{M_i}{N_{i1}}\dfrac{L_i}{N_{i1}}\lambda_f t_{df}}{M_i}=\frac{N_{i1}+1}{2N_{i1}}L_i\lambda_f t_{df}\tag{6.5}$$

式中，$T_{i,1}^{o,l1}$ 的下标“i”表示馈线 i；上标“o”表示架空系统；上标为“o”时，对应的下标

“1”表示线路接线模式为单辐射且无大分支；上标“l1”的含义为主干线故障定位、隔离及倒闸操作时间对 SAIDI 的贡献；t_{df} 表示故障定位、隔离及倒闸操作时间。

工程实际中往往是故障定位、隔离后即进行故障修复，因此辐射型线路故障段及其下游负荷要感受到故障修复时间(本书故障修复时间均包含相应的故障定位、隔离时间)，可通过式(6.7)计算得到。故式(6.5)多计算了故障段及其下游负荷的故障定位、隔离及倒闸操作时间，应予以扣除。令 N_{i2} 表示馈线 i 被主干线上的断路器、负荷开关和(用于分段的)隔离开关分成的段数。采用类似式(6.5)的推导过程，可得需从式(6.5)中扣除的 SAIDI 为

$$T_{i,1}^{\mathrm{o},\mathrm{l2}}=\frac{(N_{i2}+\cdots+2+1)\dfrac{M_i}{N_{i2}}\dfrac{L_i}{N_{i2}}\lambda_{\mathrm{f}}t_{\mathrm{df}}}{M_i}=\frac{N_{i2}+1}{2N_{i2}}L_i\lambda_{\mathrm{f}}t_{\mathrm{df}} \tag{6.6}$$

式中，$T_{i,1}^{\mathrm{o},\mathrm{l2}}$ 的上标“l2”的含义为因假设倒闸后修复而多计算的主干线故障定位、隔离及倒闸操作时间对 SAIDI 的贡献。

通过类似推导可得，主干线故障修复时间对 SAIDI 的贡献为

$$T_{i,1}^{\mathrm{o},\mathrm{l3}}=\frac{(N_{i2}+\cdots+2+1)\dfrac{M_i}{N_{i2}}\dfrac{L_i}{N_{i2}}\lambda_{\mathrm{f}}t_{\mathrm{f}}}{M_i}=\frac{N_{i2}+1}{2N_{i2}}L_i\lambda_{\mathrm{f}}t_{\mathrm{f}} \tag{6.7}$$

式中，$T_{i,1}^{\mathrm{o},\mathrm{l3}}$ 的上标“l3”的含义为主干线故障修复时间对 SAIDI 的贡献；t_{f} 为线路平均故障停运持续时间(含 t_{df})。

(2)断路器。

①紧邻两侧配置了隔离开关。

若主干线上某一断路器故障，其上游最近的断路器跳开。先假设倒闸操作后进行故障修复，则断路器故障引起的定位隔离及倒闸操作时间对 SAIDI 的贡献为

$$T_{i,1}^{\mathrm{o},\mathrm{c1}}=\frac{(N_{i1}+\cdots+3+2)\dfrac{M_i}{N_{i1}}\lambda_{\mathrm{w}}t_{\mathrm{df}}}{M_i}=\frac{(N_{i1}+2)(N_{i1}-1)}{2N_{i1}}\lambda_{\mathrm{w}}t_{\mathrm{df}} \tag{6.8}$$

式中，$T_{i,1}^{\mathrm{o},\mathrm{c1}}$ 的上标“c1”的含义为断路器故障定位、隔离及倒闸操作时间对 SAIDI 的贡献；λ_{w} 为开关故障停运率。

由于断路器两侧配置了隔离开关，在断路器故障修复期间，只需拉开其两侧的隔离开关即可，故障断路器下游负荷仅感受开关故障修复时间。因此，式(6.8)中多计算了故障开关下游负荷的故障定位、隔离及倒闸操作时间，推导可得需从式(6.8)中扣除的 SAIDI 为

$$T_{i,1}^{\mathrm{o},\mathrm{c2}}=\frac{(N_{i1}-1+\cdots+2+1)\dfrac{M_i}{N_{i1}}\lambda_{\mathrm{w}}t_{\mathrm{df}}}{M_i}=\frac{N_{i1}-1}{2}\lambda_{\mathrm{w}}t_{\mathrm{df}} \tag{6.9}$$

式中，$T_{i,1}^{\mathrm{o},\mathrm{c2}}$ 的上标“c2”的含义为因假设倒闸后修复而多计算的断路器故障定位、隔离及倒闸操作时间对 SAIDI 的贡献。

推导可得，断路器故障修复时间对 SAIDI 的贡献为

$$T_{i,1}^{\mathrm{o,c3}}=\frac{(N_{i1}-1+\cdots+2+1)\dfrac{M_i}{N_{i1}}\lambda_{\mathrm{w}}t_{\mathrm{w}}}{M_i}=\frac{N_{i1}-1}{2}\lambda_{\mathrm{w}}t_{\mathrm{w}} \tag{6.10}$$

式中，$T_{i,1}^{\mathrm{o,c3}}$ 的上标“c3”的含义为断路器故障修复时间对 SAIDI 的贡献；t_{w} 为开关平均故障修复时间(含相应的故障定位、隔离时间)。

②紧邻两侧未配置隔离开关。

对于单辐射且无大分支的架空馈线 i，由于断路器两侧没有配置隔离开关，断路器故障检修时需断开其上游最近的开关设备，故障断路器下游负荷及上游 1 段(由 N_{i2} 确定)线路负荷经开关故障修复后恢复供电，受影响的其余负荷经故障定位、隔离和倒闸操作后恢复供电。

若假设倒闸操作后进行故障修复，断路器故障引起的定位、隔离及倒闸操作时间对 SAIDI 的贡献同式(6.8)。由于故障断路器下游负荷及上游 1 段线路负荷需感受开关故障修复时间，并考虑到式(6.8)多计算了这部分负荷的故障定位、隔离及倒闸操作时间，需予以扣除。因此，当断路器两侧未配置隔离开关时，断路器故障对 SAIDI 的贡献除式(6.8)外，还包含

$$\begin{aligned}T_{i,1}^{\mathrm{o,c4}}&=\frac{\left[(N_{i1}-1+\cdots+2+1)\dfrac{M_i}{N_{i1}}+(N_{i1}-1)\dfrac{M_i}{N_{i2}}\right]\lambda_{\mathrm{w}}(t_{\mathrm{w}}-t_{\mathrm{df}})}{M_i}\\&=(N_{i1}-1)\left(\frac{1}{2}+\frac{1}{N_{i2}}\right)\lambda_{\mathrm{w}}(t_{\mathrm{w}}-t_{\mathrm{df}})\end{aligned} \tag{6.11}$$

式中，$T_{i,1}^{\mathrm{o,c4}}$ 的上标“c4”的含义为当断路器两侧未配置隔离开关时，断路器故障修复时间扣除因假设倒闸后修复而多计算的断路器故障定位、隔离及倒闸操作时间后对 SAIDI 的贡献。

(3)负荷开关。

①紧邻两侧配置了隔离开关。

令 N_{i3} 表示馈线 i 被主干线上的断路器和负荷开关分成的段数。则馈线 i 的负荷开关总数为 $N_{i3}-N_{i1}$，由负荷开关划分的总段数为 $N_{i3}-N_{i1}+1$。假设负荷开关均匀分布在由断路器划分的区段中，则每个区段分摊的负荷开关数量为 $(N_{i3}-N_{i1})/N_{i1}$。类似地，先假设倒闸操作后进行故障修复，则受影响线段所有负荷都要感受故障定位、隔离及倒闸操作时间，这部分时间对 SAIDI 的贡献为

$$\begin{aligned}T_{i,1}^{\mathrm{o,k1}}&=\frac{(N_{i1}+\cdots+2+1)\dfrac{M_i}{N_{i1}}\dfrac{(N_{i3}-N_{i1})\lambda_{\mathrm{w}}}{N_{i1}}t_{\mathrm{df}}}{M_i}\\&=\frac{(N_{i1}+1)(N_{i3}-N_{i1})}{2N_{i1}}\lambda_{\mathrm{w}}t_{\mathrm{df}}\end{aligned} \tag{6.12}$$

式中，$T_{i,1}^{o,k1}$ 的上标“k1”的含义为负荷开关故障定位、隔离及倒闸操作时间对 SAIDI 的贡献。

任一负荷开关故障，故障开关下游负荷仅感受开关故障修复时间。因此，式(6.12)多计算了故障开关下游负荷的故障定位、隔离及倒闸操作时间。推导可得，需从式(6.12)中扣除的 SAIDI 为

$$T_{i,1}^{o,k2}=\frac{(N_{i3}-N_{i1}+\cdots+2+1)\dfrac{M_i}{N_{i3}-N_{i1}+1}\lambda_w t_{df}}{M_i}=\frac{N_{i3}-N_{i1}}{2}\lambda_w t_{df} \tag{6.13}$$

式中，$T_{i,1}^{o,k2}$ 的上标“k2”的含义为因假设倒闸后修复而多计算的负荷开关故障定位、隔离及倒闸操作时间对 SAIDI 的贡献。

推导可得，负荷开关故障修复时间对 SAIDI 的贡献为

$$T_{i,1}^{o,k3}=\frac{(N_{i3}-N_{i1}+\cdots+2+1)\dfrac{M_i}{N_{i3}-N_{i1}+1}\lambda_w t_w}{M_i}=\frac{N_{i3}-N_{i1}}{2}\lambda_w t_w \tag{6.14}$$

式中，$T_{i,1}^{o,k3}$ 的上标“k3”的含义为负荷开关故障修复时间对 SAIDI 的贡献。

②紧邻两侧未配置隔离开关。

同理可得，当负荷开关两侧未配置隔离开关时，负荷开关故障对 SAIDI 的贡献除式(6.12)外，还包含

$$\begin{aligned}T_{i,1}^{o,k4}&=\frac{\left[(N_{i3}-N_{i1}+\cdots+2+1)\dfrac{M_i}{N_{i3}-N_{i1}+1}+(N_{i3}-N_{i1})\dfrac{M_i}{N_{i2}}\right]\lambda_w(t_w-t_{df})}{M_i}\\&=(N_{i3}-N_{i1})\left(\frac{1}{2}+\frac{1}{N_{i2}}\right)\lambda_w(t_w-t_{df})\end{aligned} \tag{6.15}$$

式中，$T_{i,1}^{o,k4}$ 的上标“k4”的含义为当负荷开关两侧未配置隔离开关时，负荷开关故障修复时间扣除因假设倒闸后修复而多计算的故障定位、隔离及倒闸操作时间后对 SAIDI 的贡献。

(4)配变。

由于假设配变高压侧均装有熔断器，则对于馈线 i(不必区分典型接线模式)配变故障停运对 SAIDI 的贡献为

$$T_i^t=\lambda_t t_t \tag{6.16}$$

式中，T_i^t 的上标“t”的含义为配变故障修复时间对 SAIDI 的贡献；λ_t 和 t_t 分别为配变故障停运率和平均故障停运持续时间。

(5)SAIDI 估算式。

对于单辐射且无大分支的架空馈线 i，将主干线、主干线上的断路器和负荷开

关以及配变故障对 SAIDI 的贡献累加可得馈线 i 平均故障停电持续时间：$T_{i,1}^{\text{o},\text{S}}$（上标“S”表示指标汇总），为便于表述，将其用含函数 F_1 的表达式表示为

$$T_{i,1}^{\text{o},\text{S}}=F_1(N_{i1},N_{i2},N_{i3},L_i)+\lambda_{\text{t}}t_{\text{t}} \tag{6.17}$$

式中，当断路器和负荷开关紧邻两侧配置和未配置隔离开关时，$F_1(N_{i1},N_{i2},N_{i3},L_i)$ 的表达式分别如式(6.18)和式(6.19)所示：

$$\begin{aligned}F_1(N_{i1},N_{i2},N_{i3},L_i)=&\frac{N_{i1}+1}{2N_{i1}}L_i\lambda_{\text{f}}t_{\text{df}}+\frac{N_{i2}+1}{2N_{i2}}L_i\lambda_{\text{f}}(t_{\text{f}}-t_{\text{df}})\\&+\left[\frac{(N_{i1}+2)(N_{i1}-1)}{2N_{i1}}+\frac{(N_{i1}+1)(N_{i3}-N_{i1})}{2N_{i1}}\right]\lambda_{\text{w}}t_{\text{df}}\\&+\left(\frac{N_{i3}-N_{i1}}{2}+\frac{N_{i1}-1}{2}\right)\lambda_{\text{w}}(t_{\text{w}}-t_{\text{df}})\end{aligned} \tag{6.18}$$

$$\begin{aligned}F_1(N_{i1},N_{i2},N_{i3},L_i)=&\frac{N_{i1}+1}{2N_{i1}}L_i\lambda_{\text{f}}t_{\text{df}}+\frac{N_{i2}+1}{2N_{i2}}L_i\lambda_{\text{f}}(t_{\text{f}}-t_{\text{df}})\\&+\left[\frac{(N_{i1}+2)(N_{i1}-1)}{2N_{i1}}+\frac{(N_{i1}+1)(N_{i3}-N_{i1})}{2N_{i1}}\right]\lambda_{\text{w}}t_{\text{df}}\\&+\left(\frac{1}{2}+\frac{1}{N_{i2}}\right)[(N_{i1}-1)+(N_{i3}-N_{i1})]\lambda_{\text{w}}(t_{\text{w}}-t_{\text{df}})\end{aligned} \tag{6.19}$$

(6)SAIFI 估算式。

采用类似方法，可得单辐射且无大分支的架空馈线 i 平均故障停电频率 $F_{i,1}^{\text{o},\text{S}}$（上下标含义同上），可表示为

$$F_{i,1}^{\text{o},\text{S}}=F_2(N_{i1},N_{i3},L_i)+\lambda_{\text{t}} \tag{6.20}$$

由于断路器和负荷开关两侧是否配置隔离开关不影响停电频率，$F_2(N_{i1},N_{i3},L_i)$ 的函数表达式唯一，可表示为

$$F_2(N_{i1},N_{i3},L_i)=\frac{N_{i1}+1}{2N_{i1}}L_i\lambda_{\text{f}}+\left[\frac{(N_{i1}+2)(N_{i1}-1)}{2N_{i1}}+\frac{(N_{i1}+1)(N_{i3}-N_{i1})}{2N_{i1}}\right]\lambda_{\text{w}} \tag{6.21}$$

2)有联络且无大分支

(1)主干线。

由于不计设备容量约束，与单辐射线路不同的是，某段主干线故障，故障段下游负荷经故障定位、隔离和倒闸(联络开关切换)操作恢复供电。

类似地，若假设倒闸操作后进行故障修复，故障段及其下游负荷都感受故障定位、隔离及倒闸操作时间，这部分时间对 SAIDI 的贡献同式(6.5)。同样地，式(6.5)多计算了故障段负荷的故障定位、隔离及倒闸操作时间。经推导可得，对于有联络且无大分支的架空馈线 i，应从式(6.5)中扣除的 SAIDI 为

$$T_{i,2}^{\text{o},12}=\frac{L_i}{N_{i2}}\lambda_{\text{f}}t_{\text{df}} \tag{6.22}$$

式中，$T_{i,2}^{\mathrm{o},\mathrm{l}2}$ 下标“2”(当上标为“o”时)表示线路接线模式为有联络且无大分支，其余上下标含义同上。

对于有联络且无大分支的架空馈线 i，任一段主干线故障，仅故障段负荷感受主干线故障修复时间，经推导可得主干线故障修复时间对 SAIDI 的贡献为

$$T_{i,2}^{\mathrm{o},\mathrm{l}3}=\frac{L_i}{N_{i2}}\lambda_{\mathrm{f}}t_{\mathrm{f}} \tag{6.23}$$

(2)断路器。

①紧邻两侧配置了隔离开关。

由于线路存在转供通道，主干线上任一断路器故障，受影响负荷经故障定位、隔离和倒闸(上游恢复供电或联络开关切换)操作后恢复供电，此部分时间对 SAIDI 的贡献同式(6.8)。

②紧邻两侧未配置隔离开关。

由于断路器两侧未配置隔离开关，则任一断路器故障，故障断路器上游 1 段和下游 1 段线路(由 N_{i2} 确定)负荷经故障修复后恢复供电，受影响的其余负荷经故障定位、隔离及倒闸操作后恢复供电。

假设倒闸操作后进行故障修复，则断路器故障引起的定位、隔离及倒闸操作时间对 SAIDI 的贡献同式(6.8)。由于故障断路器上游 1 段和下游 1 段线路负荷仅感受故障修复时间，考虑到式(6.8)多计算了这部分负荷的故障定位、隔离及倒闸操作时间，需予以扣除。因此，对于有联络且无大分支的架空馈线 i，当断路器两侧未配置隔离开关时，断路器故障对 SAIDI 的贡献除式(6.8)外，还包含

$$T_{i,2}^{\mathrm{o},\mathrm{c}4}=\frac{2(N_{i1}-1)\dfrac{M_i}{N_{i2}}\lambda_{\mathrm{w}}(t_{\mathrm{w}}-t_{\mathrm{df}})}{M_i}=2\,\frac{N_{i1}-1}{N_{i2}}\lambda_{\mathrm{w}}(t_{\mathrm{w}}-t_{\mathrm{df}}) \tag{6.24}$$

(3)负荷开关。

①紧邻两侧配置了隔离开关。

由于线路存在转供通道，主干线上任一负荷开关故障，受影响的负荷经故障定位、隔离及倒闸(上游恢复供电或联络开关切换)操作后恢复供电。此时，负荷开关故障对 SAIDI 的贡献同式(6.12)。

②紧邻两侧未配置隔离开关。

同理可得，当负荷开关两侧未配置隔离开关时，负荷开关故障对 SAIDI 的贡献除式(6.12)外，还包含

$$T_{i,2}^{\mathrm{o},\mathrm{k}4}=\frac{2(N_{i3}-N_{i1})\dfrac{M_i}{N_{i2}}\dfrac{(N_{i3}-N_{i1})\lambda_{\mathrm{w}}}{N_{i1}}(t_{\mathrm{w}}-t_{\mathrm{df}})}{M_i}=2\,\frac{(N_{i3}-N_{i1})^2}{N_{i2}N_{i1}}\lambda_{\mathrm{w}}(t_{\mathrm{w}}-t_{\mathrm{df}}) \tag{6.25}$$

(4)配变。

配变故障停运对 SAIDI 的贡献同式(6.16)。

(5)SAIDI 估算式。

综上可得,对于有联络且无大分支的架空馈线 i,其平均故障停电持续时间 $T_{i,2}^{o,S}$ 可表示为

$$T_{i,2}^{o,S}=F_3(N_{i1},N_{i2},N_{i3},L_i)+\lambda_t t_t \tag{6.26}$$

式中,当断路器和负荷开关紧邻两侧配置和未配置隔离开关时,$F_3(N_{i1},N_{i2},N_{i3},L_i)$ 的表达式分别如式(6.27)和式(6.28)所示:

$$\begin{aligned}F_3(N_{i1},N_{i2},N_{i3},L_i)=&\frac{N_{i1}+1}{2N_{i1}}L_i\lambda_f t_{df}+\frac{L_i}{N_{i2}}\lambda_f(t_f-t_{df})\\&+\left[\frac{(N_{i1}+2)(N_{i1}-1)}{2N_{i1}}+\frac{(N_{i1}+1)(N_{i3}-N_{i1})}{2N_{i1}}\right]\lambda_w t_{df}\end{aligned} \tag{6.27}$$

$$\begin{aligned}F_3(N_{i1},N_{i2},N_{i3},L_i)=&\frac{N_{i1}+1}{2N_{i1}}L_i\lambda_f t_{df}+\frac{L_i}{N_{i2}}\lambda_f(t_f-t_{df})\\&+\left[\frac{(N_{i1}+2)(N_{i1}-1)}{2N_{i1}}+\frac{(N_{i1}+1)(N_{i3}-N_{i1})}{2N_{i1}}\right]\lambda_w t_{df}\\&+\frac{2}{N_{i2}}\left[(N_{i1}-1)+\frac{(N_{i3}-N_{i1})^2}{N_{i1}}\right]\lambda_w(t_w-t_{df})\end{aligned} \tag{6.28}$$

(6)SAIFI 估算式。

线路是否存在转供通道只影响用户停电持续时间,不影响停电频率。因此,有联络且无大分支的架空线路 i 平均故障停电频率 $F_{i,2}^{o,S}$ 与单辐射线路相同,即 $F_{i,2}^{o,S}=F_{i,1}^{o,S}$,可用式(6.20)计算。

3)大分支对可靠性指标的影响

由 5.2.1 小节线路结构定义可知,对于单辐射线路,只存在辐射型大分支;而对于有联络线路,则可能存在辐射型和联络型两类大分支。对于有大分支的架空线路,对可靠性指标影响较大的设备除主干设备(主干线及其开关)和配变外还包括大分支设备(大分支线路及其开关),其中,配变对可靠性指标的贡献不变。因此,由于大分支的存在,除需计算大分支设备故障停运对可靠性指标的贡献外,还需重新计算主干设备的贡献。

(1)主干设备。

对于有大分支的架空线路,主干设备故障停运对可靠性指标的影响与无大分支的线路类似,差别是由于大分支的存在,相应的主干线长度变为:线路总长度减去大分支总长度。因此,对于有大分支的单辐射和有联络架空线路,只需将函数 $F_1(N_{i1},N_{i2},N_{i3},L_i)$、$F_2(N_{i1},N_{i3},L_i)$ 和 $F_3(N_{i1},N_{i2},N_{i3},L_i)$ 中的 L_i 代为扣除大分支长度后的主干线总长度,即可得到主干设备故障停运对 SAIDI 和 SAIFI 的

贡献，且得到的结果考虑了主干设备故障停运对大分支用户的影响。

(2)大分支设备。

①辐射型大分支。

辐射型大分支在结构上类似于无大分支的单辐射线路，且由于大分支设备停运不影响主干线用户，故只需分别将函数 F_1 和函数 F_2 中的变量分别代替大分支的相应变量，并乘以大分支用户在总用户数的占比，即可求得大分支(除配变外)故障停运对 SAIDI 和 SAIFI 的贡献，分别表示为 $T_{i,3/4}^{o,b}$ 和 $F_{i,3/4}^{o,b}$，如式(6.29)和式(6.30)所示：

$$T_{i,3/4}^{o,b}=\frac{L_i^F}{L_i}F_1\left(N_{i1}^F,N_{i2}^F,N_{i3}^F,\frac{L_i^F}{N_i^F}\right) \tag{6.29}$$

$$F_{i,3/4}^{o,b}=\frac{L_i^F}{L_i}F_2\left(N_{i1}^F,N_{i3}^F,\frac{L_i^F}{N_i^F}\right) \tag{6.30}$$

式(6.29)和式(6.30)中，$T_{i,3/4}^{o,b}$ 和 $F_{i,3/4}^{o,b}$ 的上标为“o”时，对应的下标 3 表示线路接线模式为单辐射且有大分支，对应的下标 4 表示线路接线模式为有联络且有大分支，“/”的含义为“或”；上标“b”的含义为大分支故障停运对 SAIDI 或 SAIFI 的贡献，其余上下标含义同上。L_i^F 表示架空馈线 i 的辐射型大分支总长度；N_{i1}^F 表示架空馈线 i 的所有辐射型大分支平均被断路器(不含大分支首端断路器，余同)分成的段数；N_{i2}^F 表示架空馈线 i 的所有辐射型大分支平均被断路器、负荷开关和(用于分段的)隔离开关分成的段数；N_{i3}^F 表示架空馈线 i 的所有辐射型大分支平均被断路器和负荷开关分成的段数；N_i^F 表示架空馈线 i 的辐射型大分支总条数。

②联络型大分支。

同理，可得联络型大分支除配变外的元件故障停运对 SAIDI 和 SAIFI 的贡献，可分别采用式(6.31)和式(6.32)计算：

$$T_{i,4}^{o,b}=\frac{L_i^L}{L_i}F_3\left(N_{i1}^L,N_{i2}^L,N_{i3}^L,\frac{L_i^L}{N_i^L}\right) \tag{6.31}$$

$$F_{i,4}^{o,b}=\frac{L_i^L}{L_i}F_2\left(N_{i1}^L,N_{i3}^L,\frac{L_i^L}{N_i^L}\right) \tag{6.32}$$

式(6.31)和式(6.32)中，L_i^L 表示架空馈线 i 的联络型大分支总长度；N_{i1}^L 表示架空馈线 i 的所有联络型大分支平均被断路器(不含大分支首端断路器，余同)分成的段数；N_{i2}^L 表示架空馈线 i 的所有联络型大分支平均被断路器、负荷开关和(用于分段的)隔离开关分成的段数；N_{i3}^L 表示架空馈线 i 的所有联络型大分支平均被断路器和负荷开关分成的段数；N_i^L 表示架空馈线 i 的联络型大分支总条数。

4)架空线各典型接线模式可靠性指标估算公式汇总

基于上述推导，将主干设备(主干线及其开关)、大分支设备(大分支线路及其开关)和配变故障停运对各典型接线模式 SAIDI 和 SAIFI 的贡献归纳汇总，结果分别如表 6.1 和表 6.2 所示。

表 6.1　架空系统各类设备故障停运对 SAIDI 的贡献

接线模式	主干设备	大分支设备	配变
辐,无	$F_1(N_{i1},N_{i2},N_{i3},L_i)$	—	$\lambda_t t_t$
辐,有	$F_1(N_{i1},N_{i2},N_{i3},L_i-L_i^F)$	$\frac{L_i^F}{L_i}F_1(N_{i1}^F,N_{i2}^F,N_{i3}^F,\frac{L_i^F}{N_i^F})$	$\lambda_t t_t$
联,无	$F_3(N_{i1},N_{i2},N_{i3},L_i)$	—	$\lambda_t t_t$
联,有	$F_3(N_{i1},N_{i2},N_{i3},L_i-L_i^F-L_i^L)$	$\frac{L_i^F}{L_i}F_1\left(N_{i1}^F,N_{i2}^F,N_{i3}^F,\frac{L_i^F}{N_i^F}\right)+\frac{L_i^L}{L_i}F_3\left(N_{i1}^L,N_{i2}^L,N_{i3}^L,\frac{L_i^L}{N_i^L}\right)$	$\lambda_t t_t$

注:表中“接线模式”字段的格式 “辐”或“联”,分别表示单辐射线路或有联络线路;“有”或“无”,分别表示线路有无大分支。

表 6.2　架空系统各类设备故障停运对 SAIFI 的贡献

接线模式	主干设备	大分支设备	配变
辐/联,无	$F_2(N_{i1},N_{i3},L_i)$	—	λ_t
辐,有	$F_2(N_{i1},N_{i3},L_i-L_i^F)$	$\frac{L_i^F}{L_i}F_2\left(N_{i1}^F,N_{i3}^F,\frac{L_i^F}{N_i^F}\right)$	λ_t
联,有	$F_2(N_{i1},N_{i3},L_i-L_i^F-L_i^L)$	$\frac{L_i^F}{L_i}F_2\left(N_{i1}^F,N_{i3}^F,\frac{L_i^F}{N_i^F}\right)+\frac{L_i^L}{L_i}F_2\left(N_{i1}^L,N_{i3}^L,\frac{L_i^L}{N_i^L}\right)$	λ_t

注:表中“辐/联,无”指线路单辐射且无大分支或有联络且无大分支,其他注释同表 6.1。

2. 电缆系统故障停运

由于电缆线路接线方式多种多样,本章主要基于图 6.3 所示类型的接线方式建立可靠性指标估算模型,其中(a)为有联络电缆线路,(b)为辐射型电缆线路。

对于电缆线路,对 SAIDI 和 SAIFI 影响较大的设备主要包括主干线、环网柜开关、电缆分支线和配变。对于电缆系统的 8 种典型接线模式,分别建立可靠性指标估算模型。

1)有联络且环网柜进出线开关为断路器

(1)SAIDI。

①主干线。

对于有联络且环网柜进出线开关为断路器的电缆馈线 i,某段主干线故障,故

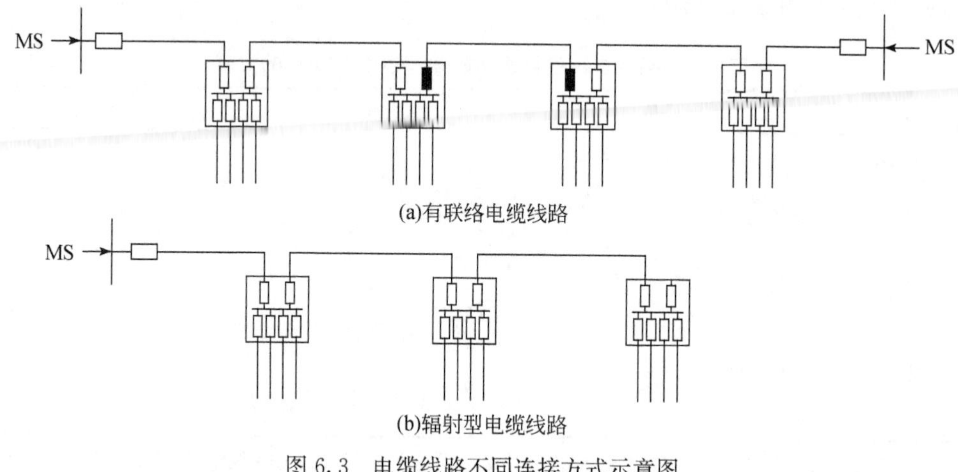

(a)有联络电缆线路

(b)辐射型电缆线路

图 6.3 电缆线路不同连接方式示意图

环网柜；开关(闭合)；开关(断开)；MS 主电源

障段上游最近的环网柜出线断路器跳开，该断路器上游负荷不受影响，下游线路负荷经过隔离倒闸操作恢复供电。采用同式(6.5)的推导过程可得，主干线故障定位、隔离及倒闸操作时间对 SAIDI 的贡献为

$$T_{i,1/2}^{\mathrm{c,l1}}=\frac{(N_{\mathrm{c}i}+\cdots+2+1)\dfrac{M_i}{N_{\mathrm{c}i}}\dfrac{(L_i-L_{\mathrm{b}i})\lambda_{\mathrm{f}}}{N_{\mathrm{c}i}}t_{\mathrm{df}}}{M_i}=\frac{N_{\mathrm{c}i}+1}{2N_{\mathrm{c}i}}(L_i-L_{\mathrm{b}i})\lambda_{\mathrm{f}}t_{\mathrm{df}} \tag{6.33}$$

式中，$T_{i,1/2}^{\mathrm{c,l1}}$ 的上标“c”表示电缆系统；上标为“c”时，对应的下标“1”表示线路接线模式为有联络且环网柜进出线开关和支线开关都为断路器，对应的下标“2”表示线路接线模式为有联络且环网柜进出线开关为断路器但支线开关为负荷开关。$N_{\mathrm{c}i}$ 表示电缆馈线 i 被环网柜分成的段数，即环网柜总数(单纯用于联络的环网柜除外)；$L_{\mathrm{b}i}$表示电缆馈线 i 的分支线总长度。

②开关。

(a)开关两侧有隔离保护。

若开关两侧有隔离保护，类似先假设倒闸操作后进行故障修复。由于平均每段用户数为 $M_i/N_{\mathrm{c}i}$，枚举主干线所有环网柜故障情况，可知开关故障影响的用户总数为 $(N_{\mathrm{c}i}+\cdots+2+1)M_i/N_{\mathrm{c}i}$。令 H_i 表示电缆馈线 i 平均每个环网柜的开关个数，则每个环网柜的故障率为 $H_i\lambda_{\mathrm{w}}$，推导可得对于有联络且环网柜进出线开关为断路器的电缆馈线 i，环网柜中的开关故障引起的定位、隔离及倒闸操作时间对 SAIDI 的贡献为

$$T_{i,1/2}^{\mathrm{c;w1}}=\frac{(N_{\mathrm{c}i}+\cdots+2+1)\dfrac{M_i}{N_{\mathrm{c}i}}H_i\lambda_{\mathrm{w}}t_{\mathrm{df}}}{M_i}=\frac{(N_{\mathrm{c}i}+1)H_i}{2}\lambda_{\mathrm{w}}t_{\mathrm{df}} \tag{6.34}$$

式中，$T_{i,1}^{\mathrm{c;w1}}$ 的上标“w1”的含义为开关故障定位、隔离及倒闸操作时间对 SAIDI 的贡献。

当支线开关故障时，故障开关所连的支线负荷只感受开关故障修复时间，用式(6.36)计算。故式(6.34)多计算了支线负荷的故障定位、隔离及倒闸操作时间。推导可得，需从式(6.34)中扣除的 SAIDI 为

$$T_{i,1/2}^{\mathrm{c;w2}}=\lambda_{\mathrm{w}}t_{\mathrm{df}} \tag{6.35}$$

式中，$T_{i,1/2}^{\mathrm{c;w2}}$ 的上标“w2”的含义为因假设倒闸后修复而多计算的环网柜开关故障定位、隔离及倒闸操作时间对 SAIDI 的贡献。

对于有联络且环网柜进出线开关为断路器的电缆馈线 i，支线开关故障时，支线负荷感受的开关故障修复时间对 SAIDI 的贡献为

$$T_{i,1/2}^{\mathrm{c;w3}}=\lambda_{\mathrm{w}}t_{\mathrm{w}} \tag{6.36}$$

式中，$T_{i,1/2}^{\mathrm{c;w3}}$ 的上标“w3”的含义为开关故障修复时间对 SAIDI 的贡献。

(b)开关两侧没有隔离保护。

若开关两侧没有隔离保护，$T_{i,1/2}^{\mathrm{c;w1}}$ 计算式不变，但环网柜内任一开关故障停运，均会造成此环网柜所带支线负荷感受到开关故障修复时间，$T_{i,1/2}^{\mathrm{c;w2}}$ 和 $T_{i,1/2}^{\mathrm{c;w3}}$ 的计算式应修改为 $T_{i,1/2}^{\mathrm{c;w2}}=\lambda_{\mathrm{w}}H_it_{\mathrm{df}}$ 和 $T_{i,1/2}^{\mathrm{c;w3}}=\lambda_{\mathrm{w}}H_it_{\mathrm{w}}$。

③电缆分支线。

若环网柜支线开关为断路器(接线模式 1)，电缆分支线故障，则支线断路器跳开，故障分支线所接负荷将感受线路故障修复时间，其余负荷不受影响，则支线故障修复时间对 SAIDI 的贡献为

$$T_{i,1/2}^{\mathrm{c;b1}}=\frac{\dfrac{L_{\mathrm{b}i}}{N_{\mathrm{c}i}(H_i-2)}\lambda_{\mathrm{f}}t_{\mathrm{f}}M_i}{M_i}=\frac{L_{\mathrm{b}i}}{N_{\mathrm{c}i}(H_i-2)}\lambda_{\mathrm{f}}t_{\mathrm{f}} \tag{6.37}$$

式中，$T_{i,1/2}^{\mathrm{c;b1}}$ 的上标“b1”的含义为支线故障修复时间对 SAIDI 的贡献。

若环网柜支线开关为负荷开关(接线模式 2)，电缆分支线故障，则故障分支线所在环网柜进线断路器跳开。支线故障对 SAIDI 的贡献除式(6.37)外，还包含故障分支线所在环网柜及其下游负荷(除故障支线负荷外)的故障定位、隔离及倒闸操作时间对 SAIDI 的贡献，可表示为

$$\begin{aligned}T_{i,2}^{\mathrm{c;b2}}&=\frac{(N_{\mathrm{c}i}+\cdots+2+1)\dfrac{M_i}{N_{\mathrm{c}i}}\dfrac{L_{\mathrm{b}i}}{N_{\mathrm{c}i}}\lambda_{\mathrm{f}}t_{\mathrm{df}}-M_i\dfrac{L_{\mathrm{b}i}}{N_{\mathrm{c}i}(H_i-2)}\lambda_{\mathrm{f}}t_{\mathrm{df}}}{M_i}\\&=\left[\frac{(N_{\mathrm{c}i}+1)}{2}-\frac{1}{(H_i-2)}\right]\frac{L_{\mathrm{b}i}}{N_{\mathrm{c}i}}\lambda_{\mathrm{f}}t_{\mathrm{df}}\end{aligned} \tag{6.38}$$

式中，$T_{i,2}^{\mathrm{c,b2}}$ 的上标“b2”的含义为支线故障定位、隔离及倒闸操作时间对 SAIDI 的贡献。

④配变。

配变故障停运对 SAIDI 的贡献同式(6.16)。

综上，若开关两侧有隔离保护，接线模式分别为类型 1 和 2 的电缆馈线 i 的平均故障停电持续时间 $T_{i,1}^{\mathrm{c,S}}$ 和 $T_{i,2}^{\mathrm{c,S}}$ 分别表示为

$$\begin{aligned}T_{i,1}^{\mathrm{c,S}}=&\frac{N_{\mathrm{c}i}+1}{2N_{\mathrm{c}i}}(L_i-L_{\mathrm{b}i})\lambda_{\mathrm{f}}t_{\mathrm{df}}+\frac{N_{\mathrm{c}i}+1}{2}H_i\lambda_{\mathrm{w}}t_{\mathrm{df}}\\&+\lambda_{\mathrm{w}}(t_{\mathrm{w}}-t_{\mathrm{df}})+\frac{L_{\mathrm{b}i}}{N_{\mathrm{c}i}(H_i-2)}\lambda_{\mathrm{f}}t_{\mathrm{f}}+\lambda_{\mathrm{t}}t_{\mathrm{t}}\end{aligned}\tag{6.39}$$

$$\begin{aligned}T_{i,2}^{\mathrm{c,S}}=&\frac{N_{\mathrm{c}i}+1}{2N_{\mathrm{c}i}}(L_i-L_{\mathrm{b}i})\lambda_{\mathrm{f}}t_{\mathrm{df}}+\frac{N_{\mathrm{c}i}+1}{2}H_i\lambda_{\mathrm{w}}t_{\mathrm{df}}+\lambda_{\mathrm{w}}(t_{\mathrm{w}}-t_{\mathrm{df}})\\&+\frac{L_{\mathrm{b}i}}{N_{\mathrm{c}i}(H_i-2)}\lambda_{\mathrm{f}}t_{\mathrm{f}}+\left(\frac{N_{\mathrm{c}i}+1}{2}-\frac{1}{H_i-2}\right)\frac{L_{\mathrm{b}i}}{N_{\mathrm{c}i}}\lambda_{\mathrm{f}}t_{\mathrm{df}}+\lambda_{\mathrm{t}}t_{\mathrm{t}}\end{aligned}\tag{6.40}$$

若开关两侧无隔离保护，则上述两式中的 $\frac{N_{\mathrm{c}i}+1}{2}H_i\lambda_{\mathrm{w}}t_{\mathrm{df}}+\lambda_{\mathrm{w}}(t_{\mathrm{w}}-t_{\mathrm{df}})$ 项均应修改为 $\lambda_{\mathrm{w}}H_i\left(t_{\mathrm{w}}+\frac{N_{\mathrm{c}i}-1}{2}t_{\mathrm{df}}\right)$。

(2)SAIFI。

同理，无论开关两侧有无隔离保护，可分别求得主干设备、电缆分支线和配变故障对 SAIFI 的贡献，进而可得接线模式分别为类型 1 和 2 的电缆馈线 i 平均故障停电频率 $F_{i,1}^{\mathrm{c,S}}$ 和 $F_{i,2}^{\mathrm{c,S}}$，分别表示为

$$F_{i,1}^{\mathrm{c,S}}=\frac{N_{\mathrm{c}i}+1}{2N_{\mathrm{c}i}}(L_i-L_{\mathrm{b}i})\lambda_{\mathrm{f}}+\frac{N_{\mathrm{c}i}+1}{2}H_i\lambda_{\mathrm{w}}+\frac{L_{\mathrm{b}i}}{N_{\mathrm{c}i}(H_i-2)}\lambda_{\mathrm{f}}+\lambda_{\mathrm{t}}\tag{6.41}$$

$$F_{i,2}^{\mathrm{c,S}}=\frac{N_{\mathrm{c}i}+1}{2N_{\mathrm{c}i}}(L_i-L_{\mathrm{b}i})\lambda_{\mathrm{f}}+\frac{N_{\mathrm{c}i}+1}{2}H_i\lambda_{\mathrm{w}}+\frac{(N_{\mathrm{c}i}+1)}{2N_{\mathrm{c}i}}L_{\mathrm{b}i}\lambda_{\mathrm{f}}+\lambda_{\mathrm{t}}\tag{6.42}$$

2)有联络且环网柜进出线开关为负荷开关

(1)SAIDI。

①主干线。

对于有联络且环网柜进出线开关为负荷开关的电缆馈线 i，某段主干线故障，由于环网柜进出线开关为负荷开关，馈线出线断路器跳开，全线负荷经故障定位、隔离及倒闸(联络开关切换或上游恢复供电)操作后恢复供电。推导可得主干线故障对 SAIDI 的贡献为

$$T_{i,3/4}^{\mathrm{c,l1}}=\frac{N_{\mathrm{c}i}M_i\dfrac{(L_i-L_{\mathrm{b}i})\lambda_{\mathrm{f}}}{N_{\mathrm{c}i}}t_{\mathrm{df}}}{M_i}=(L_i-L_{\mathrm{b}i})\lambda_{\mathrm{f}}t_{\mathrm{df}}\tag{6.43}$$

式中，$T_{i,3/4}^{\mathrm{c,l1}}$ 的上标为“c”时，对应的下标“3”表示线路接线模式为有联络且环网柜

进出线开关为负荷开关，支线开关为断路器；对应的下标“4”表示线路接线模式为有联络且环网柜进出线开关和支线开关都为负荷开关。

②开关。

(a)开关两侧有隔离保护。

若开关两侧有隔离保护，当环网柜进出线开关故障时，馈线出线断路器跳开，全线负荷感受故障定位、隔离及倒闸操作时间。当支线开关故障时，仍是馈线出线断路器跳开，除故障开关所连支线外的所有负荷感受故障定位、隔离及倒闸操作时间，故障开关所连支线上的负荷感受开关故障修复时间。类似地，先假设倒闸操作后进行故障修复，则开关故障定位、隔离及倒闸操作时间对 SAIDI 的贡献为

$$T_{i,3/4}^{\mathrm{c,w1}}=\frac{N_{ci}M_iH_i\lambda_{\mathrm{w}}t_{\mathrm{df}}}{M_i}=N_{ci}H_i\lambda_{\mathrm{w}}t_{\mathrm{df}} \tag{6.44}$$

同样，式(6.44)多计算了故障开关所连支线负荷的故障定位、隔离及倒闸操作时间，应予以扣除，采用式(6.35)计算。支线开关故障引起的开关故障修复时间对 SAIDI 的贡献同式(6.36)。

(b)开关两侧无隔离保护。

若开关两侧无隔离保护，$T_{i,3/4}^{\mathrm{c,w1}}$ 计算式不变，但环网柜内任一开关故障停运，均会造成此环网柜所带支线负荷感受到开关故障修复时间，$T_{i,3/4}^{\mathrm{c,w2}}$ 和 $T_{i,3/4}^{\mathrm{c,w3}}$ 的计算式应修改为 $T_{i,3/4}^{\mathrm{c,w2}}=\lambda_{\mathrm{w}}H_it_{\mathrm{df}}$ 和 $T_{i,3/4}^{\mathrm{c,w3}}=\lambda_{\mathrm{w}}H_it_{\mathrm{w}}$。

③电缆分支线。

若环网柜支线开关为断路器(接线模式 3)，电缆分支线故障对 SAIDI 的贡献同式(6.37)。

若环网柜支线开关为负荷开关(接线模式 4)，电缆分支线故障，由于环网柜进出线开关均为负荷开关，馈线出线断路器跳开。故障支线上的负荷感受支线故障修复时间(对 SAIDI 的贡献用式(6.37)计算)，除故障支线负荷外的所有负荷感受故障定位、隔离及倒闸操作时间，对 SAIDI 的贡献为

$$T_{i,4}^{\mathrm{c,b2}}=\frac{N_{ci}M_i\dfrac{L_{bi}}{N_{ci}}\lambda_{\mathrm{f}}t_{\mathrm{df}}-M_i\dfrac{L_{bi}}{N_{ci}(H_i-2)}\lambda_{\mathrm{f}}t_{\mathrm{df}}}{M_i}=\left[1-\frac{1}{N_{ci}(H_i-2)}\right]L_{bi}\lambda_{\mathrm{f}}t_{\mathrm{df}} \tag{6.45}$$

④配变。

配变故障停运对 SAIDI 的贡献同式(6.16)。

综上，若开关两侧有隔离保护，可得接线模式分别为类型 3 和 4 的电缆馈线 i 平均故障停电持续时间 $T_{i,3}^{\mathrm{c,S}}$ 和 $T_{i,4}^{\mathrm{c,S}}$，可分别表示为

$$T_{i,3}^{\mathrm{c,S}}=(L_i-L_{bi})\lambda_{\mathrm{f}}t_{\mathrm{df}}+N_{ci}H_i\lambda_{\mathrm{w}}t_{\mathrm{df}}+\lambda_{\mathrm{w}}(t_{\mathrm{w}}-t_{\mathrm{df}})+\frac{L_{bi}}{N_{ci}(H_i-2)}\lambda_{\mathrm{f}}t_{\mathrm{f}}+\lambda_{\mathrm{t}}t_{\mathrm{t}} \tag{6.46}$$

$$T_{i,4}^{\mathrm{c,S}}=(L_i-L_{\mathrm{b}i})\lambda_{\mathrm{f}}t_{\mathrm{df}}+N_{\mathrm{c}i}H_i\lambda_{\mathrm{w}}t_{\mathrm{df}}+\lambda_{\mathrm{w}}(t_{\mathrm{w}}-t_{\mathrm{df}})+\frac{L_{\mathrm{b}i}}{N_{\mathrm{c}i}(H_i-2)}\lambda_{\mathrm{f}}t_{\mathrm{f}}+\left[1-\frac{1}{N_{\mathrm{c}i}(H_i-2)}\right]L_{\mathrm{b}i}\lambda_{\mathrm{f}}t_{\mathrm{df}}+\lambda_{\mathrm{t}}t_{\mathrm{t}} \tag{6.47}$$

若开关两侧无隔离保护，则上述两式中 $N_{\mathrm{c}i}H_i\lambda_{\mathrm{w}}t_{\mathrm{df}}+\lambda_{\mathrm{w}}(t_{\mathrm{w}}-t_{\mathrm{df}})$ 均应修改为 $\lambda_{\mathrm{w}}H_i[t_{\mathrm{w}}+(N_{\mathrm{c}i}-1)t_{\mathrm{df}}]$。

(2)SAIFI。

同理，无论开关两侧有无隔离保护，接线模式分别为类型 3 和 4 的电缆馈线 i 平均故障停电频率 $F_{i,3}^{\mathrm{c,S}}$ 和 $F_{i,4}^{\mathrm{c,S}}$ 可分别表示为

$$F_{i,3}^{\mathrm{c,S}}=(L_i-L_{\mathrm{b}i})\lambda_{\mathrm{f}}+N_{\mathrm{c}i}H_i\lambda_{\mathrm{w}}+\frac{L_{\mathrm{b}i}}{N_{\mathrm{c}i}(H_i-2)}\lambda_{\mathrm{f}}+\lambda_{\mathrm{t}} \tag{6.48}$$

$$F_{i,4}^{\mathrm{c,S}}=(L_i-L_{\mathrm{b}i})\lambda_{\mathrm{f}}+N_{\mathrm{c}i}H_i\lambda_{\mathrm{w}}+L_{\mathrm{b}i}\lambda_{\mathrm{f}}+\lambda_{\mathrm{t}} \tag{6.49}$$

3)单辐射且环网柜进出线开关为断路器

(1)SAIDI。

①主干线。

对于单辐射且环网柜进出线开关为断路器的电缆馈线 i，某段主干线故障，故障段上游最近的环网柜出线断路器跳开(若第一段线路故障，则馈线出线断路器跳开)，故障线路下游负荷感受线路故障修复时间。推导可得，主干线故障对 SAIDI 的贡献为

$$T_{i,5/6}^{\mathrm{c,l3}}=\frac{(N_{\mathrm{c}i}+\cdots+2+1)\dfrac{M_i}{N_{\mathrm{c}i}}\dfrac{L_i-L_{\mathrm{b}i}}{N_{\mathrm{c}i}}\lambda_{\mathrm{f}}t_{\mathrm{f}}}{M_i}=\frac{N_{\mathrm{c}i}+1}{2N_{\mathrm{c}i}}(L_i-L_{\mathrm{b}i})\lambda_{\mathrm{f}}t_{\mathrm{f}} \tag{6.50}$$

式中，$T_{i,5/6}^{\mathrm{c,l3}}$ 的上标为“c”时，对应的下标“5”表示线路接线模式为单辐射且环网柜进出线开关和支线开关都为断路器；对应的下标“6”表示线路接线模式为单辐射且环网柜进出线开关为断路器，支线开关为负荷开关。

②开关。

辐射型电缆线路环网柜中不同位置的开关(进线、出线和支线开关)故障产生的影响不同。

(a)开关两侧有隔离保护。

若开关两侧有隔离保护，进线开关故障时，上游最近的环网柜出线断路器跳开，故障环网柜所带负荷及下游负荷感受开关故障修复时间。推导可得，进线开关故障停运对 SAIDI 的贡献为

$$T_{i,5/6}^{\mathrm{c,wn}}=\frac{(N_{\mathrm{c}i}+\cdots+2+1)\dfrac{M_i}{N_{\mathrm{c}i}}\lambda_{\mathrm{w}}t_{\mathrm{w}}}{M_i}=\frac{N_{\mathrm{c}i}+1}{2}\lambda_{\mathrm{w}}t_{\mathrm{w}} \tag{6.51}$$

式中，$T_{i,5/6}^{\mathrm{c,wn}}$ 的上标“wn”的含义为进线开关故障停运产生的相关停电时间对 SAIDI 的贡献。

出线开关故障时，故障开关所在环网柜进线断路器跳开，该环网柜所带负荷经故障定位、隔离和上游开关合闸操作后恢复供电，下游负荷则需感受开关故障修复时间。出线开关故障停运对 SAIDI 的贡献为

$$T_{i,5/6}^{\mathrm{c,wo}}=\frac{N_{ci}\dfrac{M_i}{N_{ci}}\lambda_{\mathrm{w}}t_{\mathrm{df}}+(N_{ci}-1+\cdots+2+1)\dfrac{M_i}{N_{ci}}\lambda_{\mathrm{w}}t_{\mathrm{w}}}{M_i}=\lambda_{\mathrm{w}}t_{\mathrm{df}}+\frac{N_{ci}-1}{2}\lambda_{\mathrm{w}}t_{\mathrm{w}} \tag{6.52}$$

式中，$T_{i,5/6}^{\mathrm{c,wo}}$ 的上标“wo”的含义为出线开关故障停运产生的相关停电时间对 SAIDI 的贡献。

支线开关故障，故障开关所在环网柜进线断路器跳开，该环网柜（除故障开关下负荷）及其下游负荷感受故障定位、隔离及倒闸操作时间，故障开关下负荷感受开关故障修复时间。支线开关故障停运对 SAIDI 的贡献可表示为

$$\begin{aligned}T_{i,5/6}^{\mathrm{c,wb}}&=\frac{(N_{ci}+\cdots+2+1)\dfrac{M_i}{N_{ci}}(H_i-2)\lambda_{\mathrm{w}}t_{\mathrm{df}}+M_i\lambda_{\mathrm{w}}(t_{\mathrm{w}}-t_{\mathrm{df}})}{M_i}\\&=\frac{N_{ci}+1}{2}(H_i-2)\lambda_{\mathrm{w}}t_{\mathrm{df}}+\lambda_{\mathrm{w}}(t_{\mathrm{w}}-t_{\mathrm{df}})\end{aligned} \tag{6.53}$$

式中，$T_{i,5/6}^{\mathrm{c,wb}}$ 的上标“wb”的含义为支线开关故障停运产生的相关停电时间对 SAIDI 的贡献。

(b)开关两侧无隔离保护。

若开关两侧无隔离保护，环网柜内任一开关故障停运，均造成故障环网柜及其下游负荷感受到开关故障修复时间，故 $T_{i,5/6}^{\mathrm{c,wn}}$ 计算式不变，$T_{i,5/6}^{\mathrm{c,wo}}$ 和 $T_{i,5/6}^{\mathrm{c,wb}}$ 均应修改为和 $T_{i,5/6}^{\mathrm{c,wn}}$ 相同的计算式。

③电缆分支线。

当环网柜支线开关为断路器或负荷开关时，电缆分支线故障对 SAIDI 的贡献与相应的有联络且环网柜进出线开关为断路器的情况相同。

④配变。

配变故障停运对 SAIDI 的贡献同式(6.16)。

综上，若开关两侧有隔离保护，可得接线模式分别为类型 5 和 6 的电缆馈线 i 平均故障停电持续时间 $T_{i,5}^{\mathrm{c,S}}$ 和 $T_{i,6}^{\mathrm{c,S}}$，可分别表示为

$$\begin{aligned}T_{i,5}^{\mathrm{c,S}}=&\frac{N_{ci}+1}{2N_{ci}}(L_i-L_{\mathrm{b}i})\lambda_{\mathrm{f}}t_{\mathrm{f}}+(N_{ci}+1)\lambda_{\mathrm{w}}t_{\mathrm{w}}\\&+\frac{N_{ci}+1}{2}(H_i-2)\lambda_{\mathrm{w}}t_{\mathrm{df}}+\frac{L_{\mathrm{b}i}}{N_{ci}(H_i-2)}\lambda_{\mathrm{f}}t_{\mathrm{f}}+\lambda_{\mathrm{t}}t_{\mathrm{t}}\end{aligned} \tag{6.54}$$

$$T_{i,6}^{\mathrm{c},\mathrm{S}}=\frac{N_{\mathrm{c}i}+1}{2N_{\mathrm{c}i}}(L_i-L_{\mathrm{b}i})\lambda_{\mathrm{f}}t_{\mathrm{f}}+(N_{\mathrm{c}i}+1)\lambda_{\mathrm{w}}t_{\mathrm{w}}+\frac{N_{\mathrm{c}i}+1}{2}(H_i-2)\lambda_{\mathrm{w}}t_{\mathrm{df}}+\frac{L_{\mathrm{b}i}}{N_{\mathrm{c}i}(H_i-2)}\lambda_{\mathrm{f}}t_{\mathrm{f}}+\left(\frac{N_{\mathrm{c}i}+1}{2}-\frac{1}{H_i-2}\right)\frac{L_{\mathrm{b}i}}{N_{\mathrm{c}i}}\lambda_{\mathrm{f}}t_{\mathrm{df}}+\lambda_{\mathrm{t}}t_{\mathrm{t}} \tag{6.55}$$

若开关两侧无隔离保护，则上述两式中 $(N_{\mathrm{c}i}+1)\lambda_{\mathrm{w}}t_{\mathrm{w}}+\frac{N_{\mathrm{c}i}+1}{2}(H_i-2)\lambda_{\mathrm{w}}t_{\mathrm{df}}$ 均应修改为 $\frac{N_{\mathrm{c}i}+1}{2}H_i\lambda_{\mathrm{w}}t_{\mathrm{w}}$。

(2)SAIFI 。

对于单辐射且环网柜进出线开关为断路器的电缆线路，当环网柜支线开关为断路器或负荷开关时，设备故障对 SAIFI 的贡献与相应的有联络且环网柜进出线开关为断路器的情况相同。因此，$F_{i,5}^{\mathrm{c},\mathrm{S}}=F_{i,1}^{\mathrm{c},\mathrm{S}}$ ，$F_{i,6}^{\mathrm{c},\mathrm{S}}=F_{i,2}^{\mathrm{c},\mathrm{S}}$ ，可分别采用式(6.41)和式(6.42)计算。

4)单辐射且环网柜进出线开关为负荷开关

(1)SAIDI。

①主干线。

对于单辐射且环网柜进出线开关为负荷开关的电缆馈线 i，某段主干线故障，馈线出线断路器跳开，故障段上游负荷感受故障定位、隔离及倒闸操作时间，故障段下游负荷感受线路故障修复时间。

主干线故障定位、隔离及倒闸操作时间对 SAIDI 的贡献为

$$T_{i,7/8}^{\mathrm{c},\mathrm{l1}}=\frac{(0+1+\cdots+N_{\mathrm{c}i}-1)\dfrac{M_i}{N_{\mathrm{c}i}}\dfrac{L_i-L_{\mathrm{b}i}}{N_{\mathrm{c}i}}\lambda_{\mathrm{f}}t_{\mathrm{df}}}{M_i}=\frac{N_{\mathrm{c}i}-1}{2N_{\mathrm{c}i}}(L_i-L_{\mathrm{b}i})\lambda_{\mathrm{f}}t_{\mathrm{df}} \tag{6.56}$$

式中，$T_{i,7/8}^{\mathrm{c},\mathrm{l1}}$ 的上标为“c”时，对应的下标“7”表示线路接线模式为单辐射且环网柜进出线开关为负荷开关，支线开关为断路器；对应的下标“8”表示线路接线模式为单辐射且环网柜进出线开关和支线开关都为负荷开关。

主干线故障修复时间对 SAIDI 的贡献为

$$T_{i,7/8}^{\mathrm{c},\mathrm{l3}}=\frac{(N_{\mathrm{c}i}+\cdots+2+1)\dfrac{M_i}{N_{\mathrm{c}i}}\dfrac{L_i-L_{\mathrm{b}i}}{N_{\mathrm{c}i}}\lambda_{\mathrm{f}}t_{\mathrm{f}}}{M_i}=\frac{N_{\mathrm{c}i}+1}{2N_{\mathrm{c}i}}(L_i-L_{\mathrm{b}i})\lambda_{\mathrm{f}}t_{\mathrm{f}} \tag{6.57}$$

②开关。

(a)开关两侧有隔离保护。

若开关两侧有隔离保护，对于单辐射且环网柜进出线开关为负荷开关的电缆馈线 i，进线开关故障时，馈线出线断路器跳开，故障环网柜上游负荷感受故障定位、隔离及倒闸操作时间，故障环网柜及其下游负荷感受开关故障修复时间。进线开关故障对 SAIDI 的贡献可表示为

$$T_{i,7/8}^{\mathrm{c,wn}}=\frac{(0+1+\cdots+N_{ci}-1)\dfrac{M_i}{N_{ci}}\lambda_{\mathrm{w}}t_{\mathrm{df}}+(N_{ci}+\cdots+2+1)\dfrac{M_i}{N_{ci}}\lambda_{\mathrm{w}}t_{\mathrm{w}}}{M_i}=\frac{N_{ci}-1}{2}\lambda_{\mathrm{w}}t_{\mathrm{df}}+\frac{N_{ci}+1}{2}\lambda_{\mathrm{w}}t_{\mathrm{w}} \tag{6.58}$$

出线开关故障时，馈线出线断路器跳开，故障环网柜及其上游负荷感受故障定位、隔离及倒闸操作时间，故障环网柜下游负荷感受开关故障修复时间。出线开关故障对 SAIDI 的贡献可表示为

$$T_{i,7/8}^{\mathrm{c,wo}}=\frac{(1+2+\cdots+N_{ci})\dfrac{M_i}{N_{ci}}\lambda_{\mathrm{w}}t_{\mathrm{df}}+(N_{ci}-1+\cdots+2+1+0)\dfrac{M_i}{N_{ci}}\lambda_{\mathrm{w}}t_{\mathrm{w}}}{M_i}=\frac{N_{ci}+1}{2}\lambda_{\mathrm{w}}t_{\mathrm{df}}+\frac{N_{ci}-1}{2}\lambda_{\mathrm{w}}t_{\mathrm{w}} \tag{6.59}$$

支线开关故障时，馈线出线断路器跳开，除故障开关所连支线外的所有负荷感受故障定位、隔离及倒闸操作时间，故障开关所连支线上的所有负荷感受开关故障修复时间。支线开关故障对 SAIDI 的贡献可表示为

$$T_{i,7/8}^{\mathrm{c,wb}}=\frac{N_{ci}M_i(H_i-2)\lambda_{\mathrm{w}}t_{\mathrm{df}}+\dfrac{M_i}{N_{ci}(H_i-2)}N_{ci}(H_i-2)\lambda_{\mathrm{w}}(t_{\mathrm{w}}-t_{\mathrm{df}})}{M_i}=N_{ci}(H_i-2)\lambda_{\mathrm{w}}t_{\mathrm{df}}+\lambda_{\mathrm{w}}(t_{\mathrm{w}}-t_{\mathrm{df}}) \tag{6.60}$$

(b)开关两侧无隔离保护。

若开关两侧无隔离保护，环网柜内任一开关故障停运，馈线出线断路器跳开，故障环网柜上游负荷感受故障定位、隔离及倒闸操作时间，故障环网柜及其下游负荷感受开关故障修复时间。故 $T_{i,7/8}^{\mathrm{c,wn}}$ 计算式不变，$T_{i,7/8}^{\mathrm{c,wo}}$ 和 $T_{i,7/8}^{\mathrm{c,wb}}$ 均应修改为与 $T_{i,7/8}^{\mathrm{c,wn}}$ 相同的计算式。

③电缆分支线。

当环网柜支线开关为断路器或负荷开关时，电缆分支线故障对 SAIDI 的贡献与相应的有联络且环网柜进出线开关为负荷开关的情况相同。

④配变。

配变故障停运对 SAIDI 的贡献同式(6.16)。

综上，若开关两侧有隔离保护，可得接线模式分别为类型 7 和 8 的电缆馈线 i 平均故障停电持续时间 $T_{i,7}^{\mathrm{c,S}}$ 和 $T_{i,8}^{\mathrm{c,S}}$，可表示为

$$T_{i,7}^{\mathrm{c,S}}=\frac{N_{ci}-1}{2N_{ci}}(L_i-L_{\mathrm{b}i})\lambda_{\mathrm{f}}t_{\mathrm{df}}+\frac{N_{ci}+1}{2N_{ci}}(L_i-L_{\mathrm{b}i})\lambda_{\mathrm{f}}t_{\mathrm{f}}+N_{ci}\lambda_{\mathrm{w}}t_{\mathrm{w}}+N_{ci}(H_i-1)\lambda_{\mathrm{w}}t_{\mathrm{df}}+\lambda_{\mathrm{w}}(t_{\mathrm{w}}-t_{\mathrm{df}})+\frac{L_{\mathrm{b}i}}{N_{ci}(H_i-2)}\lambda_{\mathrm{f}}t_{\mathrm{f}}+\lambda_{\mathrm{t}}t_{\mathrm{t}} \tag{6.61}$$

$$T_{i,8}^{\mathrm{c,S}}=\frac{N_{ci}-1}{2N_{ci}}(L_i-L_{\mathrm{b}i})\lambda_{\mathrm{f}}t_{\mathrm{df}}+\frac{N_{ci}+1}{2N_{ci}}(L_i-L_{\mathrm{b}i})\lambda_{\mathrm{f}}t_{\mathrm{f}}$$

$$+N_{ci}\lambda_{w}t_{w}+N_{ci}(H_{i}-1)\lambda_{w}t_{df}+\lambda_{w}(t_{w}-t_{df})+\lambda_{t}t_{t}$$
$$+\frac{L_{bi}}{N_{ci}(H_{i}-2)}\lambda_{f}t_{f}+\left[1-\frac{1}{(H_{i}-2)N_{ci}}\right]L_{bi}\lambda_{f}t_{df} \qquad (6.62)$$

若开关两侧无隔离保护，则上述两式中 $N_{ci}\lambda_{w}t_{w}+N_{ci}(H_{i}-1)\lambda_{w}t_{df}+\lambda_{w}(t_{w}-t_{df})$ 均应修改为 $\lambda_{w}H_{i}\left(\frac{N_{ci}+1}{2}t_{w}+\frac{N_{ci}-1}{2}t_{df}\right)$。

(2)SAIFI。

对于单辐射且环网柜进出线开关为负荷开关的电缆线路，当环网柜支线开关为断路器或负荷开关时，设备故障对 SAIFI 的贡献与相应的有联络且环网柜进出线开关为负荷开关的情况相同。因此，$F_{i,7}^{c,S}=F_{i,3}^{c,S}$，$F_{i,8}^{c,S}=F_{i,4}^{c,S}$，可分别采用式(6.48)和式(6.49)计算。

5)电缆线各典型接线模式可靠性指标估算公式汇总

基于上述推导，将主干线、开关、分支线和配变故障停运对各典型接线模式 SAIDI 和 SAIFI 的贡献归纳汇总，结果分别如表 6.3 和表 6.4 所示。

表 6.3 电缆系统各类设备故障停运对 SAIDI 的贡献

接线模式	主干线	开关	分支线	配变
联,断,断	$\frac{N_{ci}+1}{2N_{ci}}(L_i-L_{bi})\lambda_f t_{df}$	①$\frac{1}{2}(N_{ci}+1)H_i\lambda_w t_{df}+\lambda_w(t_w-t_{df})$ ②$\lambda_w H_i\left(t_w+\frac{N_{ci}-1}{2}t_{df}\right)$	$\frac{L_{bi}}{N_{ci}(H_i-2)}\lambda_f t_f$	$\lambda_t t_t$
联,断,负	$\frac{N_{ci}+1}{2N_{ci}}(L_i-L_{bi})\lambda_f t_{df}$	①$\frac{1}{2}(N_{ci}+1)H_i\lambda_w t_{df}+\lambda_w(t_w-t_{df})$ ②$\lambda_w H_i\left(t_w+\frac{N_{ci}-1}{2}t_{df}\right)$	$\frac{L_{bi}}{N_{ci}(H_i-2)}\lambda_f t_f+\left(\frac{N_{ci}+1}{2}-\frac{1}{H_i-2}\right)\frac{L_{bi}}{N_{ci}}\lambda_f t_{df}$	$\lambda_t t_t$
联,负,断	$(L_i-L_{bi})\lambda_f t_{df}$	① $N_{ci}H_i\lambda_w t_{df}+\lambda_w(t_w-t_{df})$ ② $\lambda_w H_i[t_w+(N_{ci}-1)t_{df}]$	$\frac{L_{bi}}{N_{ci}(H_i-2)}\lambda_f t_f$	$\lambda_t t_t$
联,负,负	$(L_i-L_{bi})\lambda_f t_{df}$	① $N_{ci}H_i\lambda_w t_{df}+\lambda_w(t_w-t_{df})$ ② $\lambda_w H_i[t_w+(N_{ci}-1)t_{df}]$	$\frac{L_{bi}}{N_{ci}(H_i-2)}\lambda_f t_f+\left[1-\frac{1}{N_{ci}(H_i-2)}\right]L_{bi}\lambda_f t_{df}$	$\lambda_t t_t$
辐,断,断	$\frac{N_{ci}+1}{2N_{ci}}(L_i-L_{bi})\lambda_f t_f$	①$(N_{ci}+1)\lambda_w t_w+\frac{N_{ci}+1}{2}(H_i-2)\lambda_w t_{df}$ ②$\frac{N_{ci}+1}{2}H_i\lambda_w t_w$	$\frac{L_{bi}}{N_{ci}(H_i-2)}\lambda_f t_f$	$\lambda_t t_t$

续表

接线模式	主干线	开关	分支线	配变
辐,断,负	$\frac{N_{ci}+1}{2N_{ci}}(L_i-L_{bi})\lambda_f t_f$	①$(N_{ci}+1)\lambda_w t_w + \frac{N_{ci}+1}{2}(H_i-2)\lambda_w t_{df}$ ②$\frac{N_{ci}+1}{2}H_i\lambda_w t_w$	$\frac{L_{bi}}{N_{ci}(H_i-2)}\lambda_f t_f + \left(\frac{N_{ci}+1}{2} - \frac{1}{H_i-2}\right)\frac{L_{bi}}{N_{ci}}\lambda_f t_{df}$	$\lambda_t t_t$
辐,负,断	$\frac{N_{ci}-1}{2N_{ci}}(L_i-L_{bi})\lambda_f t_{df} + \frac{N_{ci}+1}{2N_{ci}}(L_i-L_{bi})\lambda_f t_f$	①$N_{ci}\lambda_w t_w + \lambda_w(t_w - t_{df}) + N_{ci}(H_i-1)\lambda_w t_{df}$ ②$\lambda_w H_i\left(\frac{N_{ci}+1}{2}t_w + \frac{N_{ci}-1}{2}t_{df}\right)$	$\frac{L_{bi}}{N_{ci}(H_i-2)}\lambda_f t_f$	$\lambda_t t_t$

注:表中"接线模式"字段的格式为"a,b,c"。其中,"a"为 "辐"或"联",分别表示单辐射线路或有联络线路;"b" 为"断"或"负",分别表示环网柜(或开闭所)进出线开关为断路器或负荷开关;"c"也为"断"或"负",表示支线开关的类型;"开关"字段中的"①"表示开关两侧有隔离保护,"②"表示开关两侧无隔离保护。

表 6.4　电缆系统各类设备故障停运对 SAIFI 的贡献

接线模式	主干线	开关	分支线	配变
联/辐,断,断	$\frac{N_{ci}+1}{2N_{ci}}(L_i-L_{bi})\lambda_f$	$\frac{(N_{ci}+1)}{2}H_i\lambda_w$	$\frac{L_{bi}}{N_{ci}(H_i-2)}\lambda_f$	λ_t
联/辐,断,负	$\frac{N_{ci}+1}{2N_{ci}}(L_i-L_{bi})\lambda_f$	$\frac{(N_{ci}+1)}{2}H_i\lambda_w$	$\frac{(N_{ci}+1)}{2N_{ci}}L_{bi}\lambda_f$	λ_t
联/辐,负,断	$(L_i-L_{bi})\lambda_f$	$N_{ci}H_i\lambda_w$	$\frac{L_{bi}}{N_{ci}(H_i-2)}\lambda_f$	λ_t
联/辐,负,负	$(L_i-L_{bi})\lambda_f$	$N_{ci}H_i\lambda_w$	$L_{bi}\lambda_f$	λ_t

3. 预安排停运

在工程实际中,开关、配变等设备的预安排停运通常是和线路一起进行的,因此预安排停运的可靠性指标估算模型只需考虑线路的影响。本节分别建立了以线路长度和线路分段为停运单位的两种模型。

1)模型 1(以线路长度为停运单位)

在模型 1 中,以线路长度为单位进行预安排停运,线路预安排停运率的单位为:次/(km · 年)。预安排停运无定位时间,但存在相关隔离和开关倒闸操作时间。由于负荷开关具备开断正常工作电流的能力,在预安排停运中与断路器作用相同。故对于架空系统,应采用断路器和负荷开关划分的分段数 N_{i3} 确定预安排停运影响范围,计算相应的预安排停运隔离及倒闸操作时间;对于电缆系统,SAIDI 只需区分单辐射和有联络,且由于线路联络情况不影响停电频率指标,SAIFI 不必区分接线模式。

基于线路故障停运对各典型接线模式可靠性指标的贡献公式，很容易推导得到以线路长度为停运单位的预安排停运可靠性指标估算模型。令 t_{ds} 表示线路预安排停运隔离及倒闸操作时间；λ_s 和 t_s 分别表示线路预安排停运率和平均预安排停运持续时间(含 t_{ds})。各类设备预安排停运对 SAIDI 和 SAIFI 的贡献分别如表 6.5 和表 6.6 所示。

表 6.5　各类设备预安排停运对 SAIDI 的贡献(模型 1)

类别	接线模式	主干线	大分支(架空)/分支线(电缆)
架空系统	辐，无	$G_1(N_{i2},N_{i3},L_i)$	—
	辐，有	$G_1(N_{i2},N_{i3},L_i-L_i^{\mathrm{F}})$	$\dfrac{L_i^{\mathrm{F}}}{L_i}G_1\left(N_{i2}^{\mathrm{F}},N_{i3}^{\mathrm{F}},\dfrac{L_i^{\mathrm{F}}}{N_i^{\mathrm{F}}}\right)$
	联，无	$G_3(N_{i2},N_{i3},L_i)$	—
	联，有	$G_3(N_{i2},N_{i3},L_i-L_i^{\mathrm{F}}-L_i^{\mathrm{L}})$	$\dfrac{L_i^{\mathrm{F}}}{L_i}G_1(N_{i2}^{\mathrm{F}},N_{i3}^{\mathrm{F}},\dfrac{L_i^{\mathrm{F}}}{N_i^{\mathrm{F}}})+\dfrac{L_i^{\mathrm{L}}}{L_i}G_3\left(N_{i2}^{\mathrm{L}},N_{i3}^{\mathrm{L}},\dfrac{L_i^{\mathrm{L}}}{N_i^{\mathrm{L}}}\right)$
电缆系统	联	$\dfrac{N_{ci}+1}{2N_{ci}}(L_i-L_{bi})\lambda_s t_{ds}$	$\dfrac{L_{bi}}{N_{ci}(H_i-2)}\lambda_s t_s$
	辐	$\dfrac{N_{ci}+1}{2N_{ci}}(L_i-L_{bi})\lambda_s t_s$	$\dfrac{L_{bi}}{N_{ci}(H_i-2)}\lambda_s t_s$

表 6.5 中，函数 $G_1(x_1,x_2,x_3)$ 和函数 $G_3(x_1,x_2,x_3)$ 的表达式分别如式(6.63)和式(6.64)所示：

$$G_1(x_1,x_2,x_3)=\frac{x_2+1}{2x_2}x_3\lambda_s t_{ds}+\frac{x_1+1}{2x_1}x_3\lambda_s(t_s-t_{ds}) \tag{6.63}$$

$$G_3(x_1,x_2,x_3)=\frac{x_2+1}{2x_2}x_3\lambda_s t_{ds}+\frac{x_3}{x_1}\lambda_s(t_s-t_{ds}) \tag{6.64}$$

表 6.6　各类设备预安排停运对 SAIFI 的贡献(模型 1)

类别	接线模式	主干线	大分支(架空)/分支线(电缆)
架空系统	辐/联，无	$G_2(N_{i3},L_i)$	—
	辐，有	$G_2(N_{i3},L_i-L_i^{\mathrm{F}})$	$\dfrac{L_i^{\mathrm{F}}}{L_i}G_2\left(N_{i3}^{\mathrm{F}},\dfrac{L_i^{\mathrm{F}}}{N_i^{\mathrm{F}}}\right)$
	联，有	$G_2(N_{i3},L_i-L_i^{\mathrm{F}}-L_i^{\mathrm{L}})$	$\dfrac{L_i^{\mathrm{F}}}{L_i}G_2\left(N_{i3}^{\mathrm{F}},\dfrac{L_i^{\mathrm{F}}}{N_i^{\mathrm{F}}}\right)+\dfrac{L_i^{\mathrm{L}}}{L_i}G_2\left(N_{i3}^{\mathrm{L}},\dfrac{L_i^{\mathrm{L}}}{N_i^{\mathrm{L}}}\right)$
电缆系统	—	$\dfrac{N_{ci}+1}{2N_{ci}}(L_i-L_{bi})\lambda_s$	$\dfrac{L_{bi}}{N_{ci}(H_i-2)}\lambda_s$

表 6.6 中，函数 $G_2(x_1, x_2)$ 的表达式为

$$G_2(x_1, x_2) = \frac{x_1 + 1}{2x_1} x_2 \lambda_s \tag{6.65}$$

2)模型 2(以线路分段为停运单位)

在模型 2 中，以线路分段为单位进行预安排停运，包括主干线和架空线路的大分支、电缆分支线。线路预安排停运率的单位为：次/(段·年)。对于架空系统，主干线上的断路器/负荷开关/(用于分段的)隔离开关划分出的线路为一段，大分支中的断路器/负荷开关/(用于分段的)隔离开关划分出的线路为一段；对于电缆系统，主干线上的环网柜划分出的线路为一段，环网柜的每个支线开关连接的分支线为一段。分析可得，只需将预安排停运模型 1 相关公式中的长度参数换成相应的段数即可得到模型 2 的计算公式。各类设备预安排停运对 SAIDI 和 SAIFI 的贡献分别如表 6.7 和表 6.8 所示。

表 6.7　各类设备预安排停运对 SAIDI 的贡献(模型 2)

类别	接线模式	主干线	大分支(架空)/分支线(电缆)
架空系统	辐，无	$\varphi_1(N_{i2}, N_{i3})$	—
	辐，有	$\varphi_1(N_{i2}, N_{i3})$	$\frac{L_i^F}{L_i}\varphi_1(N_{i2}^F, N_{i3}^F)$
	联，无	$\varphi_3(N_{i2}, N_{i3})$	—
	联，有	$\varphi_3(N_{i2}, N_{i3})$	$\frac{L_i^F}{L_i}\varphi_1(N_{i2}^F, N_{i3}^F) + \frac{L_i^L}{L_i}\varphi_3(N_{i2}^L, N_{i3}^L)$
电缆系统	联	$\frac{N_{ci}+1}{2}\lambda_s t_{ds}$	$\lambda_s t_s$
	辐	$\frac{N_{ci}+1}{2}\lambda_s t_s$	$\lambda_s t_s$

表 6.7 中，函数 $\varphi_1(x_1, x_2)$ 和函数 $\varphi_3(x_1, x_2)$ 的表达式分别如式(6.66)和式(6.67)所示：

$$\varphi_1(x_1, x_2) = \frac{x_2 + 1}{2x_2} x_1 \lambda_s t_{ds} + \frac{x_1 + 1}{2} \lambda_s (t_s - t_{ds}) \tag{6.66}$$

$$\varphi_3(x_1, x_2) = \frac{x_2 + 1}{2x_2} x_1 \lambda_s t_{ds} + \lambda_s (t_s - t_{ds}) \tag{6.67}$$

表 6.8　各类设备预安排停运对 SAIFI 的贡献(模型 2)

类别	接线模式	主干线	大分支(架空)/分支线(电缆)
架空系统	辐/联,无	$\varphi_2(N_{i2},N_{i3})$	—
	辐,有	$\varphi_2(N_{i2},N_{i3})$	$\dfrac{L_i^{\mathrm{F}}}{L_i}\varphi_2(N_{i2}^{\mathrm{F}},N_{i3}^{\mathrm{F}})$
	联,有	$\varphi_2(N_{i2},N_{i3})$	$\dfrac{L_i^{\mathrm{F}}}{L_i}\varphi_2(N_{i2}^{\mathrm{F}},N_{i3}^{\mathrm{F}})+\dfrac{L_i^{\mathrm{L}}}{L_i}\varphi_2(N_{i2}^{\mathrm{L}},N_{i3}^{\mathrm{L}})$
电缆系统	—	$\dfrac{N_{ci}+1}{2}\lambda_{\mathrm{s}}$	λ_{s}

表 6.8 中,函数 $\varphi_2(x_1,x_2)$ 的表达式为

$$\varphi_2(x_1,x_2)=\frac{x_2+1}{2x_2}x_1\lambda_{\mathrm{s}} \tag{6.68}$$

6.3.3　基本模型Ⅰ三算例

本节包括算例 6.1、算例 6.2 和算例 6.3 等三个算例。

1. 算例 6.1:不同开关类型影响

如图 6.4 所示线路总长为 4km 的馈线,线路均匀分段且负荷(LP_1～LP_4)沿线路均匀分布,计算所需可靠性参数如表 5.6 所示。在只考虑线路停运的情况下,分别采用本节基本模型Ⅰ(即考虑开关不同类别)和文献[9]提出的模型(考虑开关类型单一:断路器或负荷开关)估算该馈线的 SAIDI 和 SAIFI 指标,结果如表 6.9 所示。

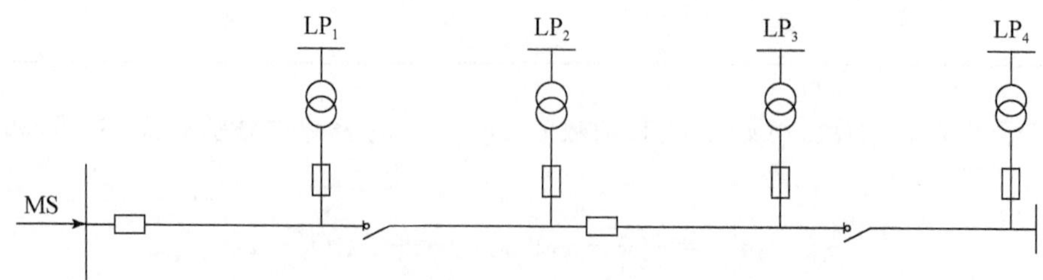

图 6.4　算例 6.1 网络拓扑结构示意图

MS主电源; 断路器; 负荷开关; 熔断器; 变压器

表 6.9　不同计算模型得到的可靠性指标对比

计算模型	开关类型	故障停运						预安排停运					
		SAIDI			SAIFI			SAIDI			SAIFI		
		精确值	估算值	误差	精确值	估算值	误差	精确值	估算值	误差	精确值	估算值	误差
本节模型Ⅰ	多种类型	0.845	0.845	0	0.195	0.195	0	20	20	0	2.5	2.5	0
文献[9]模型	断路器	0.845	0.813	−3.787%	0.195	0.163	−16.41%	20	20	0	2.5	2.5	0
	负荷开关	0.845	0.910	7.692%	0.195	0.260	33.33%	20	20	0	2.5	2.5	0

注：SAIDI 精确值和估算值的单位为 h/(户・年)，SAIFI 精确值和估算值的单位为次/(户・年)。

由表 6.9 可知，对于故障停运，本节基本模型Ⅰ的计算是精确计算；但采用文献[9]认为开关类型单一的估算模型误差较大，其中将所有开关视为负荷开关得到的 SAIDI 估算结果与精确计算结果的相对误差为 7.692%，SAIFI 估算结果与精确计算结果的相对误差为 33.33%。对于预安排停运，各种模型得到的可靠性指标与精确计算结果相同，这是因为负荷开关具有开断正常工作电流的能力，在预安排停运中与断路器作用相同。若线路以隔离开关分段，而非负荷开关，则文献[9]的模型将得到与精确计算不同的结果。

2. 算例 6.2：实际架空配电系统

算例 6.2 选取某地区 9 条中压架空配电线路(O1～O9)进行计算，“O”的含义为架空。其中 O1、O2 和 O3 为单辐射线路，O4 与 O6 联络，O5 与 O7 联络，O8 的主干线及一条大分支分别与 O9 末端联络，限于篇幅，各馈线结构不便于呈现。本算例除考虑线路停运外，还考虑开关和配变故障的情况，各馈线基础参数如表 6.10 所示，涉及的可靠性参数如表 5.6 和表 6.11 所示。

表 6.10　算例 6.2 各馈线基础参数

线路编号	用户数/户	结构	总长度/km	断路器数/台	负荷开关数/台	隔离开关数/台
O1	49	主干	15.50	1	3	0
		辐射型大分支	4.242	0	0	0
O2	28	主干	10.73	0	1	0
		辐射型大分支	6.517	0	1	0
O3	45	主干	37.71	1	2	0
O4	29	主干	15.11	1	0	0
O5	31	主干	15.97	1	1	0

续表

线路编号	用户数/户	结构	总长度/km	断路器数/台	负荷开关数/台	隔离开关数/台
O6	22	主干	14.55	1	1	0
O7	23	主干	15.99	0	1	0
		辐射型大分支	4.443	0	1	0
O8	47	主干	14.77	1	0	0
		辐射型大分支	5.105	0	1	0
		联络型大分支	6.101	1	0	0
O9	27	主干	11.72	1	1	0

表 6.11　算例 6.2 可靠性参数

参数类型	开关故障率/[次/(台·年)]	开关故障修复时间/(h/次)	配变故障率/[次/(台·年)]	配变故障修复时间/(h/次)	双电源覆盖率/%	带电作业率/%
参数值	0.006	3	0.015	4	10	15

工程实际中，由于中压配电线路数量较大，合理的典型供电区域划分可以缩小估算结果的误差。为了研究采用不同的典型供电区域划分方式得到的估算结果之间的差别，本节采用两种较为极端的典型供电区域划分方式：方式 1 以整个配电系统为一个典型供电区域，方式 2 以单条馈线为一个典型供电区域。

1)典型供电区域划分方式 1

典型供电区域划分方式 1 将整个配电系统视为一个典型供电区域，根据各馈线的基础参数，进一步将 9 条馈线划分为 4 种典型接线模式，以各典型接线模式为单位估算可靠性指标。基于表 6.10 所示基础参数，可得各典型接线模式的基础参数，如表 6.12 所示。

表 6.12　算例 6.2 各典型接线模式基础参数

接线模式	线路编号	用户数/户	结构	长度/km	断路器数/台	负荷开关数/台	隔离开关数/台
辐，无	O3	45	主干	37.71	1	2	0
辐，有	O1，O2	77	主干	13.12	0.5	2	0
			辐射型大分支	5.38	0	0.5	0
联，无	O4～O6，O9	109	主干	14.34	1	0.75	0
联，有	O7，O8	70	主干	15.38	0.5	0.5	0
			辐射型大分支	4.77	0	1	0
			联络型大分支	3.05	0.5	0	0

基于表 5.6 和表 6.11 所示可靠性参数和表 6.12 所示基础参数，根据本节基本模型 I 可得各典型接线模式以及系统的 SAIDI 和 SAIFI 估计值，并与附录 C 中 CEES 软件可靠性评估模块得到的精确值对比，结果如表 6.13 和表 6.14 所示。

表 6.13　算例 6.2 的 SAIDI 估算结果与精确计算结果对比(区域划分方式 1)

接线模式	线路编号	故障停运			预安排停运		
		精确值/[h/(户·年)]	估算值/[h/(户·年)]	误差/%	精确值/[h/(户·年)]	估算值/[h/(户·年)]	误差/%
辐,无	O3	7.735	7.244	−6.35	150.866	144.490	−4.23
辐,有	O1,O2	3.075	3.091	0.52	58.799	59.585	1.34
联,无	O4～O6,O9	2.015	1.912	−5.11	34.570	32.610	−5.67
联,有	O7,O8	2.796	2.923	4.54	48.468	53.804	11.01
系统		3.323	3.246	−2.32	61.387	61.166	−0.36

表 6.14　算例 6.2 的 SAIFI 估算结果与精确计算结果对比(区域划分方式 1)

接线模式	线路编号	故障停运			预安排停运		
		精确值/[h/(户·年)]	估算值/[h/(户·年)]	误差/%	精确值/[h/(户·年)]	估算值/[h/(户·年)]	误差/%
辐,无	O3	1.911	1.678	−12.20	18.858	19.234	1.99
辐,有	O1,O2	0.768	0.757	−1.43	7.350	7.448	1.33
联,无	O4～O6,O9	0.681	0.651	−4.01	7.893	7.479	−5.25
联,有	O7,O8	0.942	0.847	−10.08	11.336	9.643	−14.93
系统		0.948	0.877	−7.49	10.194	9.732	−4.53

由表 6.13 和表 6.14 可以看出，各典型接线模式可靠性指标估算误差有大有小，且存在正负抵消的趋势，因此系统指标估算误差相对较小。系统故障和预安排停运对应的 SAIDI 和 SAIFI 估算结果与精确计算结果的相对误差分别为 −2.32%、−0.36%和−7.49%、−4.53%。估算误差主要是由线路分段不均、负荷分布不均以及开关分布情况与假设不符引起的。

2)典型供电区域划分方式 2

为了研究典型供电区域划分方式对估算误差的影响，方式 2 采用最精细的划分方式，将每条馈线视为一个典型供电区域，则每个典型供电区域含 1 种典型接线模式，故以馈线为单位估算可靠性指标，结果如表 6.15 和表 6.16 所示。

表 6.15 算例 6.2 的 SAIDI 估算结果与精确计算结果对比(区域划分方式 2)

供电区域	线路编号	接线模式	故障停运			预安排停运		
			精确值/[h/(户·年)]	估算值/[h/(户·年)]	误差/%	精确值/[h/(户·年)]	估算值/[h/(户·年)]	误差/%
1	O1	辐,有	3.049	3.217	5.51	57.953	62.508	7.86
2	O2	辐,有	3.120	3.156	1.15	60.277	60.554	0.46
3	O3	辐,无	7.735	7.254	−6.22	150.866	144.252	−4.38
4	O4	联,无	2.488	2.491	0.12	46.370	46.824	0.98
5	O5	联,无	2.047	2.010	−1.81	33.437	33.398	−0.12
6	O6	联,无	1.926	1.837	−4.62	31.860	30.432	−4.48
7	O7	联,有	3.106	3.094	−0.39	53.568	53.973	0.76
8	O8	联,有	2.644	2.904	9.83	45.972	54.806	19.22
9	O9	联,无	1.542	1.492	−3.24	25.407	24.504	−3.55
	系统		3.323	3.307	−0.48	61.387	62.430	1.70

表 6.16 算例 6.2 的 SAIFI 估算结果与精确计算结果对比(区域划分方式 2)

供电区域	线路编号	接线模式	故障停运			预安排停运		
			精确值/[次/(户·年)]	估算值/[次/(户·年)]	误差/%	精确值/[次/(户·年)]	估算值/[次/(户·年)]	误差/%
1	O1	辐,有	0.767	0.765	−0.26	7.244	7.814	7.87
2	O2	辐,有	0.771	0.793	2.85	7.535	7.569	0.45
3	O3	辐,无	1.911	1.682	−11.98	18.858	18.032	−4.38
4	O4	联,无	0.699	0.682	−2.43	8.887	8.671	−2.43
5	O5	联,无	0.762	0.724	−4.99	8.443	8.146	−3.52
6	O6	联,无	0.699	0.662	−5.29	7.988	7.423	−7.07
7	O7	联,有	1.055	1.012	−4.08	11.777	9.728	−17.40
8	O8	联,有	0.886	0.791	−10.72	11.120	9.872	−11.22
9	O9	联,无	0.553	0.537	−2.89	6.115	5.977	−2.26
	系统		0.948	0.887	−6.43	10.194	9.710	−4.75

由表 6.15 和表 6.16 可知,对于典型供电区域划分方式 2,系统故障停运和预安排停运对应的 SAIDI 和 SAIFI 估算结果与精确计算结果的相对误差分别为−0.48%、1.70%和−6.43%、−4.75%,与 SAIFI 相比,SAIDI 估算结果更精确。

与典型供电区域划分方式1相比，方式2得到的估算结果相对误差绝对值之和更小，即总体估算结果更接近精确值。但方式2需对所有馈线逐条计算，计算工作量是方式1的两倍左右。因此，在工程实际中，面对大量的线路，在进行典型供电区域划分时应合理平衡工作量和计算精度。

3. 算例6.3：实际电缆配电系统

算例6.3选取某地区15条中压电缆配电线路(C1～C15)进行计算，"C"的含义为电缆。其中，C1、C2和C3为单辐射线路，C4与C5联络，C6与C7联络，C8与C9联络，C10与C11联络，C12与C13联络，C14与C15联络。各馈线基础参数如表6.17所示，所有馈线的环网柜内开关均为带熔断器的负荷开关，相关可靠性参数如表6.18所示。

表6.17　算例6.3各馈线基础参数

线路编号	总长度/km	环网柜数量/座	环网柜内平均开关数量/面	分支线总长度/km	总用户数/户
C1	1.63	1	4	0.27	3
C2	1.2	2	5	0.57	8
C3	2.81	1	5	0.78	4
C4	4.87	2	5	2.70	20
C5	1.67	1	6	0.73	12
C6	1.54	2	3.5	0.13	6
C7	4.82	2	6	0.34	14
C8	0.96	1	6	0.25	8
C9	1.15	1	6	0.51	6
C10	2.81	2	4.5	0.95	22
C11	3.10	1	4	2.30	7
C12	2.19	3	4	1.19	15
C13	2.76	3	4	0.61	14
C14	2.22	2	5	1.08	16
C15	3.65	3	4	1.10	14

表 6.18 算例 6.3 可靠性参数

停运类型	参数类型	参数值
故障停运	线路故障率/[次/(km·年)]	0.025
	线路故障修复时间/(h/次)	3.5
	开关故障率/[次/(台·年)]	0.006
	开关故障修复时间/(h/次)	3
	配变故障率/[次/(台·年)]	0.003
	配变故障修复时间/(h/次)	4
	定位隔离时间/(h/次)	1
	倒闸操作时间/(h/次)	0.8
预安排停运	线路预安排停运率/[次/(km·年)]	0.02
	线路预安排停运持续时间/(h/次)	5.5
	隔离时间/(h/次)	0.5
	倒闸操作时间/(h/次)	0.5

类似地，本节对 15 条电缆线路采用同架空系统相同的两种典型供区划分方式分别估算可靠性指标。

1)典型供电区域划分方式 1

典型供电区域划分方式 1 将 15 条馈线组成的电缆系统视为一个典型供电区域，根据各馈线的基础参数，将 15 条馈线划分为单辐射和有联络且环网柜进出线开关、支线开关均为(等效)断路器的两种典型接线模式，由于两种接线模式对应的环网柜开关类型相同，下面仅用“单辐射”和“有联络”加以区别。基于表 6.17 所示基础参数，可得各典型接线模式的基础参数，如表 6.19 所示。

表 6.19 算例 6.3 各典型接线模式基础参数

供电区域	接线模式	线路序号	平均总长度/km	平均环网柜数量/座	平均环网柜内开关数量/面	分支线平均总长度/km	总用户数/户
1	单辐射	C1,C2,C3	1.880	1.33	4.67	0.540	15
2	有联络	C4～C15	2.645	1.92	4.83	0.990	154

基于表 6.18 所示可靠性参数和表 6.19 所示基础参数，根据本节基本模型 I 可得各典型接线模式以及系统的 SAIDI 和 SAIFI 估计值，并与附录 C 中 CEES 软件可靠性评估模块得到精确值对比，结果如表 6.20 和表 6.21 所示。

表 6.20　算例 6.3 的 SAIDI 估算结果与精确计算结果对比(区域划分方式 1)

接线模式	线路编号	故障停运			预安排停运		
		精确值/[h/(户·年)]	估算值/[h/(户·年)]	误差/%	精确值/[h/(户·年)]	估算值/[h/(户·年)]	误差/%
单辐射	C1,C2,C3	0.206	0.204	−0.97	0.137	0.146	6.57
有联络	C4～C15	0.181	0.168	−7.18	0.052	0.045	−13.46
系统		0.184	0.171	−7.07	0.060	0.054	−10.00

表 6.21　算例 6.3 的 SAIFI 估算结果与精确计算结果对比(区域划分方式 1)

接线模式	线路编号	故障停运			预安排停运		
		精确值/[次/(户·年)]	估算值/[次/(户·年)]	误差/%	精确值/[次/(户·年)]	估算值/[次/(户·年)]	误差/%
单辐射	C1,C2,C3	0.071	0.069	−2.82	0.0249	0.0265	6.43
有联络	C4～C15	0.088	0.081	−7.95	0.0346	0.0288	−16.76
系统		0.087	0.080	−8.05	0.0338	0.0286	−15.38

由表 6.20 和表 6.21 可知,对于采用典型供电区域划分方式 1 得到的可靠性指标估算结果,单辐射线路的估算误差比有联络线路小,故障停运可靠性指标估算误差比预安排停运小,SAIDI 的估算误差比 SAIFI 小。对于系统可靠性指标,系统故障停运对应的 SAIDI 估算误差最小,为−7.07%。系统预安排停运对应的 SAIFI 估算误差最大,为−15.38%。估算误差较大,除了源于估算模型相关假设外,还可能是由典型供电区域划分方式不合理造成的。要减小估算误差,可将接线模式相同,且线路长度和分段数相近的馈线归为一类典型供电区域,再进一步估算可靠性指标。

2)典型供电区域划分方式 2

同样地,方式 2 将每条馈线视为一个典型供电区域,以馈线为单位估算可靠性指标。SAIDI 和 SAIFI 的估算结果及误差分别如表 6.22 和表 6.23 所示。

表 6.22　算例 6.3 的 SAIDI 估算结果与精确计算结果对比(区域划分方式 2)

供电区域	线路编号	接线模式	故障停运			预安排停运		
			精确值/[h/(户·年)]	估算值/[h/(户·年)]	误差/%	精确值/[h/(户·年)]	估算值/[h/(户·年)]	误差/%
1	C1	单辐射	0.196	0.200	2.04	0.160	0.165	3.13
2	C2	单辐射	0.174	0.164	−5.75	0.075	0.062	−17.33
3	C3	单辐射	0.275	0.281	2.18	0.245	0.252	2.86

续表

供电区域	线路编号	接线模式	故障停运			预安排停运		
			精确值/[h/(户·年)]	估算值/[h/(户·年)]	误差/%	精确值/[h/(户·年)]	估算值/[h/(户·年)]	误差/%
4	C4	有联络	0.225	0.213	−5.33	0.079	0.082	3.80
5	C5	有联络	0.142	0.142	0	0.039	0.039	0
6	C6	有联络	0.143	0.127	−11.19	0.031	0.026	−16.13
7	C7	有联络	0.302	0.271	−10.26	0.088	0.072	−18.18
8	C8	有联络	0.121	0.121	0	0.021	0.021	0
9	C9	有联络	0.124	0.124	0	0.027	0.027	0
10	C10	有联络	0.178	0.172	−3.37	0.043	0.049	13.95
11	C11	有联络	0.193	0.199	3.11	0.135	0.143	5.93
12	C12	有联络	0.150	0.153	2	0.038	0.035	−7.89
13	C13	有联络	0.161	0.179	11.18	0.034	0.040	17.65
14	C14	有联络	0.146	0.154	5.48	0.033	0.037	12.12
15	C15	有联络	0.204	0.198	−2.94	0.055	0.054	−1.82
	系统		0.184	0.180	−2.17	0.060	0.060	0

表 6.23 算例 6.3 的 SAIFI 估算结果与精确计算结果对比(区域划分方式 2)

供电区域	线路编号	接线模式	故障停运			预安排停运		
			精确值/[次/(户·年)]	估算值/[次/(户·年)]	误差/%	精确值/[次/(户·年)]	估算值/[次/(户·年)]	误差/%
1	C1	单辐射	0.0632	0.0644	1.90	0.0290	0.0299	3.1
2	C2	单辐射	0.0650	0.0622	−4.31	0.0136	0.0114	−16.18
3	C3	单辐射	0.0886	0.0903	1.92	0.0445	0.0458	2.92
4	C4	有联络	0.1091	0.0999	−8.43	0.0483	0.0416	−13.87
5	C5	有联络	0.0670	0.0671	0.15	0.0224	0.0225	0.45
6	C6	有联络	0.0710	0.0620	−12.68	0.0280	0.0220	−21.43
7	C7	有联络	0.1568	0.1421	−9.38	0.0843	0.0681	−19.22
8	C8	有联络	0.0583	0.0583	0	0.0154	0.0155	0.65
9	C9	有联络	0.0581	0.0582	0.17	0.0153	0.0154	0.65
10	C10	有联络	0.0882	0.0831	−5.78	0.0325	0.0317	−2.46
11	C11	有联络	0.0741	0.0758	2.29	0.0376	0.0390	3.72
12	C12	有联络	0.0708	0.0726	2.54	0.0206	0.0173	−16.02
13	C13	有联络	0.0797	0.0894	12.17	0.0260	0.0307	18.08
14	C14	有联络	0.0696	0.0739	6.18	0.0197	0.0207	5.08
15	C15	有联络	0.1018	0.0981	−3.63	0.0407	0.0377	−7.37
	系统		0.0868	0.0845	−2.65	0.0338	0.0313	−7.40

由表 6.22 和表 6.23 可知，对于典型供电区域划分方式 2，系统故障停运、预安排停运对应的 SAIDI 和 SAIFI 估算结果与精确计算结果的相对误差分别为 −2.17%、0 和 −2.65%、−7.40%。对比典型供电区域划分方式 1 和方式 2 的计算结果及评估工作量可知，方式 2 得到的估算结果更接近精确值。因此，精细的典型供电区域划分方式有利于减小估算误差，但会增加一定的计算工作量。

6.4　基本模型Ⅱ

基本模型Ⅱ是对上述基本模型Ⅰ做进一步简化（如假设线路中开关类型单一）后得到的馈线系统平均停电持续时间 SAIDI 的近似计算公式。

6.4.1　计算条件

本节采用的 SAIDI 简化计算假设条件如下：

(1)线路均匀分段，且用户沿线路长度均匀分布。

(2)仅考虑单一类型分段开关（即断路器或负荷开关），架空线路忽略开关故障率。

(3)配变高压侧均装有熔断器。

(4)不考虑馈线出线断路器、联络开关和所有隔离开关故障。

(5)仅考虑单一联络的线路，联络开关切换时间和上游恢复供电操作时间相同。

(6)不考虑容量和电压的约束，有联络线路故障或检修后负荷转带能力为 100%。

(7)架空线路不考虑大分支线路，电缆环网柜分支线出线开关均为断路器。

6.4.2　简化公式

本节将典型接线模式分为 8 类，包括架空线路和电缆各 4 类（线路有无联络和分段开关为断路器/负荷开关的组合）。基于表 6.1、表 6.3 和 6.4.1 小节的假设条件，可得到 8 类典型接线模式馈线的 SAIDI 简化计算公式。

1. 架空线路

1)有联络且断路器分段

采用断路器分段的有联络架空线路 i 的 SAIDI 可表示为

$$T_i=\frac{N_i-1}{2N_i}L_i(\lambda_{\mathrm{f}}t_{\mathrm{df}}+\lambda_{\mathrm{s}}t_{\mathrm{ds}})+\frac{L_i}{N_i}(\lambda_{\mathrm{f}}t_{\mathrm{f}}+\lambda_{\mathrm{s}}t_{\mathrm{s}})+\lambda_{\mathrm{t}}t_{\mathrm{t}} \tag{6.69}$$

式中，N_i为馈线 i 的平均分段数。

2)有联络且负荷开关分段

采用负荷开关分段的有联络架空线路 i 的 SAIDI 可表示为

$$T_i = \frac{N_i - 1}{N_i} L_i \lambda_f t_{df} + \frac{N_i - 1}{2N_i} L_i \lambda_s t_{ds} + \frac{L_i}{N_i}(\lambda_f t_f + \lambda_s t_s) + \lambda_t t_t \tag{6.70}$$

3)单辐射且断路器分段

采用断路器分段的单辐射架空线路 i 的 SAIDI 可表示为

$$T_i = \frac{N_i + 1}{2N_i} L_i (\lambda_f t_f + \lambda_s t_s) + \lambda_t t_t \tag{6.71}$$

4)单辐射且负荷开关分段

采用负荷开关分段的单辐射架空线路 i 的 SAIDI 可表示为

$$T_i = \frac{N_i - 1}{2N_i} L_i \lambda_f t_{df} + \frac{N_i + 1}{2N_i} L_i (\lambda_f t_f + \lambda_s t_s) + \lambda_t t_t \tag{6.72}$$

2. 电缆线路

1)有联络且断路器分段

采用断路器分段且紧邻两侧有隔离开关的有联络电缆线路 i 的 SAIDI 可表示为

$$T_i = (L_i - L_{i,b}) \frac{N_i + 1}{2N_i} (\lambda_f t_{df} + \lambda_s t_{ds}) + \frac{L_{i,b}}{N_i (H_i - 2)} (\lambda_f t_f + \lambda_s t_s)$$
$$+ \lambda_w \left[\frac{(N_i + 1) H_i}{2} t_{df} + (t_w - t_{df}) \right] + \lambda_t t_t \tag{6.73}$$

式中，$L_{i,b}$ 为馈线 i 的分支线长度；H_i 为馈线 i 每个环网柜的平均开关个数。若断路器紧邻两侧无隔离开关，则上式中 $\lambda_w \left[\frac{(N_i + 1) H_i}{2} t_{df} + (t_w - t_{df}) \right]$ 应替换为 $\lambda_w H_i \left(t_w + \frac{N_i - 1}{2} t_{df} \right)$。

2)有联络且负荷开关分段

采用负荷开关分段且紧邻两侧有隔离开关的有联络电缆线路 i 的 SAIDI 可表示为

$$T_i = (L_i - L_{i,b}) \lambda_f t_{df} + (L_i - L_{i,b}) \frac{N_i + 1}{2N_i} \lambda_s t_{ds} + \lambda_w [N_i H_i t_{df} + (t_w - t_{df})]$$
$$+ \frac{L_{i,b}}{N_i (H_i - 2)} (\lambda_f t_f + \lambda_s t_s) + \lambda_t t_t \tag{6.74}$$

若负荷开关紧邻两侧无隔离开关，则上式中 $\lambda_w [N_i H_i t_{df} + (t_w - t_{df})]$ 应替换为 $\lambda_w H_i [t_w + (N_i - 1) t_{df}]$。

3)单辐射且断路器分段

采用断路器分段且紧邻两侧有隔离开关的单辐射电缆线路 i 的 SAIDI 可表示为

$$T_i=(L_i-L_{i,b})\frac{N_i+1}{2N_i}(\lambda_f t_f+\lambda_s t_s)+\frac{L_{i,b}}{N_i(H_i-2)}(\lambda_f t_f+\lambda_s t_s)+\lambda_w\left[\frac{(N_i+1)(H_i-2)}{2}t_{df}+(N_i+1)t_w\right]+\lambda_t t_t \tag{6.75}$$

若断路器紧邻两侧无隔离开关,则上式中 $\lambda_w\left[\frac{(N_i+1)(H_i-2)}{2}t_{df}+(N_i+1)t_w\right]$ 应替换为 $\frac{N_i+1}{2}H_i\lambda_w t_w$。

4)单辐射且负荷开关分段

采用负荷开关分段且紧邻两侧有隔离开关的单辐射电缆线路 i 的 SAIDI 可表示为

$$T_i=(L_i-L_{i,b})\left[\frac{N_i-1}{2N_i}\lambda_f t_{df}+\frac{N_i+1}{2N_i}(\lambda_f t_f+\lambda_s t_s)\right]+\frac{L_{i,b}}{N_i(H_i-2)}(\lambda_f t_f+\lambda_s t_s)+\lambda_w[N_iH_it_{df}+(N_i+1)(t_w-t_{df})]+\lambda_t t_t \tag{6.76}$$

若负荷开关紧邻两侧无隔离开关,则上式中 $\lambda_w[N_iH_it_{df}+(N_i+1)(t_w-t_{df})]$ 应替换为 $\lambda_w H_i\left(\frac{N_i+1}{2}t_w+\frac{N_i-1}{2}t_{df}\right)$。

6.4.3　算例 6.4:基本模型Ⅱ算例

根据 6.4 节的基本模型Ⅱ,采用表 6.24 所示的基础参数,计算分段数都为 3 但线路长度和类型不同的各线路 SAIDI 的可靠性指标,结果如表 6.25 所示。

表 6.24　线路参数表

线路类型	λ_f /[次/(100km·年)]	t_{df} /(h/次)			λ_s /[次/(100km·年)]	t_{ds} /(h/次)			H_i /面	λ_w /(次/年)	t_f /(h/次)	t_s /(h/次)	t_w /(h/次)
		城市(自动化)	城市(未自动化)	农村		城市(自动化)	城市(未自动化)	农村					
电缆	2.78	0.557	1.972	2.826	2.21	0.347	1.395	2.298	6	0	4.488	4.782	—
绝缘线	4.09	0.557	1.972	2.826	9.49	0.347	1.395	2.298	—	0	3.828	5.191	—
裸导线	12.96	—	—	2.826	6.13	—	—	2.298	—	0	4.437	6.156	—

注:表中“自动化”和“未自动化”分别用以表示实现和未实现馈线自动化不同的停电时间。

表 6.25 分段数为 3 的各线路供电可靠性估算 SAIDI 指标

地区	是否自动化	线路总长度/km	架空线路/[h/(户·年)]				电缆线路/[h/(户·年)]			
			有联络		单辐射		有联络		单辐射	
			断路器	负荷开关	断路器	负荷开关	断路器	负荷开关	断路器	负荷开关
城市（绝缘线）	实现	3	0.705	0.728	1.298	1.321	0.052	0.060	0.259	0.267
		5	1.175	1.213	2.164	2.202	0.087	0.100	0.432	0.445
		10	2.350	2.426	4.328	4.404	0.173	0.199	0.864	0.890
	未实现	3	0.862	0.943	1.298	1.379	0.114	0.142	0.259	0.287
		5	1.437	1.571	2.164	2.298	0.191	0.236	0.432	0.478
		10	2.874	3.143	4.328	4.597	0.382	0.473	0.864	0.956
农村（裸导线）	未实现	5	2.433	3.043	3.175	3.785	—	—	—	—
		10	4.865	6.086	6.349	7.570	—	—	—	—
		15	7.298	9.129	9.524	11.355	—	—	—	—
		30	14.595	18.258	19.048	22.710	—	—	—	—

由表 6.25 可见：①实现自动化的城市电缆线路在有联络的情况下，可靠率最高可达“5 个 9”(最高 99.9994%)，在单辐射情况下可靠率最高可达“4 个 9”(最高 99.9970%)；②实现自动化的城市架空线路在有联络的情况下，可靠率最高可达“4 个 9”(最高 99.9920%)，在单辐射情况下可靠率最高可达“3 个 9”(最高 99.9852%)；③未实现自动化的城市电缆线路在有联络的情况下，可靠率最高可达“4 个 9”(最高 99.9987%)，在单辐射情况下可靠率最高可达“4 个 9”(最高 99.9970%)；④未实现自动化的城市架空线路在有联络的情况下，可靠率最高可达“4 个 9”(最高 99.9902%)，在单辐射情况下可靠率最高可达“3 个 9”(最高 99.9852%)；⑤未实现自动化的农村地区架空线路有联络的情况下，可靠率最高可达“3 个 9”(最高 99.9722%)，在单辐射条件下可靠率最低仅为“2 个 9”(最低 99.7408%)。总体而言，缩短线路长度、减少单辐射线路数量和利用断路器代替负荷开关均可提高系统可靠性。

6.5 基本模型Ⅲ

基于现有馈线系统平均停电持续时间 SAIDI，若已知可靠性主要影响因素(如主干线长度、故障率、计划检修率、停电时间和接线模式等)的变化比例，基本模型Ⅲ可以在不知道这些参数具体数值的情况下，快速获得馈线数据变化后的修正 SAIDI，特别适合规划态配电网的可靠性近似估计，而且采用了系统当前实际的平均停电持续时间，在一定程度上可自动反映某些变化不大的复杂因素（如气候）。

生产实践中通常知道故障停电和计划停电时间的相对大小，在忽略对 SAIDI 影响相对较小的开关停电、配变停电以及故障定位隔离时间的情况下，通过对 6.4.2 小节简化公式的分析可知，SAIDI 主要由两部分组成：故障停电时间和计划停电时间，它们分别与若干参数成正比，如表 6.26 所示。

表 6.26　影响系统平均停电持续时间 SAIDI 的主要参数

停电类型	故障停电	计划停电
成正比的相关参数	主干线平均长度 线路故障率和故障停电持续时间 联络分段因子	主干线平均长度 线路计划停电率和计划停电持续时间 联络分段因子

因此，通过对基本模型Ⅱ的进一步简化，基本模型Ⅲ可近似表示为

$$T_i = T_i^{(0)} K_{\mathrm{L}} \left[\alpha_i^{\mathrm{F}} K_{\lambda,\mathrm{f}} K_{\mathrm{t,f}} + (1-\alpha_i^{\mathrm{F}}) K_{\lambda,\mathrm{s}} K_{\mathrm{t,s}} \right] \frac{F_{\mathrm{N}}}{F_{\mathrm{N}}^{(0)}} \tag{6.77}$$

式中，$T_i^{(0)}$ 和 T_i 分别为馈线 i 可靠性主要影响因素变化前、后的系统平均停电持续时间 SAIDI；K_{L} 为相应馈线长度变化后与变化前之比；α_i^{F} 为馈线 i 可靠性主要影响因素变化前故障停电时间占总停电时间的比例因子，该比例因子的取值可根据具体估算区域供电企业统计或计算获得，具有地域差异性；$K_{\lambda,\mathrm{f}}$ 和 $K_{\lambda,\mathrm{s}}$ 分别为相应馈线故障率和计划停电率变化后与变化前之比；$K_{\mathrm{t,f}}$ 和 $K_{\mathrm{t,s}}$ 分别为相应馈线故障修复时间和计划停电时间变化后与变化前之比；$F_{\mathrm{N}}^{(0)}$ 和 F_{N} 分别为相应馈线接线模式变化前、后的联络分段因子，参考 6.4.2 小节的简化公式，有联络和单辐射线路可分别近似取值为 $1/N_i$ 和 $(N_i+1)/(2N_i)$。

6.6　扩 展 模 型

在上述基本模型基础上，扩展模型主要用于进一步考虑设备容量约束、负荷变化、双电源和带电作业对可靠性指标 SAIDI 的影响。

6.6.1　设备容量约束和负荷变化的影响

设备容量约束和负荷变化决定转供负荷的大小，从而影响用户停电持续时间。本节在基本模型的基础上，进一步考虑设备容量约束和负荷变化的影响。

假设网络中所有馈线具有相同的负荷水平数 K，且各馈线负荷大小变化保持同步。令 p_j 表示馈线负荷处于第 j（$j=1,2,\cdots,K$）种水平的概率；$\eta_{i,j}$ 表示馈线 i

的第 j 种负荷水平对应的负载率；$\Delta S^{l}_{i,j}$ 表示馈线 i 处于第 j 种负荷水平时，其联络线可作为馈线 i 备用的容量。

1. 不能转供负荷比例的计算

下面分别就 n 分段 n 联络和多分段单联络的线路进行不能转供负荷比例的分析计算。

首先将馈线 i 的联络线路处于第 j 种负荷水平时可作为馈线 i 备用的容量(容量裕度) $\Delta S^{l}_{i,j}$ 等效为馈线 i 的负载率，用 $\eta^{l}_{i,j}$ 表示，二者的转换关系可表示为

$$\eta^{l}_{i,j}=\frac{\Delta S^{l}_{i,j}}{\sqrt{3}V_{N}I_{i}^{\max}} \tag{6.78}$$

式中，V_N 和 $I_i^{\max}$ 分别为线路的额定电压和馈线 i 的最大载流量。

1)n 分段 n 联络

对于 n 分段 n 联络的馈线 i，$S^{l}_{i,j}$ 表示馈线 i 各联络线路的平均备用容量，分段数用 N_i 表示(上面定义的馈线 i 被主干线上的断路器、负荷开关和用于分段的隔离开关分成的段数 N_{i2})。则在某实际负荷水平下，馈线 i 因设备容量约束不能转供的负荷比例＝max{(馈线 i 每段的实际负载率－平均备用容量等效的馈线 i 负载率),0}。根据各负荷水平出现的概率，可得考虑 K 种负荷水平后，不能转供的负荷比例可表示为

$$\alpha_i^{Z}=\sum_{j=1}^{K}\left(p_j\max\left\{\frac{\eta_{i,j}}{N_i}-\eta^{l}_{i,j},0\right\}\right) \tag{6.79}$$

2)多分段单联络

(1)架空线。

对于多分段单联络的馈线 i，当 $\eta^{l}_{i,j}$ 大于或等于馈线 i 的负载率 $\eta_{i,j}$ 时，在馈线 i 任何元件停运的情况下，故障元件下游负荷都能得到转供，因此不必考虑馈线容量约束。否则，对于馈线 i，当实际负荷处于第 j 种负荷水平时，若首端第一段线路发生故障或预安排停运，考虑到各架空线路段一般都可以直接挂接负荷或分支线，需要转供的负荷段数为 N_i-1，而能转供的负荷占需转供的负荷比例 $\rho_{i,j,1}$ (下标 1 位置的数字表示故障段号)可表示为

$$\rho_{i,j,1}=\frac{N_i\eta^{l}_{i,j}}{(N_i-1)\eta_{i,j}} \tag{6.80}$$

同理，当第 2 段线路发生故障停运或预安排停运时，架空线需要转供的负荷段数为 N_i-2，而能转供的负荷占需转供的负荷比例 $\rho_{i,j,2}$ 可表示为

$$\rho_{i,j,2}=\frac{N_i\eta^{l}_{i,j}}{(N_i-2)\eta_{i,j}} \tag{6.81}$$

随着故障停运或预安排停运段靠近线路末端，需要转供的负荷越来越少，能转

供的负荷比例逐渐增大，可能存在负荷全部得到转供的情况，因此转供比例的计算不再适用。为此，定义段数 $N'_{i,j}$ 为负荷处于第 j 种水平时可以全部得到转供的架空线停运段数，采用向下取整函数计算，如式(6.82)所示：

$$N'_{i,j}=\min\left\{\text{int}\left(\frac{N_i\eta^1_{i,j}}{\eta_{i,j}}\right),N_i-1\right\} \tag{6.82}$$

式中，int()为向下取整函数。

当第 $N_i-N'_{i,j}-1$ 段故障停运或预安排停运时，需要转供的负荷段数为 $N'_{i,j}+1$，能转供的负荷占需转供的负荷比例可表示为

$$\rho_{i,j,N_i-N'_{i,j}-1}=\frac{N_i\eta^1_{i,j}}{(N'_{i,j}+1)\eta_{i,j}} \tag{6.83}$$

当第 $N_i-N'_{i,j}$ 段线路至线路最后一段故障停运或预安排停运时，需要转供的负荷都能得到转供。

综上，当实际负荷处于第 j 种负荷水平时，架空线能转供的负荷段数 $N_{i,j,y}$ 可表示为

$$\begin{aligned}N_{i,j,y}&=\rho_{i,j,1}(N_i-1)+\rho_{i,j,2}(N_i-2)+\cdots+\rho_{i,j,N_i-N'_{i,j}-1}(N'_{i,j}+1)+(N'_{i,j}+\cdots+2+1)\\&=(N_i-N'_{i,j}-1)\frac{\eta^1_{i,j}N_i}{\eta_{i,j}}+\frac{N'_{i,j}(N'_{i,j}+1)}{2}\end{aligned} \tag{6.84}$$

架空线需要转供的负荷段数 $N_{i,x}$ 可表示为

$$N_{i,x}=(N_i-1)+(N_i-2)+\cdots+1=\frac{N_i(N_i-1)}{2} \tag{6.85}$$

因此，对于多分段单联络的线路，考虑 K 种负荷水平后架空线不能被转供的负荷比例可表示为

$$\alpha^Z_i=1-\sum_{j=1}^{K}\left(p_j\frac{N_{i,j,y}}{N_{i,x}}\right) \tag{6.86}$$

由式(6.82)可知，在其他参数不变的情况下，随着 $\eta_{i,j}$ 增大到某一数值，$N'_{i,j}$ 将等于 0，此时架空线不能被转供的负荷比例可简化为

$$\alpha^Z_i=1-\frac{2\eta^1_{i,j}}{\eta_{i,j}} \tag{6.87}$$

(2)电缆线。

对于电缆线路，不能被转供负荷比例的一般表达式形式上与式(6.86)相同，但式(6.86)应用于电缆线路时其变量 $N_{i,j,y}$、$N_{i,x}$ 以及 $N'_{i,j}$ 的表达式有所不同。

类似地，对架空线公式推导，考虑到各电缆线路段一般不直接挂接负荷或分支线，负荷处于第 j 种水平时可以全部得到转供的电缆线停运段数与式(6.82)不同，可表示为

$$N'_{i,j}=\min\left\{\text{int}\left(\frac{N_i\eta^1_{i,j}}{\eta_{i,j}}\right),N_i\right\} \tag{6.88}$$

电缆线路能转供的负荷段数 $N_{i,j,y}$ 可表示为

$$N_{i,j,y}=(N_i-N'_{i,j})\frac{\eta^1_{i,j}N_i}{\eta_{i,j}}+\frac{N'_{i,j}(N'_{i,j}+1)}{2} \tag{6.89}$$

电缆线路需要转供的负荷段数 $N_{i,x}$ 可表示为

$$N_{i,x}=N_i+(N_i-1)+\cdots+1=\frac{N_i(N_i+1)}{2} \tag{6.90}$$

由式(6.88)可知，随着 $\eta_{i,j}$ 增大到某一数值，$N'_{i,j}$ 将等于 0，此时电缆线路不能被转供的负荷比例可简化为

$$\alpha_i^Z=1-\frac{2\eta^1_{i,j}N_i}{\eta_{i,j}(N_i+1)} \tag{6.91}$$

2. 基于转供比例的 SAIDI 计算

对于故障段下游能被转供的负荷(比例为 $1-\alpha_i^Z$)，其年平均停电持续时间等同于线路有联络且不考虑转供通道容量约束的情况；而对于故障段下游不能被转供的负荷(比例为 α_i^Z)，其年平均停电持续时间则等同于线路为单辐射的情况。对于故障段及其上游受影响的负荷，其年平均停电持续时间与线路联络情况及转供容量限制无关。经推导论证可得，在忽略馈线出线开关及其变电站侧电网停运的情况下，考虑了设备容量约束和负荷变化后馈线 i 的系统平均停电持续时间可表示为

$$T_i=(1-\alpha_i^Z)T'_i+\alpha_i^Z T''_i \tag{6.92}$$

式中，T'_i 和 T''_i 分别为馈线 i 在有联络且无容量约束和无联络(即辐射型)两种情况下的系统平均停电持续时间估算值，可利用基本模型Ⅰ、Ⅱ或Ⅲ计算获得。

6.6.2 双电源和带电作业的影响

1. 双电源率

通常情况下，双电源切换时间很短，可以忽略不计，可近似认为双电源用户能得到不间断的电力供应，因此考虑了双电源影响后馈线 i 的 SAIDI 可表示为

$$T_i=(1-\alpha_i^S)T_i^S \tag{6.93}$$

式中，α_i^S 和 T_i^S 分别为馈线 i 实现双电源的配变或负荷比例和未考虑双电源影响时的 SAIDI。

2. 带电作业

带电作业是指在高压电工设备上不停电进行检修和测试的一种作业方法，只

影响预安排停运相关可靠性指标，可近似认为带电作业时用户能得到不间断的电力供应，因此考虑带电作业影响后馈线 i 的 SAIDI 可表示为

$$T_i = [\alpha_i^{\mathrm{F}} + (1-\alpha_i^{\mathrm{D}})(1-\alpha_i^{\mathrm{F}})]T_i^{\mathrm{D}} \tag{6.94}$$

式中，α_i^{D} 和 T_i^{D} 分别为馈线 i 带电作业率（带电作业次数/总预安排作业次数）和未考虑带电作业影响时的 SAIDI，α_i^{F} 为馈线 i 故障停电时间占总停电时间的比例因子。

6.6.3　考虑综合影响后的扩展模型

综合考虑设备容量约束和负荷变化、双电源和带电作业影响后，馈线 i 的 SAIDI 可表示为

$$T_i = (1-\alpha_i^{\mathrm{S}})[\alpha_i^{\mathrm{F}} + (1-\alpha_i^{\mathrm{D}})(1-\alpha_i^{\mathrm{F}})][(1-\alpha_i^{\mathrm{Z}})T'_i + \alpha_i^{\mathrm{Z}}T''_i] \tag{6.95}$$

6.6.4　扩展模型三算例

1. 算例 6.5：容量约束影响

算例 6.5 基于图 6.4 所示网络，并假设线路末端有备用电源接入。负荷功率因数为 1，系统共有 3 种负荷水平，各负荷水平相关参数如表 6.27 所示。

表 6.27　各负荷水平相关参数

负荷水平	概率	负荷有功功率/(MV·A/户)	负载率/%	备用容量/(MV·A)
1	0.292	0.850	67.19	1.307
2	0.375	0.700	55.09	1.382
3	0.333	0.650	51.08	1.407

基于表 5.6 的可靠性参数，采用 6.3 节基本模型Ⅰ的简化公式，在只考虑线路停运并忽略容量约束的情况下，分别计算图 6.4 所示线路在单辐射和有联络时的 SAIDI，结果如表 6.28 所示。根据 6.6.1 小节的相关公式，分析各段线路故障时的转供比例，结果如表 6.29 所示。

表 6.28　两种运行方式下的 SAIDI　（单位：h/(户·年)）

接线模式	故障停运	预安排停运
单辐射	0.845	20
有联络(无容量约束)	0.455	8.3

表 6.29 转供比例计算结果

负荷水平	第 1 段/%	第 2 段/%	第 3 段/%	第 4 段/%	能转供段数/段	共需转供段数/段	能转供的比例/%
1	49.92	74.87	100	—	3.99	6	66.50
2	64.37	96.56	100	—	4.86	6	81.00
3	70.68	100	100	—	5.12	6	85.33

注:表中"第 1 段"指第 1 段停运,能转供的负荷占需要转供负荷的百分比,其他同。

基于表 6.28 和表 6.29,由 6.6.1 小节相关公式可得在考虑设备容量约束和负荷变化后故障停运和预安排停运对应的 SAIDI,与不考虑设备容量约束的情况对比,见表 6.30,与采用附录 C 的 CEES 软件可靠性评估模块得到的精确值对比,结果如表 6.31 所示。

表 6.30 考虑容量约束前后的 SAIDI 估算结果对比

故障停运			预安排停运		
忽略约束/[h/(户·年)]	考虑约束/[h/(户·年)]	相对误差/%	忽略约束/[h/(户·年)]	考虑约束/[h/(户·年)]	相对误差/%
0.455	0.540	−15.74	8.30	10.845	−23.43

表 6.31 考虑容量约束后的 SAIDI 估算结果与精确计算结果对比

故障停运			预安排停运		
精确值/[h/(户·年)]	考虑约束的估算值/[h/(户·年)]	相对误差/%	精确值/[h/(户·年)]	考虑约束的估算值/[h/(户·年)]	相对误差/%
0.539	0.540	0.19	10.810	10.844	0.31

由表 6.30 可知,不考虑容量约束造成 SAIDI 计算误差较大;由表 6.31 可知,考虑设备容量约束和负荷变化的扩展模型计算误差较小。

2. 算例 6.6:考虑容量约束的典型接线可靠性估算

基于表 6.24 的基础数据和表 6.25 的部分计算结果,结合 6.6.1 小节扩展模型中考虑转供比例的 SAIDI 计算式(6.92),计算总长度为 5km 的不同负载率、不同分段和联络情况下各架空线路和电缆线路的 SAIDI 指标(假设相互关联络的各线路负载率相同),结果如表 6.32 和表 6.33 所示。

表 6.32　架空线路不同负载率、不同分段和联络情况下的 SAIDI 指标

（单位：h/(户·年)）

分类			分段数 n	负载率 40.00%	50.00%	60.00%	66.67%	75.00%	85.00%	95.00%
自动化	断路器	n 分段单联络	2	**1.6300**	**1.6300**	**1.6300**	**1.6300**	1.8669	2.0898	2.2658
			3	**1.1331**	**1.1331**	**1.1331**	1.2911	1.4489	1.7461	1.9808
		n 分段 n 联络	2	**1.6300**	**1.6300**	**1.6300**	**1.6300**	1.7188	1.8254	1.9320
			3	**1.1331**	**1.1331**	**1.1331**	**1.1331**	**1.1331**	1.2594	1.3857
	负荷开关	n 分段单联络	2	**1.6585**	**1.6585**	**1.6585**	**1.6585**	1.8953	2.1183	2.2943
			3	**1.1711**	**1.1711**	**1.1711**	1.3290	1.4869	1.7841	2.0188
		n 分段 n 联络	2	**1.6585**	**1.6585**	**1.6585**	**1.6585**	1.7473	1.8539	1.9605
			3	**1.1711**	**1.1711**	**1.1711**	**1.1711**	**1.1711**	1.2974	1.4237
无自动化	断路器	n 分段单联络	2	**2.2202**	**2.2202**	**2.2202**	**2.2202**	2.4571	2.6801	2.8561
			3	**1.6577**	**1.6577**	**1.6577**	1.8157	1.9735	2.2708	2.5055
		n 分段 n 联络	2	**2.2202**	**2.2202**	**2.2202**	**2.2202**	2.3091	2.4157	2.5223
			3	**1.6577**	**1.6577**	**1.6577**	**1.6577**	**1.6577**	1.7840	1.9104
	负荷开关	n 分段单联络	2	**2.3211**	**2.3211**	**2.3211**	**2.3211**	2.5580	2.7809	2.9569
			3	**1.7921**	**1.7921**	**1.7921**	1.9501	2.1080	2.4052	2.6399
		n 分段 n 联络	2	**2.3211**	**2.3211**	**2.3211**	**2.3211**	2.4099	2.5165	2.6231
			3	**1.7921**	**1.7921**	**1.7921**	**1.7921**	**1.7921**	1.9185	2.0448

注：加粗的数据表示在相同分段相同联络情况下，负载率增加到某个数值前相同的可靠性。

表 6.33　电缆线路不同负载率、不同分段和联络情况下的 SAIDI 指标

（单位：h/(户·年)）

分类			分段数 n	负载率 40.00%	50.00%	60.00%	66.67%	75.00%	85.00%	95.00%
自动化	断路器	n 分段单联络	2	**0.1055**	**0.1055**	0.1787	0.2153	0.2884	0.3573	0.4117
			3	**0.0800**	**0.0800**	0.1288	0.1776	0.2263	0.2952	0.3496
		n 分段 n 联络	2	**0.1055**	**0.1055**	**0.1055**	**0.1055**	0.1467	0.1961	0.2455
			3	**0.0800**	**0.0800**	**0.0800**	**0.0800**	**0.0800**	0.1190	0.1580
	负荷开关	n 分段单联络	2	**0.1152**	**0.1152**	0.1884	0.2250	0.2981	0.3670	0.4214
			3	**0.0929**	**0.0929**	0.1417	0.1905	0.2392	0.3081	0.3625
		n 分段 n 联络	2	**0.1152**	**0.1152**	**0.1152**	**0.1152**	0.1564	0.2057	0.2551
			3	**0.0929**	**0.0929**	**0.0929**	**0.0929**	**0.0929**	0.1319	0.1709

续表

分类			分段数	负载率						
			n	40.00%	50.00%	60.00%	66.67%	75.00%	85.00%	95.00%
无自动化	断路器	n分段单联络	2	**0.2422**	**0.2422**	0.3154	0.3520	0.4252	0.4941	0.5484
			3	**0.1972**	**0.1972**	0.2460	0.2948	0.3435	0.4124	0.4668
		n分段n联络	2	**0.2422**	**0.2422**	**0.2422**	**0.2422**	0.2834	0.3328	0.3822
			3	**0.1972**	**0.1972**	**0.1972**	**0.1972**	**0.1972**	0.2362	0.2752
	负荷开关	n分段单联络	2	**0.2765**	**0.2765**	0.3497	0.3863	0.4595	0.5283	0.5827
			3	**0.2429**	**0.2429**	0.2917	0.3405	0.3892	0.4581	0.5125
		n分段n联络	2	**0.2765**	**0.2765**	**0.2765**	**0.2765**	0.3177	0.3671	0.4165
			3	**0.2429**	**0.2429**	**0.2429**	**0.2429**	**0.2429**	0.2819	0.3209

注:加粗的数据表示在相同分段相同联络情况下,负载率增加到某个数值前相同的可靠性。

注意,表 6.32 和表 6.33 的计算结果是在忽略馈线出线开关及其变电站侧电网停运的情况下得到的(通常忽略的这部分时间占比不大);否则不难得出,对于单联络架空线路,引起可靠性变化的负载率临界值也应为 50%。

由表 6.32 和表 6.33 可知:

(1)对于单联络线路,架空线路两分段时负载率不大于 66.67%时的可靠性相同,架空线路三分段时负载率不大于 60%时的可靠性相同;电缆线路无论是两分段还是三分段都是在负载率不大于 50%时可靠性相同。

(2)对于n分段n联络的线路,无论是架空线路还是电缆线路,n为 2 时线路负载率不大于 66.67%时可靠性相同,n为 3 时线路负载率不大于 75%时可靠性相同。

(3)对于有联络的线路,当线路负载率不超过某一临界值时,可靠性相同;否则,随着负载率增加,可靠性降低,其数值在辐射型线路和联络线路容量裕度不受限制两种情况之间。

(4)总体而言,控制有联络线路的负载率和增加线路的分段联络数均可提高系统可靠性。

作为实际应用中比较常见的一个问题,可基于表 6.32 和表 6.33 分析比较单环网与双环网可靠性的高低:①对于单联络接线,单环网(图 6.5)与由两个单环网组成的双环网(图 6.6)可靠性相同,但若组成双环网中的两个单环网共享同一通道,考虑到它们同时停运的可能性增加,双环网可靠性应低于单环网;②当线路负载率不高于临界值 50%时,具有两联络的双环网(图 6.7 和图 6.8)与单联络单环网和双环网(图 6.5 和图 6.6)可靠性相同;③当线路负载率高于临界值 50%时,两联络双环网一般比单联络单环网和双环网可靠性高。

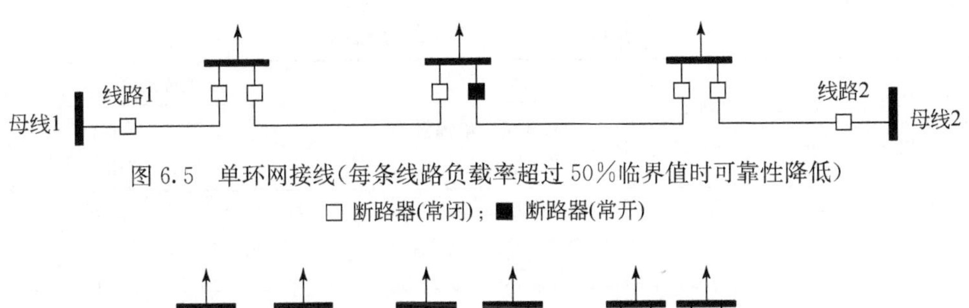

图 6.5　单环网接线(每条线路负载率超过 50%临界值时可靠性降低)

□ 断路器(常闭)；■ 断路器(常开)

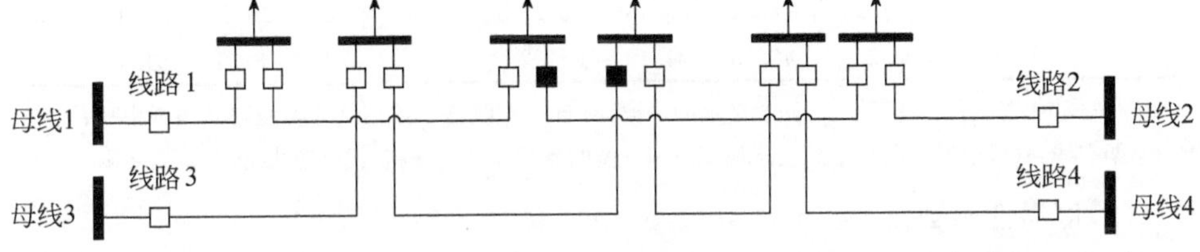

图 6.6　双环网接线(每条线路负载率超过 50%临界值时可靠性降低)

□ 断路器(常闭)；■ 断路器(常开)

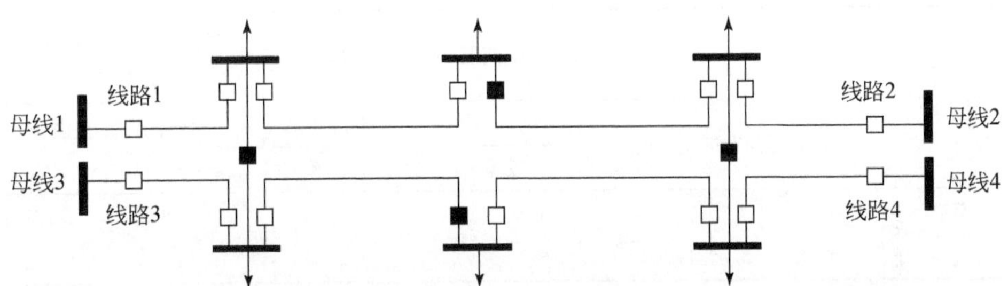

图 6.7　多分段两联络接线(每条线路负载率超过 67%临界值时可靠性降低)

□ 断路器(常闭)；■ 断路器(常开)

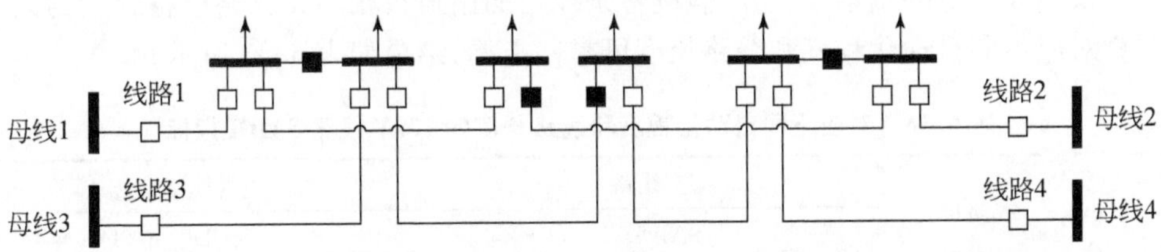

图 6.8　双"PI"两联络接线(每条线路负载率超过 67%临界值时可靠性降低)

□ 断路器(常闭)；■ 断路器(常开)

3. 算例 6.7：大规模中压配电网可靠性估算

(1)基础数据。

某市中压配电网基础数据如表 6.34 所示，其中，架空线路占比为 69.06%，电缆线路占比为 30.94%。

表 6.34 某省 10kV 线路概况

线路长度/km	平均长度/km	自动化占比/%	架空线路				电缆线路			
			占比/%	有联络占比/%	单辐射占比/%	分段数	占比/%	有联络占比/%	单辐射占比/%	分段数
<3	2.58	10.11	18.37	78.19	21.81	3	55.38	43.92	56.08	3
3～5	4.13	6.26	26.34	69.67	30.33	3	36.08	46.52	53.48	3
5～15	10.33	7.62	14.54	63.43	36.57	4	3.82	10.52	89.48	3
≥15	20.67	6.25	40.75	34.18	65.82	5	4.72	8.51	91.49	3

注:“自动化占比”指对应某一线路长度范围分类,有自动化线路条数与该分类线路总条数之比;“占比”指对于架空线路(或电缆线路),不同线路长度范围分类的条数与架空线路(或电缆线路)总条数之比。

(2)可靠性参数。

可靠性参数如表 6.35 所示。

表 6.35 设备故障停运率及修复时间类参数

线路类型	线路停运率/[次/(km·年)]		定位、隔离及倒闸操作时间/h				线路平均停运持续时间(修复时间)/h	
	故障 λ_f	预安排 λ_s	自动化		未自动化		故障 t_f(含 t_{df})	预安排 t_s(含 t_{ds})
			故障 t_{df}	预安排 t_{ds}	故障 t_{df}	预安排 t_{ds}		
架空	0.0409	0.0949	0.557	0.347	1.972	1.395	3.828	5.191
电缆	0.0278	0.0221					4.488	4.782

注:表中“自动化”和“未自动化”分别用以表示实现和未实现馈线自动化的定位、隔离及倒闸操作时间。

(3)可靠性估算结果。

根据 6.4 节的基本模型Ⅱ,假设各条线路的用户数相同并忽略设备容量约束,计算对应不同自动化程度和线路长度可靠性指标,结果如表 6.36 所示。

表 6.36 对应不同自动化程度和线路长度的 10kV 线路 SAIDI 指标

自动化程度	线路长度/km	架空线路			电缆线路		
		平均分段数	SAIDI/[h/(户·年)]		平均分段数	SAIDI/[h/(户·年)]	
			有联络	单辐射		有联络	单辐射
自动化	<3	3	0.627	1.138	3	0.045	0.223
	3～5	3	1.003	1.821	3	0.072	0.357
	5～15	4	1.982	4.282	3	0.179	0.893
	≥15	5	3.333	8.240	3	0.358	1.786
	总计	—	2.025	4.669	—	0.075	0.371

续表

自动化程度	线路长度/km	架空线路			电缆线路		
		平均分段数	SAIDI/[h/(户·年)]		平均分段数	SAIDI/[h/(户·年)]	
			有联络	单辐射		有联络	单辐射
未自动化	<3	3	0.812	1.188	3	0.099	0.223
	3～5	3	1.299	1.9	3	0.158	0.357
	5～15	4	2.816	4.506	3	0.394	0.893
	≥15	5	5.112	8.718	3	0.789	1.786
	总计	—	2.984	4.926	—	0.164	0.371

假设由于设备容量约束有联络线路不能转供的负荷比例为 0.3，基于表 6.36 的计算结果(有联络和单辐射线路的 SAIDI 指标)，利用 6.6 节扩展模型中式(6.92)计算得到考虑了设备容量约束的有联络线路的 SAIDI 指标(单辐射线路 SAIDI 不变)，结果如表 6.37 所示。

表 6.37　考虑设备容量约束影响后的 10kV 线路 SAIDI 指标

自动化程度	线路长度/km	架空线路			电缆线路		
		平均分段数	SAIDI/[h/(户·年)]		平均分段数	SAIDI/[h/(户·年)]	
			有联络	单辐射		有联络	单辐射
自动化	<3	3	0.780	1.138	3	0.098	0.223
	3～5	3	1.248	1.821	3	0.158	0.357
	5～15	4	2.672	4.282	3	0.393	0.893
	≥15	5	4.805	8.240	3	0.786	1.786
	总计	—	2.724	4.669	—	0.164	0.371
未自动化	<3	3	0.925	1.188	3	0.136	0.223
	3～5	3	1.479	1.9	3	0.218	0.357
	5～15	4	3.323	4.506	3	0.544	0.893
	≥15	5	6.194	8.718	3	1.088	1.786
	总计	—	3.567	4.926	—	0.226	0.371

基于表 6.37 的计算结果，采用表 6.34 中的“自动化占比”对 SAIDI 指标进行加权计算，结果如表 6.38 所示。

表 6.38 对应不同线路长度的 10kV 线路 SAIDI 指标

线路长度/km	架空线路 SAIDI/[h/(户·年)]			电缆线路 SAIDI/[h/(户·年)]			合计/[h/(户·年)]
	有联络	单辐射	合计	有联络	单辐射	合计	
<3	0.910	1.183	0.970	0.132	0.223	0.183	0.726
3～5	1.465	1.895	1.595	0.214	0.357	0.290	1.192
5～15	3.273	4.489	3.718	0.532	0.893	0.855	2.832
≥15	6.107	8.688	7.806	1.069	1.786	1.725	5.924
总计	3.518	4.910	4.320	0.221	0.371	0.320	3.082

(4)改进措施效果评估。

根据本章中压配电网可靠性近似估算模型和方法，可对各种可靠性改进措施(参见第 13 章的相关内容)的效果进行快速评估。

①将单辐射型线路全部改造成有联络线路，改进效果可由表 6.38 获得，结果如表 6.39 所示。由该表可见，将单辐射型线路改造成有联络线路对可靠性指标的提升较为明显，电缆线路的改进程度大于架空线路。

表 6.39 所有单辐射型线路改有联络线路后的可靠性指标和改进程度

线路长度/km	架空线路		电缆线路		中压线路	
	SAIDI/[h/(户·年)]	改进程度/%	SAIDI/[h/(户·年)]	改进程度/%	SAIDI/[h/(户·年)]	改进程度/%
<3	0.910	6.14	0.132	27.87	0.670	7.76
3～5	1.465	8.18	0.214	26.21	1.078	9.53
5～15	3.273	11.96	0.532	37.78	2.425	14.38
≥15	6.107	21.76	1.069	38.03	4.548	23.23
总计	3.518	18.57	0.221	30.94	2.498	18.96

注：改进程度(%)=(改造前的 SAIDI－改造后的 SAIDI)/改造前的 SAIDI×100%，下面有类似定义。

②若通过改造，有联络线路的转供能力得以提高，对应受设备容量约束不同的负荷转供比例，基于表 6.36 的计算结果，首先利用 6.6 节的扩展模型计算考虑了设备容量约束的有联络线路 SAIDI 指标，然后考虑“自动化占比”对 SAIDI 指标进行加权计算，结果如表 6.40 所示。由该表可见，由于不能转供负荷比例不大，而且提升线路转供能力仅对有联络线路有影响，提升有联络线路转供能力对可靠性指标的改进程度不大。

表 6.40　提升有联络线路转供能力后的可靠性指标及其改进程度

不能转供负荷比例	线路长度/km	架空线路		电缆线路		中压线路	
		SAIDI/[h/(户·年)]	改进程度/%	SAIDI/[h/(户·年)]	改进程度/%	SAIDI/[h/(户·年)]	改进程度/%
0.3(原始)	<3	0.970	—	0.183	—	0.726	—
	3~5	1.595	—	0.290	—	1.192	—
	5~15	3.718	—	0.855	—	2.832	—
	≥15	7.806	—	1.725	—	5.924	—
	总计	4.320	—	0.320	—	3.082	—
0.2	<3	0.939	3.18	0.178	2.73	0.704	3.10
	3~5	1.553	2.66	0.281	3.10	1.159	2.76
	5~15	3.608	2.97	0.850	0.58	2.754	2.74
	≥15	7.680	1.62	1.716	0.52	5.835	1.51
	总计	4.236	1.95	0.313	2.19	3.022	1.95
0.1	<3	0.909	6.32	0.172	6.01	0.681	6.24
	3~5	1.510	5.35	0.271	6.55	1.127	5.49
	5~15	3.498	5.93	0.844	1.29	2.677	5.49
	≥15	7.554	3.23	1.708	0.99	5.745	3.02
	总计	4.151	3.90	0.306	4.38	2.962	3.91
0	<3	0.878	9.46	0.166	9.29	0.658	9.38
	3~5	1.467	8.03	0.262	9.66	1.094	8.22
	5~15	3.387	8.89	0.839	1.87	2.599	8.23
	≥15	7.428	4.85	1.699	1.51	5.655	4.54
	总计	4.067	5.85	0.299	6.56	2.901	5.87

③加强配电网自动化建设，将有效覆盖率分别提高至 30%和 50%，由此基于表 6.37 考虑“自动化占比”对 SAIDI 指标进行加权计算，结果如表 6.41 所示。由该表可见，由于配电网自动化对占比较大的计划停电时间影响较小(本算例对应表 6.38 的计划停电时间占比为 67.1%)，配电网自动化建设对可靠性指标改进程度

不大。

表 6.41　提升自动化后的可靠性指标及其改进程度

自动化占比/%	线路长度/km	架空线路		电缆线路		中压线路	
		SAIDI/[h/(户·年)]	改进程度/%	SAIDI/[h/(户·年)]	改进程度/%	SAIDI/[h/(户·年)]	改进程度/%
10.11	<3	0.970	—	0.183	—	0.726	—
6.26	3～5	1.595	—	0.290	—	1.192	—
7.62	5～15	3.718	—	0.855	—	2.832	—
6.25	≥15	7.806	—	1.725	—	5.924	—
—	总计	4.320	—	0.320	—	3.082	—
30	<3	0.945	2.54	0.180	0.16	0.708	2.49
	3～5	1.551	2.75	0.284	0.21	1.159	2.72
	5～15	3.607	2.98	0.852	0.04	2.755	2.74
	≥15	7.618	2.40	1.719	0.03	5.793	2.22
	总计	4.211	2.51	0.316	0.13	3.006	2.48
50	<3	0.920	5.10	0.177	3.28	0.690	4.99
	3～5	1.514	5.07	0.278	4.14	1.132	5.01
	5～15	3.508	5.64	0.848	0.82	2.685	5.19
	≥15	7.461	4.42	1.714	0.64	5.682	4.08
	总计	4.118	4.67	0.311	2.81	2.940	4.61

④对应表 6.38，该市计划停电时间占总停电时间比例的计算结果为 87.91%。通过新技术的应用，带电作业率（带电作业次数/总预安排作业次数）分别从 0 提高至 25%、50%、75%和 100%，利用式(6.94)计算考虑带电作业后的可靠性指标和改进程度，结果见表 6.42。由该表可见，由于计划停电时间占比较大，带电作业对可靠性指标改进程度较为明显。

表 6.42　考虑带电作业后的可靠性指标和改进程度

带电作业率/%	0	25	50	75	100
SAIDI/[h/(户·年)]	3.082	2.405	1.727	1.050	0.373
可靠性提升程度/%	—	21.98	43.96	65.93	87.91

⑤若采用“双接入”接线模式的配变或负荷比例由 0%分别提升至 10%、20%和 30%，利用式(6.93)计算得到推广“双接入”后的可靠性指标和改进程度，结果见表 6.43。由该表可见，由于“双接入”对减小故障停电和计划停电的程度相同，

对可靠性指标改进程度更为明显。

表 6.43　推广“双接入”后的可靠性指标和改进程度

双接入比例/%	0	10	20	30
SAIDI/[h/(户·年)]	3.082	2.774	2.466	2.157
可靠性提升程度/%	—	10	20	30

(5)综合措施改进效果评估。

基于是否利用基本模型Ⅲ，本算例采用两种方法评估以下的综合改进措施：单辐射线路全部改造为有联络线路，受设备容量约束不能被转供的负荷比例为 0.2，自动化占比为 30%，以及规划优化后基本模型Ⅲ中相关参数发生变化（K_L 为 0.9，$K_{\lambda,f}$ 为 0.85，$K_{t,f}$ 为 0.7，$K_{\lambda,s}$ 为 0.5 和 $K_{t,s}$ 为 0.6）。

方法一：不使用基本模型Ⅲ。

根据使用的综合改进措施修改相应参数，采用类似上面算例估算方法计算可靠性指标，结果如表 6.44 所示。

表 6.44　采用综合措施后的可靠性指标

线路长度/km	架空线路 SAIDI/[h/(户·年)]			电缆线路 SAIDI/[h/(户·年)]			合计/[h/(户·年)]
	有联络	单辐射	合计	有联络	单辐射	合计	
<3	0.331	0.415	0.331	0.057	0.092	0.057	0.246
3～5	0.530	0.664	0.530	0.091	0.148	0.091	0.394
5～15	1.209	1.588	1.209	0.227	0.370	0.227	0.905
≥15	2.281	3.090	2.281	0.454	0.739	0.454	1.716
总计	1.306	1.741	1.306	0.094	0.153	0.094	0.931

基于表 6.44，进一步考虑“双接入”接线模式的配变或负荷比例提升至 10%，利用式(6.93)可计算得到改进后的 SAIDI 为：0.931×90%=0.8379 h/(户·年)。基于该市计划停电时间占总停电时间的比例计算结果为 47.82%，进一步考虑带电作业率提升为 25%，利用式(6.94)可计算得到改进后的 SAIDI 为：0.8379×52.18%+0.8379×47.82%×75%=0.73773 h/(户·年)。

方法二：使用基本模型Ⅲ。

首先，仅考虑以下几个综合改进措施：单辐射线路全部改造为有联络线路，受设备容量约束不能被转供的负荷比例为 0.2，自动化占比为 30%。采用类似上面算例估算方法计算可靠性指标，结果如表 6.45 所示。

表 6.45 仅考虑结构、设备容量约束和自动化程度后的可靠性指标

线路长度/km	架空线路 SAIDI /[h/(户·年)]	电缆线路 SAIDI /[h/(户·年)]	合计/[h/(户·年)]
<3	0.010	0.111	0.614
3～5	1.343	0.177	0.983
5～15	2.940	0.442	2.167
≥15	5.377	0.885	3.988
总计	3.127	0.184	2.216

然后，基于表 6.45，进一步考虑“双接入”接线模式的配变或负荷比例提升至10%，利用式(6.93)可计算得到改进后的 SAIDI 为：2.216×90%＝1.9944 h/(户·年)。

最后，使用基本模型Ⅲ考虑对可靠性指标有影响估算的其他措施：基于该市计划停电时间占总停电时间的比例计算结果为 65.76%，进一步考虑带电作业率提升为 25%；由于对应表 6.45 的线路全部为有联络线路，则 $F_N/F_N^{(0)}=1$；规划优化后 K_L 为 0.9，$K_{\lambda,f}$ 为 0.85，$K_{t,f}$ 为 0.7，$K_{\lambda,s}$ 为 0.5 和 $K_{t,s}$ 为 0.6。利用式(6.77)计算得到改进后的 SAIDI 为：1.9944×0.9×[(1－65.76%)×0.85×0.7＋65.76%×0.5×0.6]＝0.71979 h/(户·年)。

由此可见，基本模型Ⅲ可简化考虑部分因素对可靠性指标的影响，但会产生一定误差，本算例误差为(0.71979－0.73773)/0.73773×100%＝－2.43%。

6.7 本章小结

本章比较全面地介绍了中压配电网可靠性近似估算模型和方法，有如下要点：

(1)阐述了将规模庞大的配电网可靠性计算等效为不同典型供电区域不同典型接线模式可靠性指标加权平均的估算思路，从而使大规模配电网可靠性评估这一复杂问题得以简化。

(2)对于各典型接线模式，在不考虑设备容量约束的情况下，推导了考虑故障停运和预安排停运的 SAIDI 和 SAIFI 近似估算公式，即基本模型Ⅰ，涉及不同类型开关同时存在和大分支对可靠性指标影响。

(3)介绍了对基本模型Ⅰ做进一步简化后的近似计算公式，即基本模型Ⅱ。

(4)介绍了基于系统现有可靠性指标和相关主要影响因素变化比例的 SAIDI 近似计算公式，即基本模型Ⅲ。

(5)对于常见的 n 分段 n 联络和多分段单联络线路，推导了考虑设备容量约束和负荷变化的 SAIDI 估算公式，给出了考虑双电源和带电作业影响后的近似计算

公式，最终得到了综合考虑设备容量约束和负荷变化、双电源和带电作业影响后的SAIDI近似计算公式，即扩展模型。

(6)算例计算结果表明：

①考虑了开关的不同类型以及设备容量约束和负荷变化影响的基本模型和扩展模型能大大提高可靠性估算结果的准确度。

②若待评估的系统规模较大，为提高计算效率，可考虑大致划分典型供电区域，但精细的典型供电区域划分方式有助于减小估算误差。

③基本模型Ⅱ和基本模型Ⅲ分别是在基本模型Ⅰ和基本模型Ⅱ基础上做进一步简化后得到的近似计算公式，特别适合缺乏详细网架的配电网(如规划态配电网)。

④对于有联络的线路，当线路负载率低于某一临界值时可靠性相同，高于该临界值时随着负载率增加可靠性降低，线路分段联络数越多，该临界值一般越大；控制有联络线路的负载率和增加线路的分段联络数均可提高系统的供电可靠性。

参考文献

[1] 赵华，王主丁，谢开贵，等．中压配电网可靠性评估方法的比较研究[J]．电网技术，2013，37(11)：3295-3302.

[2] Heydt G T，Graf T J. Distribution system reliability evaluation using enhanced samples in a Monte Carlo approach[J]. IEEE Transactions on Power Systems，2010，25(4)：2006-2008.

[3] Xie K，Zhou J，Billinton R. Reliability evaluation algorithm for complex medium voltage electrical distribution networks based on the shortest path[J]. IEE Proceedings - Generation，Transmission and Distribution，2004，150(6)：686-690.

[4] 王秀丽，罗沙，谢绍宇，等．基于最小割集的含环网配电系统可靠性评估[J]．电力系统保护与控制，2011，39(9)：52-58.

[5] 陈文高．配电系统可靠性实用基础[M]．北京：中国电力出版社，1998.

[6] 管霖，冯垚，刘莎，等．大规模配电网可靠性指标的近似估测算法[J]．中国电机工程学报，2006，26(10)：92-98.

[7] 邱生敏，管霖．一种适用于规划网架的配电网可靠性评估[J]．电力系统保护与控制，2011，39(18)：99-104.

[8] 邱生敏，管霖．规划配电网简化方法及其可靠性评估算法[J]．电力自动化设备，2013，33(1)：85-90.

[9] 李历波，王玉瑾，王主丁，等．规划态中压配网供电可靠性评估模型[J]．电力系统及其自动化学报，2011，23(3)：84-88.

[10] 王浩浩，管霖，吴熳红．配电网可靠性评估中计划停电的实用数学模型[J]．电力系统自动化，2011，35(23)：59-63，81.

[11] 甘国晓，王主丁，周昱甬，等．基于可靠性及经济性的中压配电网闭环运行方式[J]．电力系统自动化，2015，39(16)：144-150.

[12] 葛少云,张国良,申刚,等. 中压配电网各种接线模式的最优分段[J]. 电网技术,2006,30(4):87-91.

[13] 邱生敏,王浩浩,管霖. 考虑复杂转供和计划停电的配电网可靠性评估[J]. 电网技术,2011,35(5):121-126.

[14] 赵洪山,王莹莹,陈松. 需求响应对配电网供电可靠性的影响[J]. 电力系统自动化,2015,39(17):49-55.

[15] 王主丁,韦婷婷,万凌云,等. 计及多类开关和容量约束的中压配电网可靠性估算解析模型[J]. 电力系统自动化,2016,40(17):146-155.

[16] 韦婷婷,王主丁,李文沅,等. 多重故障对中压配电网可靠性评估的影响[J]. 电力系统自动化,2015,39(12):69-73.

第 7 章　高压配电网故障范围混合搜索方法

本章基于第 3 章有限故障类型考虑和第 4 章故障范围混合搜索方法，介绍高压配电网可靠性快速评估算法，包括状态空间截断方法和基于虚拟网络由一阶故障隔离范围快速推导二阶故障隔离范围的方法。

7.1 引　　言

高压配电网一般指 35～110kV 电压等级的配电网，是连接输电网和中压配电网的枢纽，其可靠性直接影响电网的供电能力。

工程上常用的电网可靠性评估方法总体上可分为模拟法和解析法两类[1～14]：模拟法可以很方便地考虑多重故障，但计算时间和计算精度密切相关，为了获得精度较高的可靠性指标，往往需要很长的计算时间；解析法物理模型清楚，计算精度较高，但考虑多重故障时状态数随元件数量呈指数增长。目前，电网可靠性评估算法主要集中在中压配电网和输电网，高压配电网可靠性评估算法研究较少[12～14]。与输电网相比，高压配电网元件可靠性较高，采用模拟法计算量大，应主要考虑从故障状态数和拓扑搜索时间上进行有效控制，使解析法更加适合高压配电网可靠性评估。文献[14]从三方面研究了状态空间有效截断：一是合理故障阶数；二是二阶故障的有效状态；三是由一阶故障隔离范围快速推导二阶故障隔离范围。

基于第 3 章高压配电网需要考虑部分二阶故障的结论和第 4 章故障范围混合搜索方法，本章介绍高压配电网基于故障范围混合搜索方法的可靠性快速评估算法。其中，7.2 节介绍算法基础；7.3 节介绍基于网络结构和停电时间的状态空间截断方法；7.4 节介绍一种基于一阶故障隔离范围推导二阶故障隔离范围的方法；7.5 节介绍算法流程；7.6 节通过算例验证了算法的有效性。

7.2 算 法 基 础

7.2.1　定义及假设

1. 定义

n 阶故障影响范围：仅在 n 阶故障条件下感受到停电的节点集合(不含相应元

件 n—1 阶及以下故障影响节点)。

n 阶故障隔离范围:仅在 n 阶故障条件下感受到故障修复时间的节点集合(不含相应元件 n—1 阶及以下故障隔离节点)。

二阶故障:考虑了某元件故障修复期间另一元件故障和某元件计划检修期间另一元件故障的广义二阶故障。

Ⅰ类二阶故障:若发生某种二阶故障后相应影响范围内某节点不能转供,则称这种故障状态为该节点的Ⅰ类二阶故障。

Ⅱ类二阶故障:若发生某种二阶故障后相应影响范围内某节点可以转供,则称这种故障状态为该节点的Ⅱ类二阶故障。

关联:基本回路内的支路与该回路连支相互关联。

2. 假设

(1)对于环网结构,如果一个元件退出工作会引起系统失效,则不将它退出进行检修(检修主要安排在系统正常运行情况下进行)。

(2)所有元件故障是相互独立的。

(3)忽略元件容量约束和节点电压约束。

7.2.2 节点分类

与 4.2.3 小节中压节点分五类略有不同,对于某 n 阶故障状态,高压各节点可分为三类:不受故障影响的为 a 类;仅在 n 阶故障条件下感受到负荷转供时间的为 bc 类;仅在 n 阶故障条件下感受故障修复时间的为 d 类。分类原则为:不属于影响范围内的节点为 a 类,属于影响范围但不属于隔离范围的节点为 bc 类,属于隔离范围内的节点为 d 类。

7.2.3 指标计算公式

根据不同故障状态下各节点分类可快速累加得到各节点的可靠性指标。设导致节点 i 停电的故障状态中:若故障状态 k 使节点 i 属于 bc 类,则故障状态 $k\in G_{\mathrm{bc},i}$;若故障状态 k 使节点 i 属于 d 类,则故障状态 $k\in G_{\mathrm{d},i}$。节点 i 的年停电时间可表示为

$$U_i=\sum_{k\in G_{\mathrm{bc},i}}(\lambda_k t_{k,\mathrm{s},i})+\sum_{k\in G_{\mathrm{d},i}}(\lambda_k t_{k,\mathrm{f}}) \tag{7.1}$$

式中,λ_k 和 $t_{k,\mathrm{f}}$ 分别为故障状态 k 的故障率和修复时间;$t_{k,\mathrm{s},i}$ 为故障状态 k 时节点 i 的负荷转供时间。

若需要考虑中压馈线负荷转供率的影响(参见 5.4 节),节点 i 的年平均停电持续时间可表示为

$$U_i = \sum_{k \in G_{\mathrm{bc},i}} (\lambda_k t_{k,\mathrm{s},i}) + \sum_{k \in G_{\mathrm{d},i}} \{\lambda_k [K_i^{\mathrm{MV}} \min\{t_{i,1}^{\mathrm{MV}}, t_{k,\mathrm{f}}\} + (1 - K_i^{\mathrm{MV}}) t_{k,\mathrm{f}}]\} \quad (7.2)$$

式中，K_i^{MV} 和 $t_{i,1}^{\mathrm{MV}}$ 分别为负荷点 i 高压配电网停运时可通过中压线路转供的负荷比例和转供时间。

7.3　状态空间截断方法

本节介绍的状态空间截断方法涉及基于网络结构和停电时间的状态空间截断方法。

7.3.1　基于网络结构的状态空间截断方法

在完成基于故障阶数的状态空间截断后，系统故障状态数量得以有效减少。但若考虑到网络结构对无效状态的影响，系统故障状态数量将会进一步减少。例如，辐射状系统一般不需要考虑多重故障；对于没有直接联系的两独立回路，一个回路元件与另一个回路元件二阶故障状态也是无效的。

根据上面的分析，二阶故障状态中只有Ⅰ类二阶故障为有效故障状态。因此，有必要找到一种快速识别Ⅰ类二阶故障有效元件组合的方法。本章首先快速识别相应有效支路组合，再由有效支路组合确定有效元件组合，进而获得二阶故障有效状态，实现对状态空间的进一步截断。

1. 二阶故障有效支路组合及快速识别方法

以图 7.1 所示高压配电网为例，该网络有弱环和联络线，节点编号为优化编号，节点 7 为 T 接点；将联络开关所在支路设为连支 L_1 和 L_2，同时假定 L_3 为节点编号后识别的环网连支，其余支路为树支(用字母 T 表示，T 下标表示树支编号)；虚线为虚拟支路，编号 0 为虚拟电源点。

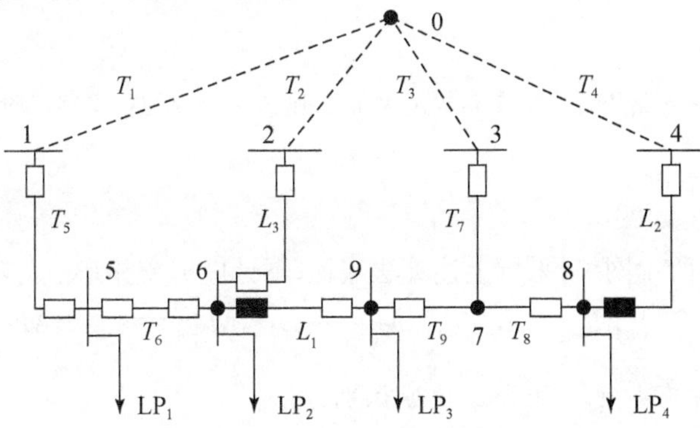

图 7.1　高压配电网接线示意图

■ 断路器(常开)；□ 断路器(常闭)

通过分析不难发现，若两支路所关联的连支完全相同，则这两条支路为有效组合，否则为无效组合。无效组合有三种情况：①相关支路没有关联的连支（属于辐射状支路）；②两支路关联的连支完全不同（属于没有直接联系的两个独立回路）；③两支路关联的连支部分不同，二阶故障后影响的节点负荷可能通过那些不同的连支进行转供，节点不会感受故障修复时间。例如，支路 T_5 和 T_6 均与连支 L_1 和 L_3 关联，因此这种组合属于有效组合。支路 T_9 只与 L_1 关联，由于支路 T_5 与连支 L_1 和 L_3 关联，与支路 T_9 关联的连支不同，T_5 和 T_9 二阶故障时受影响的节点 9 可以由连支 L_3 转供，因此这种组合属于无效组合。

假设每条支路均有一个关联连支集合用于存放与之关联的各连支编号，将关联连支集合相同的所有支路作为一个有效支路集合。二阶故障支路有效组合仅在各有效支路集合内的各支路间进行，来自不同有效支路集合的各支路间不能构成二阶故障有效组合。

从每条连支两端进行父向搜索，访问基本回路里的支路，可识别每条支路关联的连支，并由此确定各有效的支路组合集合，具体算法流程如下：

```
Nl:系统连支总数
Nb:所有基本回路所含支路总数
Ms:关联连支集合 S 对应的有效支路集合
Nc:有效支路集合总个数
令 Nc=0
For i=1 to Nl
    访问连支 i 所在基本回路的所有支路，将连支编号 i 加入该支路的关联连支集合。
End
For j=1 to Nb
    检查支路 j 对应的关联连支集合 S。若对应的 Ms 不存在，则创建 Ms 并将支路 j 加入 Ms，同
    时将 Nc 加 1；若对应的 Ms 存在，则直接将支路 j 加入 Ms。
End
For k=1 to Nc
    若第 k 个有效支路集合内的支路数量大于 1，则该集合内的各支路二阶组合即为有效的
    支路组合。
End
```

对于图 7.1 所示网络，采用上述算法流程，不计虚拟支路形成的有效支路集合结果为：$M_{\{1\}}=\{L_1, T_9\}$，$M_{\{2\}}=\{L_2, T_8\}$，$M_{\{3\}}=\{L_3\}$，$M_{\{1,2\}}=\{T_7\}$，$M_{\{1,3\}}=\{T_5, T_6\}$。

2. 二阶故障有效元件组合及快速识别方法

若将母线划入其父支路，网络中所有的元件均在支路上，这样操作可能导致母

线元件和子支路上的元件进行组合，这实际上是无效组合。不过，由于这些无效组合二阶故障的隔离范围为空集，因此对计算结果没有影响。虽然引入了少许组合冗余，但这是为了保证算法具有通用性的权衡。

针对上述每一种二阶故障有效支路组合，确定相应支路有效元件组合，可建立一棵元件组合树，见图7.2。

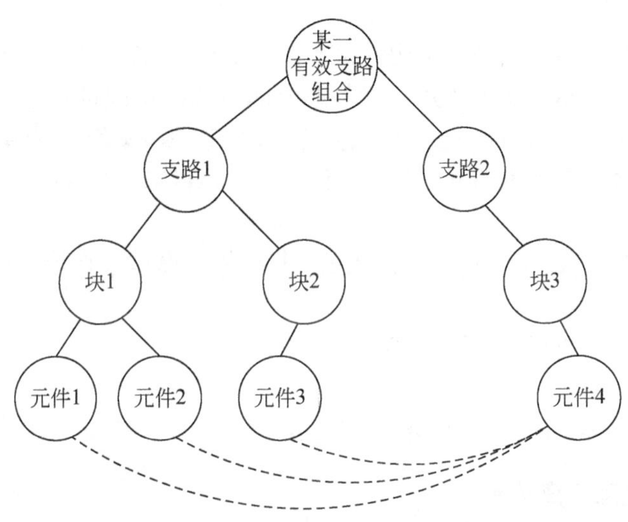

图7.2　某一有效支路组合的元件组合树

图7.2中“块”是配电网可靠性评估常用到的概念[6]，根据隔离范围块的定义，隔离范围相同的元件将形成一个块，块内的元件感受停电时间相同。高压配电网元件两侧一般有隔离开关，因此大部分元件会形成一个仅包含自身的块；但对于T接线路，T接点周围没有隔离开关，因此与T接点相连的所有导线会形成一个块。需要说明的是，若块K内的某元件属于某支路，则块K属于该支路。如图7.1所示，支路T_7、T_8和T_9上的导线元件形成一个块K，该块同时属于支路T_7、T_8和T_9，它们的隶属关系见图7.3。

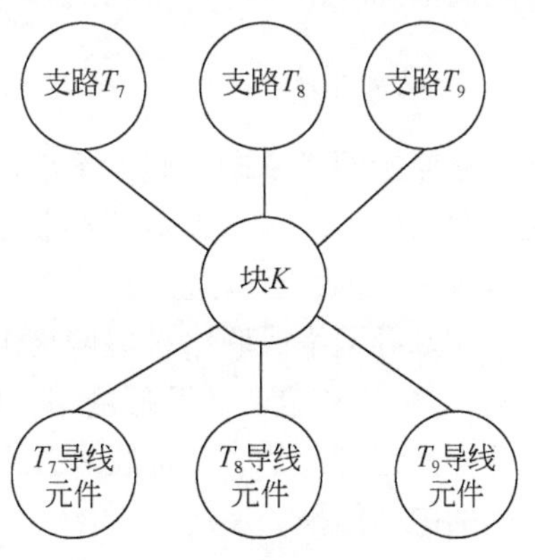

图7.3　T接线路元件、块和支路隶属关系示意图

根据前面的分析和定义可知，同一支路上的元件不能形成有效元件组合，同一个块的元件也不能形成有效元件组合。因此，对于元件组合树中任意两个叶节点，若其祖先节点中相同节点只有树的根节点，则这两个叶节点为有效元件组合，如图7.2中用虚线连接

的元件组合。

上述每组有效元件组合对应的状态都是二阶故障有效状态，这个状态中两个元件停运，其余元件正常工作。有效状态的数量一般远远少于所有二阶故障状态，因此实现了对状态空间的有效截断。

7.3.2 基于停电时间的状态空间截断方法

完成基于故障阶数和网络结构的状态空间截断后，状态数量已大大减少，实际工程中可根据计算精度要求利用故障停电时间对状态空间进行进一步截断：考虑各二阶故障状态时，可设定一个二阶故障停电时间占比阈值（一般建议为 5%），若某二阶故障有效状态停电时间占比小于该阈值，可直接忽略该状态。

7.4 基于一阶故障的二阶故障隔离范围推导

通过 3.3 节分析得知，计算二阶故障停电时间只需考虑Ⅰ类二阶故障，因此不需确定二阶故障影响范围只需确定隔离范围，本节主要讨论虚拟网络由一阶故障隔离范围快速推导二阶故障隔离范围的方法。

7.4.1 一阶故障隔离范围

一阶故障隔离范围则由第 4 章介绍的基于虚拟网络的混合搜索方法获得。

1. 隔离故障确定准则

辐射状系统元件一阶故障后电源侧距该元件最近的开关将隔离故障，环网系统元件一阶故障元件周围距该元件最近开关将隔离故障，被隔离的节点集合为故障隔离范围。

2. 搜索算法

在原始网络基础上假设系统联络开关闭合形成一个虚拟网络，即第 4 章中定义的联络扩展网络。针对联络扩展网络，采用 4.3 节的混合搜索方法识别元件 i 故障隔离范围 $G_i^{(LK)}$，这是元件 i 一阶故障的真实隔离范围。

在基础网络或联络扩展网络上，通过删除所有连支将环网结构转化为辐射状结构，即第 4 章定义的开环网络。针对开环网络，采用 4.3 节的树支法识别元件 i 故障隔离范围 $G_i^{(OL)}$（一阶故障最终隔离范围的中间结果），作为确定二阶故障隔离范围的中间结果。

7.4.2　连支异侧元件二阶故障隔离范围推导

当元件 i 和元件 j 来自连支异侧时，其二阶故障的隔离范围为：开环网络中两元件一阶故障隔离范围并集减去联络扩展网络两元件一阶故障隔离范围的并集，可表示为

$$G_{i,j}=(G_i^{(OL)} \cup G_j^{(OL)})-(G_i^{(LK)} \cup G_j^{(LK)}) \tag{7.3}$$

以图 7.4 所示网络为例，元件 i 为节点 3 处的母线，元件 j 为支路 T_4 上的导线，$G_i^{(OL)}=\{3,5,6\}$，$G_j^{(OL)}=\{4\}$，$G_i^{(LK)}=\{3,6\}$，$G_j^{(LK)}=\varnothing$。元件 i 和元件 j 二阶故障隔离范围为：$G_{i,j}=\{3,4,5,6\}-\{3,6\}=\{4,5\}$。

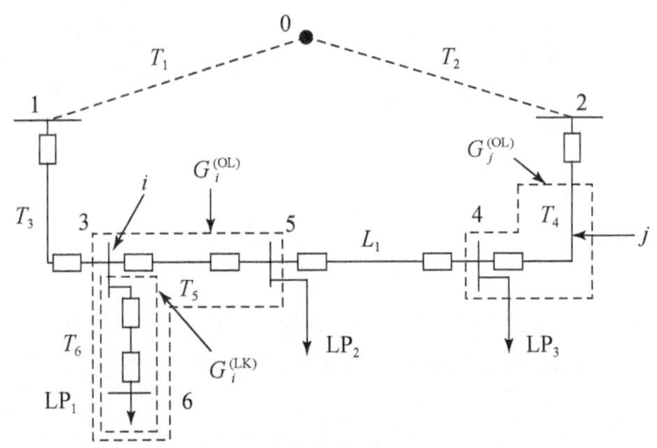

图 7.4　连支异侧元件二阶故障隔离范围

□ 断路器(常闭)

7.4.3　连支同侧元件二阶故障隔离范围推导

当元件 i 和元件 j 来自连支同侧时，其二阶故障隔离范围为：开环网络上游元件一阶故障隔离范围减去下游元件一阶故障隔离范围，再减去联络扩展网络两元件一阶故障隔离范围的并集，可以表示为

$$G_{i,j}=(G_i^{(OL)}-G_j^{(OL)})-(G_i^{(LK)} \cup G_j^{(LK)}) \tag{7.4}$$

以图 7.5 所示网络为例，元件 i 为支路 T_3 上的导线，元件 j 为支路 T_5 上的导线，$G_i^{(OL)}=\{3,5,6\}$，$G_j^{(OL)}=\{5\}$，$G_i^{(LK)}=\varnothing$，$G_j^{(LK)}=\varnothing$，因此元件 i 和元件 j 二阶故障隔离范围为：$G_{i,j}=\{3,5,6\}-\{5\}=\{3,6\}$。

利用上述方法确定每种二阶故障有效状态对应元件的隔离范围，进而确定各节点分类，实现对隔离范围的快速推导，无须再次进行拓扑搜索。

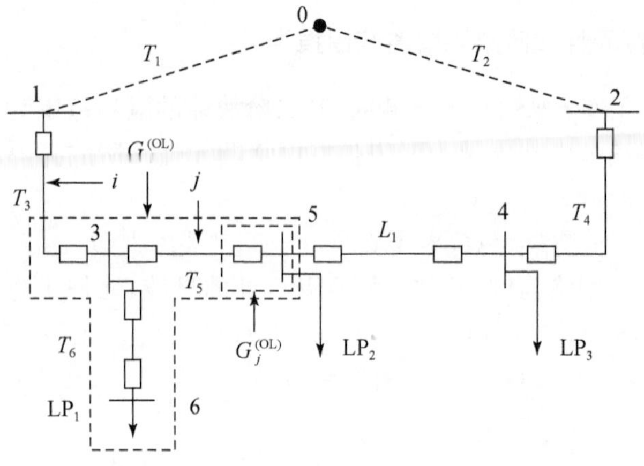

图 7.5　连支同侧元件二阶故障隔离范围

□ 断路器(常闭)

7.5　算法流程

计算一阶故障可靠性指标时,除了一阶故障隔离范围,还需要确定元件一阶故障影响范围,具体方法详见第 4 章。算法总流程如图 7.6 所示。

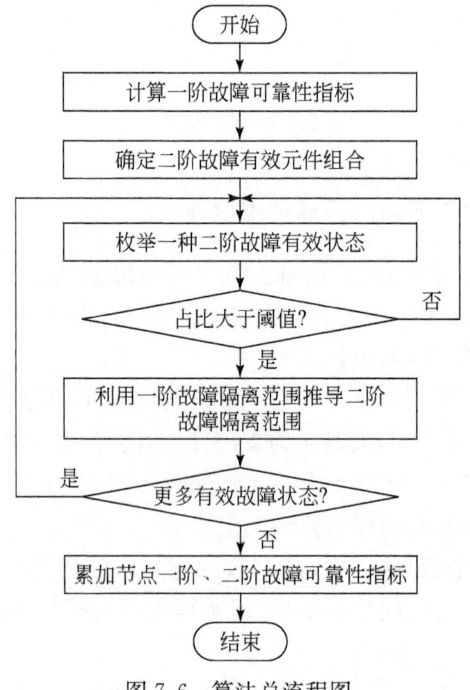

图 7.6　算法总流程图

7.6　高压配电网快速评估两算例

本节算例包括一个实际高压配电网算例和 RBTS-BUS4 高压配电网测试算例[15]。

7.6.1　算例 7.1:实际高压配电网

以某地区高压配电网为例进行分析,网架结构如图 7.7 所示。

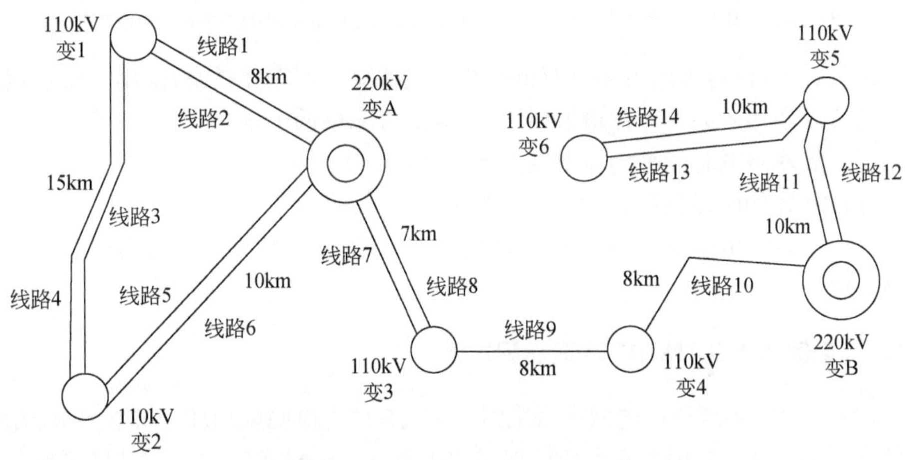

图 7.7　某地区高压配电网接线图

该地区高压配电网有 2 座 220kV 变电站,6 座 110kV 变电站,接线方式包括环网、链式和双辐射。其中 220kV 变电站变压器配置为 2×240MV · A,110kV 变电站变压器配置为 2×50MV · A。高压侧母线配置为双母线带联络开关,低压侧母线配置为单母线分段,运行方式为开环运行。元件可靠性参数如表 3.6 所示,负荷转供时间为 5min,10kV 母线故障率和修复时间分别为 0.001 次/年和 2h,计划检修率和计算检修时间分别为 0.01 次/年和 8h。

正常运行时线路 3、线路 4 和线路 9 为联络线,其联络开关处于分位。二阶故障有效支路组合为{线路 9,线路 10}、{线路 11,线路 12}和{线路 13,线路 14}。由于变电站内两并联变压器同时故障负荷不能转供,均需要考虑其二阶故障。采用本章介绍的方法,各 110kV 变电站低压侧母线等效负荷点可靠性指标计算结果见表 7.1。

表 7.1　110kV 变电站低压侧母线故障停电时间

变电站	U/(h/年)	$U^{(1)}$贡献度/%	$U^{(2)}$贡献度/%
变 1	0.0137	55.69	44.31
变 2	0.0140	56.74	43.26
变 3	0.0135	55.14	44.86
变 4	0.0186	41.05	58.95
变 5	0.0191	41.81	58.19
变 6	0.0283	40.47	59.53

注：U 表示考虑一阶、二阶故障总停电时间；$U^{(1)}$ 表示一阶故障停电时间；$U^{(2)}$ 表示二阶故障停电时间。

由表 7.1 可见，采用不完全双链接线方式的变 3 可靠性最高；采用双辐射接线方式的变 5 和变 6 的可靠性最低(其中变 6 的可靠性低于变 5)。

二阶故障停电时间平均贡献度为 51.52%。对于变 1、变 2 和变 3 的低压侧母线，二阶故障停电时间贡献度为 43%左右；对于变 4、变 5 和变 6 的低压侧母线，二阶故障停电时间贡献度为 58%左右，验证了本书阐述的高压配电网需要考虑二阶故障的结论。

7.6.2　算例 7.2：RBTS-BUS4 高压配电网

RBTS-BUS4 高压配电网[15]如图 7.8 所示，该配电网采用环网接线方式，系统一共有 37 个元件，其中含 6 个变压器、6 条母线、21 个断路器(不含 33kV 进线断路器)和 4 条线路。

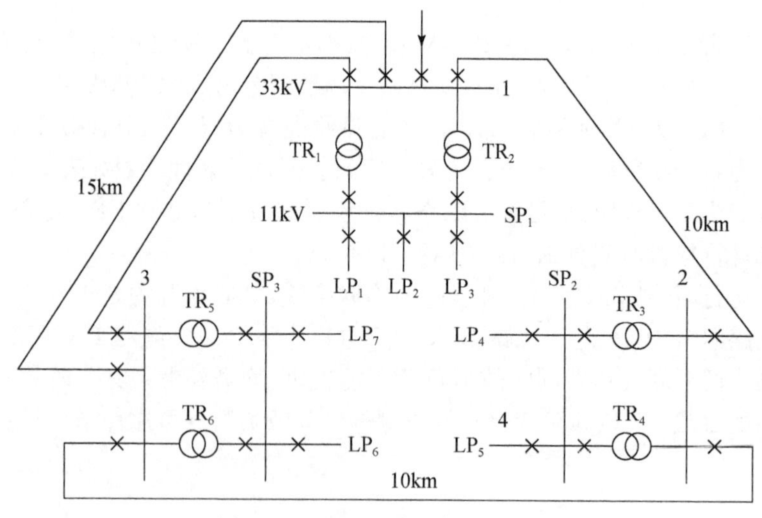

图 7.8　RBTS-BUS4 高压配电网

× 断路器

利用本章介绍的方法计算11kV母线可靠性指标，计算结果如表7.2所示。

表7.2　RBTS-BUS4高压配电网可靠性指标

母线	算法	U/(h/年)	λ/(次/年)	t/(h/次)
SP_1	本章算法	0.0585	0.0565	1.04
	文献[15]算法	0.0585	0.0565	1.04
SP_2	本章算法	0.0991	0.0949	1.04
	文献[15]算法	0.0991	0.0949	1.04
SP_3	本章算法	0.0990	0.0960	1.03
	文献[15]算法	0.0990	0.0960	1.03

由表7.2可知，可靠性指标计算结果与原始算例一致，验证了算法的正确性。若考虑所有系统状态，其状态总数为2^{37}，需要对其状态空间进行截断。首先，基于故障阶数对状态空间进行截断，仅考虑到二阶故障共有703种有效状态；然后，基于网络结构对状态空间进行截断，还剩下61种有效状态，其中一阶故障为37种，二阶故障状态24种(例如，变压器TR_1和TR_2二阶故障为有效状态，变压器TR_1和TR_3二阶故障为无效状态)；最后，根据实际工程精度要求还可以依据二阶故障停电时间占比对状态空间进一步截断。

为了验证算法的有效性，通过不断增加算例元件数量，分析基于网络结构的状态空间截断和隔离范围推导对计算时间影响，如图7.9所示。

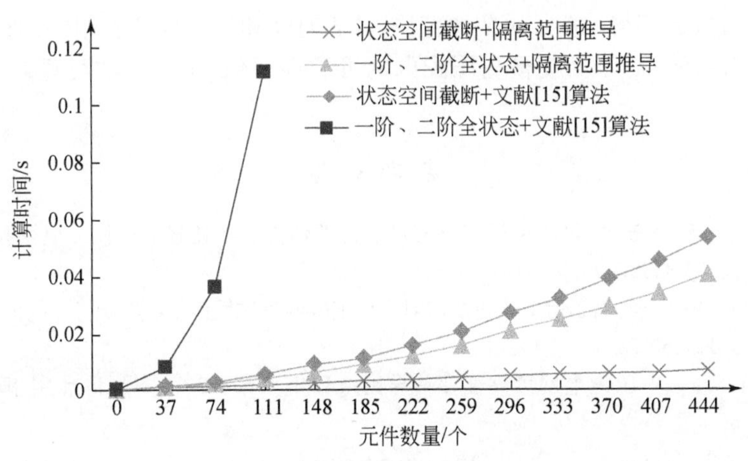

图7.9　不同算法计算时间对比

由图7.9分可知，“一阶、二阶全状态＋文献[15]算法”计算时间增速最大，在此基础上将“一阶、二阶全状态”替换为“状态空间截断”或者将“文献[15]算法”替换为“隔离范围推导”计算时间增速均显著下降，当算法为“状态空间截断＋隔离范围推导”时计算时间增速最小，曲线也最平缓。当元件数量为444个时“一阶、二阶全状态＋文献[15]算法”计算时间为6.304s，“状态空间截断＋文献[15]算法”计算时间为0.053s，“一阶、二阶全状态＋隔离范围推导”算法计算时间为0.04s，“状态空间截断＋隔离范围推导”算法计算时间为0.008s。

7.7 本章小结

本章阐述了一种基于故障范围混合搜索方法的高压配电网可靠性评估快速算法，包括状态空间截断方法和由一阶故障隔离范围快速推导二阶故障隔离范围的方法。状态空间截断方法涉及一种快速确定二阶故障有效支路组合的网络拓扑搜索方法，在此基础上建立元件组合树以确定元件有效组合，每一组元件有效组合对应了一种Ⅰ类二阶故障状态(有效状态)，这些状态数量远远少于全部二阶故障状态数量，实现了基于网络结构的状态空间截断；若某二阶故障有效状态停电时间占比小于阈值，可直接忽略，实现了基于停电时间的状态空间截断。对于每种二阶故障有效状态，基于虚拟网络利用一阶故障隔离范围进行推导以快速获得二阶故障隔离范围，避免了确定隔离范围时重复拓扑搜索。

典型配电网的计算分析表明：基于本书3.3节阐述的高压配电网可靠性评估只需考虑多重故障中的Ⅰ类二阶故障，实现了基于网络结构的状态空间截断，系统有效状态数量大大减少；对于任意一种二阶故障有效状态，利用一阶故障隔离范围进行推导可快速获得二阶故障隔离范围，计算时间和元件规模弱相关，随元件数量的增加上升缓慢；对于大规模高压配电网可靠性评估，本章方法可显著减少计算时间。

参考文献

[1] 赵华，王主丁，谢开贵，等．中压配电网可靠性评估方法的比较研究[J]．电网技术，2013，37(11)：3295-3302.

[2] 韦婷婷，王主丁，李文沅，等．多重故障对中压配电网可靠性评估的影响[J]．电力系统自化，2015，39(12)：69-73.

[3] 国家能源局．中压配电网可靠性评估导则：DL/T 1563—2016[S]．北京：中国电力出版社，2016.

[4] Wang Z D, Shokooh F, Qiu J. An efficient algorithm for assessing reliability indexes of general distribution systems[J]. IEEE Transactions on Power Systems, 2002, 17(3): 608-614.

[5] 张巍峰，车延博，刘阳升．电力系统可靠性评估中的改进拉丁超立方抽样方法[J]．电力系统自动化，2015，39(4)：52-57.

[6] 杜江，郭瑞鹏，李传栋，等．电力系统可靠性评估中的重要控制法[J]. 电力系统自动化，2015，395：69-74.

[7] Billinton R, Goel L. Overall adequacy assessment of an electric power system[J]. IEE Proceedings-Generation, Transmission and Distribution, 1992, 139(1): 57-63.

[8] Liu M, Li W, Juan Y U, et al. Reliability evaluation of tidal and wind power generation system with battery energy storage[J]. Journal of Modern Power Systems & Clean Energy, 2016, 4(4): 1-12.

[9] 别朝红，王锡凡．蒙特卡罗法在评估电力系统可靠性中的应用[J]. 电力系统自动化，1997，21(6)：68-75.

[10] 焦昊，文云峰，郭创新，等．基于概率有序树的预想故障集贪心筛选算法及其在可靠性评估中的应用[J]. 中国电机工程学报，2016，36(8)：2068-2076.

[11] 黄江宁，郭瑞鹏，赵舫，等．基于故障集分类的电力系统可靠性评估方法[J]. 中国电机工程学报，2013，33(16)：112-121.

[12] 王秀丽，罗沙，谢绍宇，等．基于最小割集的含环网配电系统可靠性评估[J]. 电力系统保护与控制，2011，39(9)：52-58.

[13] 刘柏私，谢开贵，张红云，等．高压配电网典型接线方式的可靠性分析[J]. 电网技术，2005，29(14)：45-48.

[14] 昝贵龙，王主丁，李秋燕，等．基于状态空间截断和隔离范围推导的高压配电网可靠性评估[J]. 电力系统自动化，2017，41(13)：79-85.

[15] Allan R N, Billinton R, Sjarief I, et al. A reliability test system for educational purposes: Basic distribution system data and results[J]. IEEE Transactions on Power Systems, 1991, 6(2): 813-820.

第8章 考虑容量电压约束的高压配电网可靠性快速评估

本章介绍在考虑容量电压约束的情况下，基于网流法切负荷的高压配电网可靠性快速评估算法，涉及依据高压配电网特点进行高效计算分析的方法和策略。

8.1 引 言

目前考虑容量电压约束的电网可靠性评估研究主要针对输电网和中压配电网。输电网通常环网运行，元件故障后开断潮流的方向通常不具有唯一性，考虑容量电压约束一般需要进行交流潮流或直流潮流计算，基于潮流的非线性规划或线性规划得到的切负荷结果比较精确，但计算量大，算法稳定性较差[1,2]。中压配电网通常开环运行，可靠性评估中一般可以采用简化潮流计算，但仍需调用大量完整潮流[3,4]。文献[5]～[8]基于因元件停运负荷转供路径的潮流变化，提出了近似计算相应的容量和电压允许负荷转供率，避免了完整的潮流计算，但仅考虑负荷单一方向转供，且没有进行切负荷优化。

不同于输电网，高压配电网大多开环运行；不同于中压配电网，高压配电网通常需要考虑二阶故障，还可能需要考虑多个方向的负荷转供。网流法[9～11]是一种类比水流的解决问题方法，与线性规划密切相关。利用网流代替直流或者交流潮流可以避免直接计算系统潮流，提高计算效率，同时也能方便地考虑多个转供通道。网流模型忽略了基尔霍夫第二定律，但对高压配电网功率分布影响较小，因为对于大多数开环运行的弱环高压配电网，不存在基尔霍夫第二定律约束。

本章介绍一套考虑容量及电压约束的高压配电网可靠性快速评估方法[12]。其中，8.2节介绍算法的总体思路、策略和步骤；8.3节介绍基于电流和电压的容量约束，将线路允许电压损耗转化为相应的容量约束；8.4节介绍切负荷最小的网流规划模型及转换；8.5节介绍模型求解的思路和方法，将原模型转化为最小费用最大流进行求解；8.6节给出两算例。

8.2 算法总体思路、策略和步骤

本节介绍基于高压配电网特点的算法总体思路、策略和步骤。

8.2.1　总体思路

高压配电网通常开环运行，特殊情况下可闭环运行。枚举一种故障状态，可能出现以下四种情况：情况 1，没有负荷失电；情况 2，有负荷失电，失电负荷没有转供通道；情况 3，有负荷失电，失电负荷仅有一个转供通道；情况 4，有负荷失电，失电负荷有两个甚至三个转供通道。若出现情况 3 和情况 4，计算可靠性指标时则需要考虑容量约束。若忽略容量及电压约束，情况 3 和情况 4 的失电负荷只感受转供时间；若考虑容量及电压约束，情况 3 和情况 4 部分失电负荷可能由于不能转供而被切除，切除的负荷将感受到修复时间。

本章将利用网流法（参见附录 B）计算由于容量及电压约束的切负荷量：对于情况 3，负荷仅有一个转供通道，功率分布不受基尔霍夫第二定律约束，因此网流法不会因不满足基尔霍夫第二定律约束而产生误差；对于情况 4，可能投入多于一个转供通道造成环网运行，功率分布要受基尔霍夫第二定律约束，网流法得到的结果会有一定偏差，但由于负荷转供通道数一般不多（小于等于 3），网流法引起的偏差较小。

影响高压配电网可靠性快速评估结果的因素众多，如元件可靠性参数、系统运行方式、调度操作流程和切负荷方式等。每一种因素都会对可靠性计算结果造成影响，实际中很难获取所有因素的准确信息，因此目前可靠性评估主要用于方案的比选，而不是刻意追求预测的可靠性指标与真实的可靠性指标的吻合程度。在相同的假设条件下，对不同的方案进行可靠评估，可以筛选出可靠性更高的方案，从而指导电网的规划和改造。网流法得到的结果反映了元件故障后系统的剩余供电能力的极限，即使存在环网运行的情况，采用合适的潮流控制策略（如变电站解列运行）也可以达到或接近这个极限，因此同样可利用这个结果对不同的规划设计方案进行比选。

8.2.2　算法策略

本节介绍基于高压配电网特点提高计算效率的若干策略和方法。

1. 分区缩小计算规模

若能将大规模电网转化为若干个相对独立的小规模电网分别处理，将显著减少总的计算工作量。基于高压配电网分片运行的特点，可以将大规模电网转化为若干个相对独立的小规模分区电网：检查高压配电网元件的联络关系，将有联络的元件归入同一个分区，将没有联络的元件归入不同的分区。分区后的故障状态集合可表示为 $U=\{U_1,U_2,\cdots,U_n\}$，其中 U_n 表示分区 n 的故障状态集合。对分区 i 的故障状态集合有 $U_i=C_i+D_i$，其中 C_i 表示分区 i 不需要切负荷的故障状态集合，D_i 表示分区 i 需要切负荷的故障状态集合。

2. 初始闭环潮流计算

初始闭环潮流是指将所有联络开关闭合时计算得到的潮流。由于开环状态下有部分元件处于备用状态，将联络开关闭合计算闭环潮流可以使潮流分布更加均匀，元件的容量冗余更多，可简单识别更多满足容量约束的故障状态，进一步减少需要进行容量约束详细校验和切负荷的故障状态。

3. 电压约束转化为容量约束

基于线路允许的最大电压降计算电压约束对应的容量，与线路电流约束对应的容量对比，选择两者较小的值作为容量约束，将电压约束转化为了容量约束。

4. 容量约束保守校验

基于初始闭环潮流，某分区最小冗余容量是该分区各元件冗余容量中的最小值，是该分区剩余供电能力较为保守的上界，实际的剩余供电能力可能比这个上界要高。对于分区 i，若在某种故障状态下失电负荷需要转供，若转供负荷小于该分区的最小冗余容量，则表示通过校验，将该故障状态归入集合 C_i，否则归入集合 D_i。容量约束保守校验无须进行网络搜索，计算效率高。

5. 容量约束详细校验

容量约束保守校验后得到的故障状态集合 D_i 中可能仍有部分故障状态不需要切负荷，因此需要对集合 D_i 中的故障状态进行详细校验。本章建立网流规划模型，利用改进的 Edmonds-Karp[11]方法求解分区系统剩余供电能力（详见 8.5.2 小节）。若某故障状态待转供的负荷不大于剩余供电能力，则表示容量约束详细校验通过，将该故障状态从集合 D_i 中删除，同时加入集合 C_i。

6. 切负荷优化

对于分区 i 集合 D_i 中的故障状态进行切负荷优化。考虑负荷重要程度的切负荷最小作为优化目标，将原问题转化为最小费用最大流问题，采用消圈法（详见 8.5.3 小节）求解。

7. 考虑容量约束的指标计算

考虑容量约束时，某故障状态 k 对应受影响负荷点的负荷可分为两部分：不能转供的负荷将感受故障修复时间，能转供的负荷将感受负荷转供时间。节点分类同 7.2.2 小节，假设采用平均削减负荷方式以及全年系统负荷都与第 t 时段负荷相同，节点 i 的年平均停电持续时间可表示为

$$U_i(t)=\sum_{k\in G_{\mathrm{bc},i}}\lambda_k\{[Q_{k,i}(t)t_{k,\mathrm{f}}+(1-Q_{k,i}(t))t_{k,\mathrm{s},i}]\}+\sum_{k\in G_{\mathrm{d},i}}(\lambda_k t_{k,\mathrm{f}}) \quad (8.1)$$

式中，λ_k 和 $t_{k,\mathrm{f}}$ 分别为故障状态 k 的故障率和修复时间；$t_{k,\mathrm{s},i}$ 为故障状态 k 时节点 i 的负荷转供时间；$Q_{k,i}(t)$ 为时段 t 对应故障状态 k 情况下负荷点 i 的切负荷率，可表示为

$$Q_{k,i}(t)=\frac{d_{k,i}(t)}{S_i(t)} \quad (8.2)$$

式中，$d_{k,i}(t)$ 为时段 t 对应故障状态 k 情况下负荷点 i 需要切掉的负荷；$S_i(t)$ 为时段 t 负荷点 i 的总负荷。

若需要考虑中压馈线负荷转供率的影响（参见 5.4 节），节点 i 年平均停电持续时间可表示为

$$\begin{aligned}U_i(t)=&\sum_{k\in G_{\mathrm{bc},i}}\{\lambda_k[(1-Q_{k,i}(t))t_{k,\mathrm{s},i}+\min\{Q_{k,i}(t),K_i^{\mathrm{MV}}(t)\}t_{i,1}^{\mathrm{MV}}\\&+\max\{0,Q_{k,i}(t)-K_i^{\mathrm{MV}}(t)\}t_{k,\mathrm{f}}]\}\\&+\sum_{k\in G_{\mathrm{d},i}}\{\lambda_k[K_i^{\mathrm{MV}}(t)t_{i,1}^{\mathrm{MV}}+(1-K_i^{\mathrm{MV}}(t))t_{k,\mathrm{f}}]\}\end{aligned} \quad (8.3)$$

式中，$K_i^{\mathrm{MV}}(t)$ 和 $t_{i,1}^{\mathrm{MV}}$ 分别为负荷点 i 高压配电网停运时时段 t 可通过中压线路转供的负荷比例和转供时间。

类似式(5.73)，多时段负荷点 i 年平均停电时间可表示为

$$U_i=\frac{1}{T_{\mathrm{h}}}\sum_{t=1}^{T_{\mathrm{h}}}U_i(t) \quad (8.4)$$

式中，T_{h} 为全年负荷变化时间的等分段总数（若采用典型日负荷曲线代表年负荷变化，$T_{\mathrm{h}}=24$）。

8.2.3 算法步骤

基于算法总体思路和算法策略，针对各分区进行考虑容量电压约束的可靠性评估，算法步骤及其总体流程如图 8.1 所示。

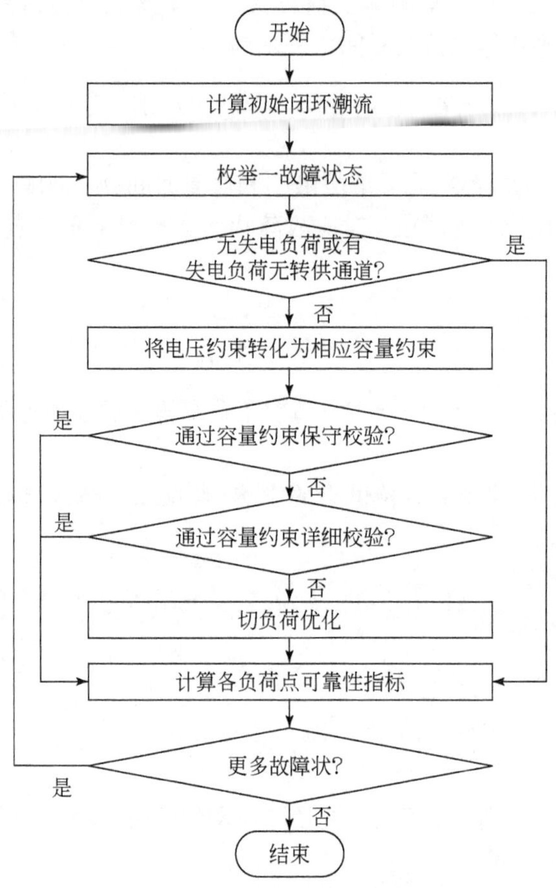

图 8.1　考虑容量电压约束的算法步骤及总体流程图

8.3　基于电流和电压的容量约束

首先基于线路允许的最大电压降将电压约束转化为容量约束，再与线路电流约束对应的容量对比，选择两者较小的值作为容量约束，即基于电流和电压的容量约束。

8.3.1　计算公式

基于电流的容量约束即传统容量约束，指线路通过视在功率不大于线路最大载流量对应的容量，该容量可表示为

$$u_{ij}^{c}=\sqrt{3}U_{N}I_{ij,\max} \tag{8.5}$$

式中，u_{ij}^{c} 为线路(i,j)基于电流的容量；U_{N} 为额定电压；$I_{ij,\max}$ 为线路(i,j)的最大载

流量。

基于电压的容量约束是指线路通过视在功率不大于允许最大电压损耗对应的容量。两端节点为 i 和 j 的线路最大电压损耗可表示为[13]

$$\Delta U_{ij,\max}=\frac{u_{ij}^{\mathrm{v}}r_{ij}l_{ij}\cos\varphi+u_{ij}^{\mathrm{v}}x_{ij}l_{ij}\sin\varphi}{U_{\mathrm{N}}} \tag{8.6}$$

经公式变换,最大电压损耗对应的容量可表示为

$$u_{ij}^{\mathrm{v}}=\frac{\Delta U_{ij,\max}U_{\mathrm{N}}}{r_{ij}l_{ij}\cos\varphi+x_{ij}l_{ij}\sin\varphi} \tag{8.7}$$

式中,$\Delta U_{ij,\max}$为两端节点为 i 和 j 的线路允许的最大电压损耗;r_{ij} 和 x_{ij} 分别为两端节点为 i 和 j 的线路单位长度电阻和电抗;l_{ij} 为两端节点为 i,j 的线路长度;φ 为电压电流相角差。

因此,两端节点为 i,j 的线路基于电流和电压的最小容量可表示为

$$u_{ij}=\min\{u_{ij}^{\mathrm{c}},u_{ij}^{\mathrm{v}}\} \tag{8.8}$$

8.3.2 基于电压和电流的容量比较

选取国内高压配电网常见的导线型号进行比较分析。假设功率因数为 0.9,根据相关导则[14],非正常情况下高压配电网最大电压偏差不超过±10%,即理想情况下最大电压降不超过 20%。110kV 导线和 35kV 导线分别基于电流和电压的容量如表 8.1 所示。由表 8.1 分析可知,若线路允许电压降为 10%,线路长度小于 30km 的 110kV 城市高压配电网一般可忽略电压约束,但线路较长的 110kV 高压配电网需要考虑电压约束的影响。线路长度小于 10km 的 35kV 城市高压配电网一般可忽略电压约束,但线路较长的 35kV 线路需要考虑电压约束的影响。

表 8.1 110kV 和 35kV 导线基于电流和电压的容量

电压/kV	线路长度/km	LGJ-240 容量/(MV·A)				LGJ-300 容量/(MV·A)				LGJ-400 容量/(MV·A)			
		最大电压降			电流约束	最大电压降			电流约束	最大电压降			电流约束
		5%	10%	20%		5%	10%	20%		5%	10%	20%	
110	10	213	427	853	116	237	474	948	135	272	544	1088	161
	20	107	213	427		118	237	474		136	272	544	
	30	71	142	284		79	158	316		91	181	363	
	100	21	43	85		24	47	95		27	54	109	
35	5	43	86	173	36	48	96	192	43	55	110	220	51
	10	22	43	86		24	48	96		28	55	110	
	20	11	22	43		12	24	48		14	28	55	
	50	4	9	17		5	10	19		6	11	22	

8.4 切负荷最小网流规划模型及转换

本节基于切负荷最小网流规划模型及其转换，获得便于高效求解的最小费用最大流网流模型。

8.4.1 切负荷最小网流规划模型

网络模型如图 8.2 所示，它是一个简单的功率流网络模型。其中，节点 0 是电源点，节点 1、节点 2 是连接点，节点 3、节点 4 是负荷点；变量 b_i 表示节点 i 的功率提供量或需求量，若 $b_i<0$ 表示节点 i 为电源点，若 $b_i=0$ 表示节点 i 为连接点，若 $b_i>0$ 表示节点 i 为负荷点。

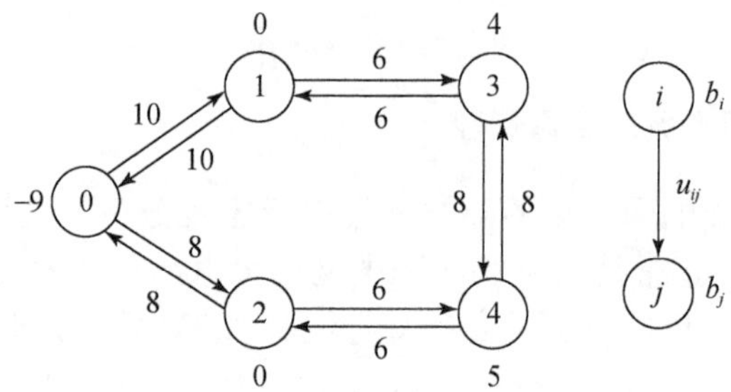

图 8.2 功率流网络模型示意图

当有元件发生故障时，受元件容量的限制某些负荷点可能需要进行负荷削减，本章考虑负荷重要程度的切负荷最小线性规划模型，如式(8.9)～式(8.14)所示。

目标函数

$$\min\sum_{i\in N_{\mathrm{d}}}(c_i d_i) \tag{8.9}$$

约束条件

$$d_i=b_i-\Big(\sum_{\{j:(j,i)\in A\}}x_{ji}-\sum_{\{j:(i,j)\in A\}}x_{ij}\Big),\quad \forall i\in N_{\mathrm{d}} \tag{8.10}$$

$$\sum_{\{j:(j,i)\in A\}}x_{ji}-\sum_{\{j:(i,j)\in A\}}x_{ij}=0,\quad \forall i\in N_{\mathrm{c}} \tag{8.11}$$

$$\sum_{\{j:(i,j)\in A\}}x_{ij}-\sum_{\{j:(j,i)\in A\}}x_{ji}\geqslant 0,\quad \forall i\in N_{\mathrm{s}} \tag{8.12}$$

$$0\leqslant d_i\leqslant b_i,\quad \forall i\in N_{\mathrm{d}} \tag{8.13}$$

$$0\leqslant x_{ij}\leqslant u_{ij},\quad \forall (i,j)\in A \tag{8.14}$$

式中，c_i 为节点 i 的重要程度(数值范围为 1～10，数值越大越重要)；d_i 为节点 i 需要切掉的负荷；N_{s} 为电源点节点集合；N_{c} 为连接点的节点集合；N_{d} 为负荷点的节点集合(流网络中的节点分为三类：电源点、连接点和负荷点)。

式(8.11)表示连接点功率平衡,式(8.12)表示电源点流出的功率大于等于 0,式(8.13)表示切负荷约束,式(8.14)表示元件容量约束。

8.4.2　切负荷最小网流规划模型转换

求解如式(8.9)～式(8.14)所示的线性规划原模型可采用传统的单纯形算法,但是若采用最大流或最小费用流模型可以找到更高效的求解方法。原模型与最小费用最大流模型相似,但是与标准的最小费用最大流模型相比仍有较大差异:一是原模型负荷节点有流量需求,二是原模型边上没有费用。因此,需要事先对原模型进行一系列处理,转化成最小费用最大流模型。

首先,消去负荷点的流量需求。具体方法是为每个负荷点都添加一条虚拟边连接虚拟汇节点,然后将每条添加的边容量设置为对应负荷点的需求,将原负荷点的需求设置为 0,这样所有负荷点均没有流量需求。然后,将每个负荷点的重要程度取反作为该负荷点对应虚拟边的费用。需要说明的是,转化后的网络模型仅虚拟边上有费用,其余边上费用为 0,转化后的虚拟边反向边的容量为 0。以图 8.2 的网络模型转化为例,结果如图 8.3 所示。

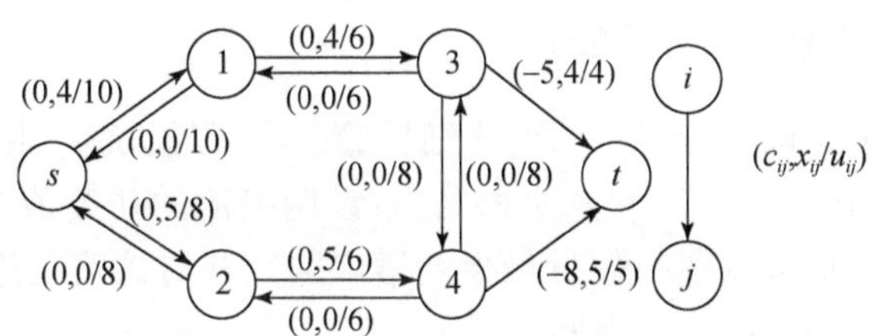

图 8.3　转化后的功率流网络模型示意图

转换后优化模型为:在满足网络容量约束且流入汇节点的流量最大的条件下,使各边上消耗的费用最小,如式(8.15)～式(8.18)所示。

目标函数

$$\min \sum_{(i,j)\in A} (c_{ij} x_{ij}) \tag{8.15}$$

约束条件

$$\sum_{\{j:(j,i)\in A\}} x_{ji} - \sum_{\{j:(i,j)\in A\}} x_{ij} = \begin{cases} -x_{\max}, & i=s \\ x_{\max}, & i=t \\ 0, & \forall i \in N-\{s,t\} \end{cases} \tag{8.16}$$

$$c_{ij} = \begin{cases} -c_i, i\in N_{\mathrm{d}}, & j=t \\ 0, & \text{其他} \end{cases} \tag{8.17}$$

$$0 \leqslant x_{ij} \leqslant u_{ij}, \quad \forall (i,j)\in A \tag{8.18}$$

式中，$x_{\max}$为网络流入汇节点的最大流。

式(8.15)表示流过网络的费用最小，式(8.16)为最大流约束，式(8.18)表示元件容量约束。

8.5 模型求解

本节介绍最小费用最大流模型式(8.15)～式(8.18)的求解。

8.5.1 求解思路

分析最小费用最大流模型式(8.15)～式(8.18)不难发现，该模型包含了两个子问题：最大流问题和最小费用流问题。求解思路分为两步。第一步，求最大流或容量约束详细校验，在最大流条件下，若与汇节点相连的虚拟边均满流，则通过容量约束详细校验，不需要切负荷，此时费用也是最小，否则需要进行第二步的切负荷优化计算；第二步，求最小费用或确定切负荷的优化方案，在最大流的条件下，若虚拟边未满流，则需要在最大流的基础上进行流量调整，当总费用最小时可得到最优的切负荷方案。

8.5.2 最大流和容量约束详细校验

最大流结果可用以进行容量约束详细校验。本章最大流利用 Edmonds-Karp 算法求解，标准 Edmonds-Karp 算法思路为：设网络流的初始值为 0，在残留网络不断寻找源节点和汇节点间边数量最少的增广路径并对该路径进行增流，直到残留网络中不含增广路径即可求得网络的最大流。

为减少寻找增广路径的次数，本章对 Edmonds-Karp 算法进行了改进[11]，即假设网络初始流量为系统初始闭环潮流，相应的最大流和容量约束详细校验步骤可归纳如下。

(1)将网络流初始值设置为初始闭环潮流。

(2)在残留网络中寻找从源节点 s 到汇节点 t 间路径边数量最少的增广路径。

(3)对找到的增广路径进行增流，增流的大小为该增广路径上残留容量的最小值。

(4)不断重复步骤(2)和步骤(3)，直到无法找到增广路径。

(5)当与汇节点相连的所有虚拟边均满流，则表示通过容量约束详细校验，否则需要进行下一步的切负荷优化。

8.5.3 切负荷优化算法

若容量约束详细校验未通过，则需要优化切负荷。在上述最大流的基础上求解最小费用，可以得到切负荷优化方案。

本章利用消圈法(cycle-canceling algorithm)求解最大流条件下的最小费用流[12]。设网络初始状态为最大流,在残留网络中不断寻找费用和为负的圈(只需要在负荷节点和汇节点间寻找,因为其他边费用均为 0),然后对费用为负的圈进行增流,直到网络中不含费用和为负的圈,此时流量分布为最小费用最大流,具体步骤介绍如下。

(1)使用最大流的网络流作为初始状态(网络最大流)。

(2)在残留网络中寻找费用和为负的圈。

(3)在残留网络中对费用和为负的圈进行增流,增流的大小为该圈残留容量的最小值。

(4)不断重复步骤(2)和步骤(3)直到残留网络中不含费用和为负的圈。

(5)虚拟边上的残留容量便是该虚拟边对应负荷点需要切掉的负荷。

图 8.4(a)为系统进行最大流计算后的原始网络(为简洁,忽略流量为 0 的反向边),相应的残留网络如图 8.4(b)所示。在残留网络中寻找费用和为负的圈,如图 8.4(b)粗线部分所示,该圈费用和为−3。对该圈进行增流,增流大小为 3,增流后的原始网络如图 8.4(c)所示,对应的残留网络如图 8.4(d)所示。此时,图 8.4(d)残留网络中无费用和为负的圈,流量分布为最小费用最大流。图 8.4(c)为最小费用最大流条件下的流量分布,当线路 2-4 故障后,虚拟边$(3,t)$的残留容量为 3,表示负荷点 3 的切负荷量为 3;虚拟边$(4,t)$的残留容量为 0,表示负荷点 4 不需要切负荷。

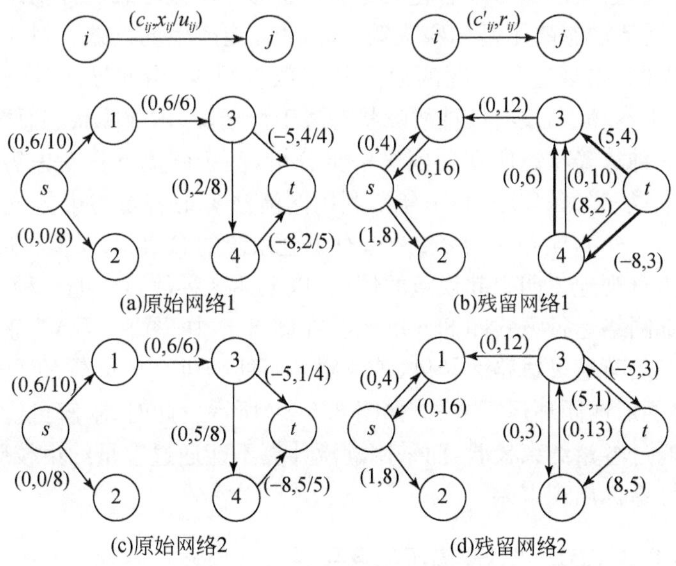

(a)原始网络1　(b)残留网络1

(c)原始网络2　(d)残留网络2

图 8.4　消圈法流程示意图

8.6　考虑容量电压约束两算例

本节算例包括一个实际高压配电网算例和 RBTS-BUS4 高压配电网算例。

8.6.1　算例 8.1:某实际高压配电网

某地区城市高压配电网,该网络有 7 座 220kV 变电站,26 座 110kV 变电站,共 72 条 110kV 线路。其中线路均满足 $N-1$ 校验,22 座 110kV 变电站满足 $N-1$ 校验。变电站根据 110kV 变电站联络情况将高压配电网分为 21 个分区,每个分区仅有 1~3 个 110kV 变电站。考虑到二阶故障,共 1131 种故障状态下有负荷需要转供,其中未通过保守容量约束校验的故障状态为 240 种,未通过容量约束详细校验的故障状态为 213 种。因此,需要进行容量约束详细校验的故障状态数量占原故障状态数量的 21.22%,需要进行切负荷优化的故障状态数量仅占原故障状态数量的 18.83%,显著减少了计算量。

在所有故障状态中,会出现情况 1(没有负荷失电)的故障状态占比为 0,会出现情况 2(失电负荷无转供通道)的故障状态占比为 36.25%,会出现情况 3(失电负荷仅有一个转供通道)的故障状态占比为 47.33%,会出现情况 4(失电负荷有多个转供通道)的故障状态占比为 16.42%。当出现情况 4 且转供后系统环网运行,分别基于网流法和直流潮流考虑容量约束需要切负荷时,可靠性评估结果可能不一致,这是由于网流法忽略了基尔霍夫第二定律可能产生的误差。对于具有弱环特点的高压配电网,出现这种情况的故障状态数量很少,由此导致的误差一般也不大。例如,对于本算例,仅有 3 种故障状态属于该情况(占故障状态总数的 0.3%),而且对于这 3 种故障状态所在分区进一步分析,基于潮流计算考虑容量约束的系统 SAIDI 指标为 0.06543h/(户·年),利用网流法考虑容量约束的 SAIDI 指标为 0.06528h/(户·年),误差仅为 0.23%,对于全系统的 SAIDI,误差将进一步减小。

为了较为直观地说明引起误差的情况,以上述 3 种故障中的一种情况为例,故障前后的局部网络运行方式图 8.5 所示。在图 8.5 中,图 8.5(a)为正常运行。当线路 1 故障时负荷通过线路 2 转供,若线路 2 不能转供全部负荷,母线联络开关闭合,与其余电网形成闭环运行方式,如图 8.5(b)所示。此时,求解可能会出现利用网流法可以通过容量约束校验,而采用潮流计算不能通过容量约束校验的情况,从而导致可靠性指标出现误差。

8.6.2　算例 8.2:RBTS-BUS4 高压配电网

图 7.8 为 RBTS-BUS4 高压配电网部分,该配电网由 3 个变电站环状接线构成,正常情况闭环运行。计算可靠性指标时需要枚举其故障状态,校验系统是否需

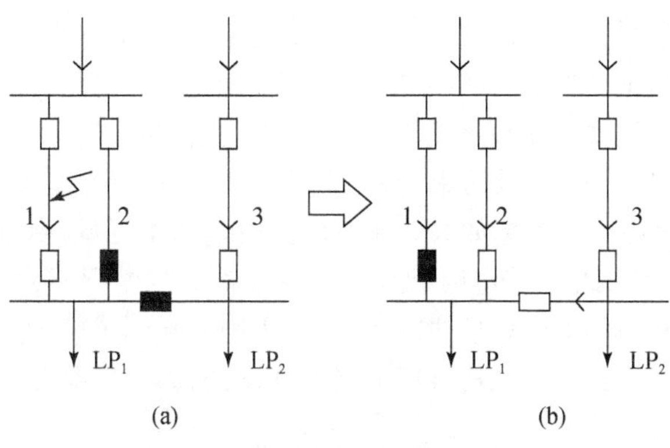

图 8.5　算例局部接线图

■ 断路器(常开); □ 断路器(常闭)

要切负荷,若需要切负荷,则对切负荷进行优化。

原始算例仅有负荷参数,未提供运行参数、导线和变压器参数。假设功率因数为 0.9,变压器容量均为 12MV·A,L_{12}导线型号为 LGJ-95,L_{13}和L_{23}导线型号为 LGJ-120,各条线路允许最大电压降为 10%。采用峰值负荷,设置 3 个时段负荷系数分别为 1、0.8 和 0.6。

本章切负荷优化的目标为考虑负荷重要程度的切负荷最小,因此还需要定义各个负荷点的重要程度,如表 8.2 所示。

表 8.2　负荷点重要程度

负荷点	重要程度
LP_1、LP_2、LP_7	10
LP_3、LP_6	2
LP_4	5
LP_5	1

根据表 8.2 的基础数据,对未通过容量约束校验的故障状态进行切负荷优化。计算结果表明,仅部分故障状态需要进行切负荷,切负荷优化结果如表 8.3 所示。

表 8.3　切负荷优化结果

故障状态	负荷点:切负荷值/MW	
	仅考虑容量约束	考虑容量及电压约束
TR_1 支路一阶故障	LP_3:2.83	LP_3:2.83
TR_2 支路一阶故障	LP_3:2.83	LP_3:2.83
L_{13}双回路二阶故障	LP_5:1.13	LP_5:3.91,LP_6:1.02
L_{13}、L_{12}支路二阶故障	—	LP_5:3.91,LP_6:3.50

由表 8.3 分析可知，切负荷方案是在保证系统最大供电能力情况下优先切掉重要程度最低的负荷。“L_{13}双回路二阶故障”和“L_{13}、L_{12}支路二阶故障”考虑容量及电压约束的切负荷量大于仅考虑容量约束的切负荷量。

考虑了元件容量和电压约束，高压配电网可靠性评估更加符合实际情况，RBTS-BUS4 可靠性评估指标如表 8.4 所示。由表 8.4 可见，由于考虑容量约束，负荷点 LP_3、LP_5 和 LP_6 的停电时间大于未考虑约束的情况下对应的负荷点停电时间。同时由于算例为 33kV 且线路较长，电压约束起到了较大的作用，因此当同时考虑了容量和电压约束时 LP_5 和 LP_6 的停电时间进一步增大。

表 8.4 负荷点停电时间指标对比

负荷点	停电时间/(h/年)		
	未考虑约束	仅考虑容量约束	考虑容量及电压约束
LP_1	0.079	0.079	0.079
LP_2	0.079	0.079	0.079
LP_3	0.079	0.373	0.373
LP_4	0.119	0.119	0.119
LP_5	0.119	0.122	0.125
LP_6	0.119	0.119	0.126
LP_7	0.119	0.119	0.119

为验证算法的有效性，本章设计了 3 组方案对算例计算时间进行对比。方案 1 表示未进行容量约束校验直接利用消圈法进行切负荷优化；方案 2 表示容量约束保守校验后利用消圈法进行切负荷优化；方案 3 表示容量约束保守校验和详细校验后利用消圈法进行切负荷优化。各方案计算时间如图 8.6 所示。

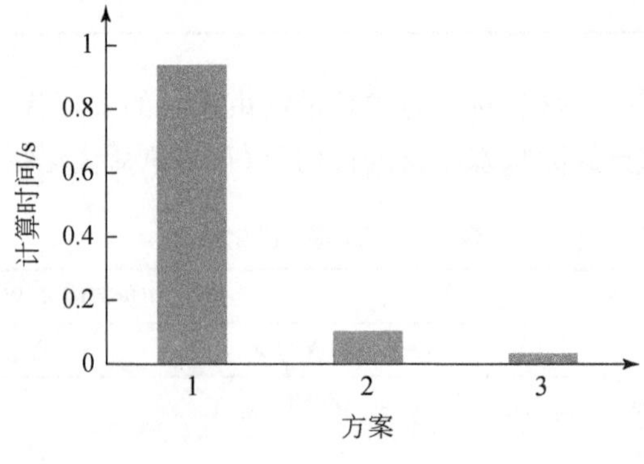

图 8.6 计算时间对比

分析图 8.6 可知，容量约束保守校验和详细校验均可减少计算时间，其中容量约束保守校验计算时间减少量最为明显。

8.7　本章小结

本章介绍了一种考虑容量电压约束的高压配电网可靠性快速评估方法，涉及基于高压配电网特点的若干快速计算策略：根据高压配电网各分片运行区域相对独立的特点，将大规模高压电网转化为多个小规模配电网，显著减少网络计算搜索范围；将线路允许最大电压降转化为相应容量约束，之后的算法只需要考虑容量约束，简化了考虑容量电压约束的可靠性评估流程；基于初始闭环潮流的元件负载率对故障状态进行容量约束保守校验，快速筛选出部分不需进一步进行容量校验和切负荷的故障状态；建立考虑容量约束的切负荷最小网流规划模型，基于初始闭环潮流利用改进的 Edmonds-Karp 算法进行容量约束校验。

算例计算分析表明，在满足工程计算精度的情况下，高压配电网分区策略加上容量约束保守校验和容量约束详细校验可显著减少计算量：精度方面，与直流潮流相比，网流法很少会产生误差，且误差很小；速度方面，本章方法显著减少了计算量，提高了计算效率。

参考文献

[1] 张巍峰，车延博，刘阳升．电力系统可靠性评估中的改进拉丁超立方抽样方法[J]. 电力系统自动化，2015，39(4)：52-57.

[2] Papadimitriou C H, Steiglitz K. Combinatorial Optimization: Algorithms and Complexity [M]. Milton Keynes: Courier Corporation, 1982.

[3] 吴素农，吴文传，张伯明．考虑传输容量约束的配电网可靠性快速评估[J]. 电网技术，2009，33(14)：21-15，41.

[4] 赵洪山，王莹莹，陈松．需求响应对配电网供电可靠性的影响[J]. 电力系统自动化，2015，39(17)：49-55.

[5] 昝贵龙，赵华，吴延琳，等．考虑容量及电压约束的配电网可靠性评估前推故障扩散法[J]. 电力系统自动化，2017，41(7)：61-67.

[6] 王主丁，韦婷婷，万凌云，等．计及多类开关和容量约束的中压配电网可靠性估算解析模型[J]. 电力系统自动化，2016，40(17)：146-155.

[7] 邵黎，谢开贵，王进，等．基于潮流估计和分块负荷削减的配电网可靠性评估算法[J]. 电网技术，2008，32(24)：33-38.

[8] Miao Y Z, Luo W, Lei W M, et al. Power supply reliability indices computation with consideration of generation systems, transmission systems and sub-transmission systems' load transfer capabilities[C]// Power and Energy Engineering Conference, IEEE, Xi'an 2016.

[9] Ahuja R K, Magnanti T L, Orlin J B. Network Flows: Theory, Algorithms, and Applications [M]. New Jersey: Prentice-Hall, 1993.

[10] 王锡凡．电网可靠性评估的随机网流模型[J]. 电力系统自动化，2006，30(12)：1-6.

[11] Cormen T H, Leiserson C E, Rivest R L. 算法导论[M]. 潘金贵，顾铁成，李成法，等译. 北京：机械工业出版社，2006.

[12] 昝贵龙，王主丁，刘念祖，等．考虑容量及电压约束的高压配电网可靠性快速评估算法[J]. 电力系统自动化，2017，41(17)：121-127.

[13] 陈慈萱．电气工程基础(上册)[M]. 2 版．北京：中国电力出版社，2012.

[14] 电力工业部．供电营业规则[M]. 北京：中国电力出版社，2001.

第 9 章　高压配电网可靠性近似估算模型和方法

为方便直观快速地进行可靠性指标近似估算，本章介绍高压配电网可靠性近似估算模型和方法：将待评估区域高压配电网可靠性评估转化为各分片运行地区典型接线 SAIDI 的加权平均，给出典型接线模式涉及部分二阶故障的 SAIDI 简化计算公式。

9.1 引　　言

常规的高压配电网可靠性评估方法一般需要收集完整网络数据，利用商业软件或计算机编程对网络进行计算[1~4]，对工程人员要求较高。因此，在满足工程计算精度的条件下，高压配电网可靠性的简化估算公式显得很有必要。

考虑到高压配电网通常分片运行，而且各分片接线模式较为固定(如常见的 T 型、链式、环型和辐射型接线)，可借助相对独立的分片接线模式可靠性简化估算公式，进行整个待评估区域高压配电网可靠性的快速估算。文献[5]～[7]利用传统方法对高压配电网不同接线方式可靠性进行了研究，给出了不同接线方式的可靠性排序，但未给出各接线方式可靠性指标的计算方式。文献[8]对三种接线方式进行了可靠性分析，得到了输电网可靠性指标解析表达式，但涉及的接线方式较少且解析表达式复杂。近年来中压配电网可靠性估算有许多研究成果[9~11]，但由于高压配电网和中压配电网的开关配置方式和联络方式有很大差异，不能直接套用中压配电网可靠性估算的表达式。

基于第 3 章高压配电网需要考虑Ⅰ类二阶故障的结论，本章介绍高压配电网可靠性近似估算模型和方法，涉及含部分二阶故障的高压配电网 SAIDI 简化估算公式。其中，9.2 节介绍高压配电网可靠性估算的总体思路；9.3 节介绍高压配电网停电过程和模型假设；9.4 节分别介绍一阶故障和二阶故障的简化计算公式的推导过程；9.5 节对典型接线模式可靠性简化公式进行汇总；9.6 节基于典型参数采用简化公式计算各典型接线模式可靠性指标，并给出了实际高压配电网可靠性估算案例。

9.2　估算总体思路

高压配电网通常分片运行，在近似估算情况下，各分片运行高压配电网可看成相互独立，并简化为某一典型接线模式。因此，本章总体思路是将规模庞大的高压配电网的 SAIDI 计算转化为各分片区域典型接线 SAIDI 的加权平均，从而使得整个高压配电网可靠性估算这一复杂问题得以简化。

将各分片区域的用户数与待评估区域总用户数的占比作为相应权重，待评估区域的系统平均停电持续时间可表示为

$$\mathrm{SAIDI_s} = \sum_{i=1}^{N_\mathrm{A}} (w_i \cdot \mathrm{SAIDI}_i) \tag{9.1}$$

式中，$\mathrm{SAIDI_s}$ 为待评估区域的系统平均停电持续时间；N_A 为各相互独立分片运行的区域总数；w_i 为第 i 个分片区域的用户数占待评估区域总用户数的比例；SAIDI_i 为第 i 个分片区域的系统平均停电持续时间。对于各分片区域的用户数，根据可获取的数据情况，采用变电站所供馈线的配变个数，或将每个变电站的低压母线当作一个用户。

9.3　停电过程和模型假设

9.3.1　停电过程

高压配电网线路一般无分段，变电站进线和出线均有断路器。若某元件故障，开环运行系统距离元件最近的上游断路器将断开，闭环运行系统距离故障元件最近的所有断路器将断开。

9.3.2　模型假设

影响高压配电网可靠性评估结果的因素众多，可靠性评估主要用于方案的比选，而不是刻意追求预测的可靠性指标与真实的可靠性指标的吻合程度。而且，在实际高压配电网中，可靠性评估需要的基础数据一般准确度不高，可靠性参数颗粒度一般较大(如一般仅能收集同一类元件可靠性参数而不是每一个元件可靠性参数)；考虑到变电站高压侧母线故障率比其他元件低很多(且高压侧母线故障一般可转供)，变电站高压侧母线故障引起的负荷转供时间很小；高压配电网一般可合环运行，计划停运的转供时间影响很小；通常将低压侧母线故障纳入中压配电网可靠性评估中(见图 5.6)，不在高压配电网可靠性简化公式中讨论。

基于上述考虑，为了便于工程师手算典型接线可靠性指标，可适当简化可靠性指标的公式，因此本章做了如下假设。

假设 1：变电站母联开关均为断开状态，线路和变压器两侧均有断路器，断路器可与其他元件隔离。

假设 2：同一类元件可靠性参数相同。

假设 3:同一变电站内不同变压器的用户数相同。

假设 4:忽略电压及容量约束。

假设 5:忽略变电站高压侧母线故障引起的负荷转供时间(但要考虑高压单母线不分段情况下的母线停电时间),不考虑低压侧母线故障的影响。

假设 6:不考虑计划停运的转供时间(但要考虑辐射型线路和变压器计划停运时间),多重故障中仅考虑Ⅰ类二级故障(详见 3.3 节)。

9.4　模 型 推 导

基于第 2 章高压配电网可靠性合理指标的选择,采用故障模式后果分析法,本节分别以 T 型接线和链式接线为例分元件推导其故障对 SAIDI 的贡献,其余各接线模式 SAIDI 指标简化公式推导结果见 9.5 节。另外,基于第 3 章多重故障对高压配电网的影响分析,简化公式考虑了Ⅰ类二阶故障的影响。

9.4.1　一阶故障

1. T 型接线

T 型接线可以分为 3T 接线和双 T 接线。一般来说,3T 接线是每个变电站有 3 台变压器,双 T 接线是每个变电站有 2 台变压器。本章以双 T 接线为例,如图 9.1 所示。

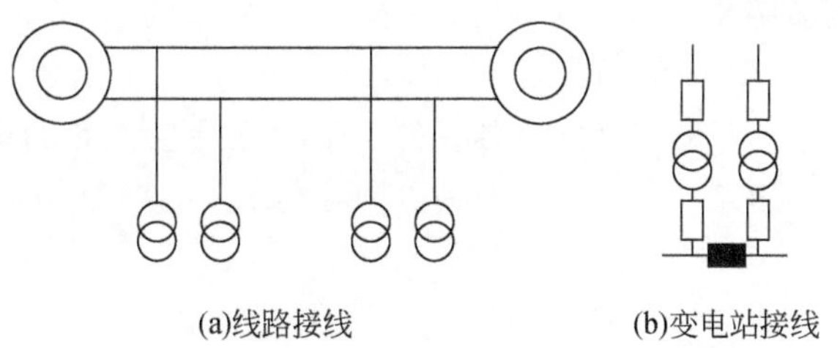

图 9.1　双 T 接线示意图

□ 断路器(常闭); ■ 断路器(常开)

1)线路故障

双 T 接线是每条输电线路均带有整个系统的 1/2 负荷。任何一条输电线路故障时其所带的负荷均可以转供,因此这部分负荷感受到的是负荷转供时间。因此,线路一阶故障对 SAIDI 贡献 $T_1^{(1)}$ 可表示为

$$T_1^{(1)}=\frac{2\times\dfrac{M_1+M_2}{2}\lambda_f L}{M_1+M_2}t_{df}=\lambda_f L t_{df} \tag{9.2}$$

式中,M_1 和 M_2 分别为变电站 1 和 2 的用户数;λ_f 为线路故障停运率;L 为单条线路总长度;t_{df}表示设备故障时负荷的转供时间。

2)开关故障

高压配电网开关故障一般指断路器故障,双 T 接线根据开关连接位置不同可以将开关分为三部分:上级变电站出线开关、本级变电站进线开关和变压器低压侧开关。上级变电站出线故障将影响该变电站出线开关所在线路所带的负荷,本级变电站进线开关故障除了影响本站负荷还会影响双 T 接线路上的所有负荷,变压器低压侧开关故障仅影响该变压器所带的负荷。因此,开关一阶故障对 SAIDI 的贡献 $T_w^{(1)}$ 可表示为

$$T_w^{(1)}=\frac{2\times\dfrac{M_1+M_2}{2}\lambda_w t_{df}+4\times\dfrac{M_1+M_2}{2}\lambda_w t_{df}+\left(2\times\dfrac{M_1}{2}+2\times\dfrac{M_2}{2}\right)\lambda_w t_{df}}{M_1+M_2}=4\lambda_w t_{df} \tag{9.3}$$

式中,λ_w 为开关故障停运率。

3)变压器故障

若变压器发生故障时上游断路器动作,该变压器所带的负荷将感受转供时间,变压器一阶故障对 SAIDI 的贡献 $T_t^{(1)}$ 可表示为

$$T_t^{(1)}=\frac{\left(2\times\dfrac{M_1}{2}+2\times\dfrac{M_2}{2}\right)\lambda_t t_{df}}{M_1+M_2}=\lambda_t t_{df} \tag{9.4}$$

式中,λ_t 为变压器故障率。

4)单重故障对 SAIDI 的贡献

综上,对于图 9.1 的双 T 接线,各元件一阶故障对 SAIDI 的贡献可表示为

$$\text{SAIDI}^{(1)}=T_l^{(1)}+T_w^{(1)}+T_t^{(1)}=(\lambda_f L+4\lambda_w+\lambda_t)t_{df} \tag{9.5}$$

2. 链式接线

链式接线是高压配电网中另一种常见的接线方式,链式变电站通常有两个上级变电站,正常运行时联络开关断开,两个上级变电站互为备用。图 9.2(a)和图 9.2(b)分别为双链典型接线的单线图和电气接线图。

1)线路故障

链式接线不同线路故障影响到的变电站负荷是不同的。针对图 9.2,线路段 L_1故障变电站 1 和变电站 2 的负荷将受到影响,线路段 L_2故障仅变电站 2 的负荷将受到影响,线路段 L_3正常运行时为联络线,其故障对各变电站负荷没有影响,线路段 L_4故障仅变电站 3 的负荷将受到影响。通过故障模式后果分析法归纳总结,图 9.2 中各线路段一阶故障对 SAIDI 的贡献可表示为

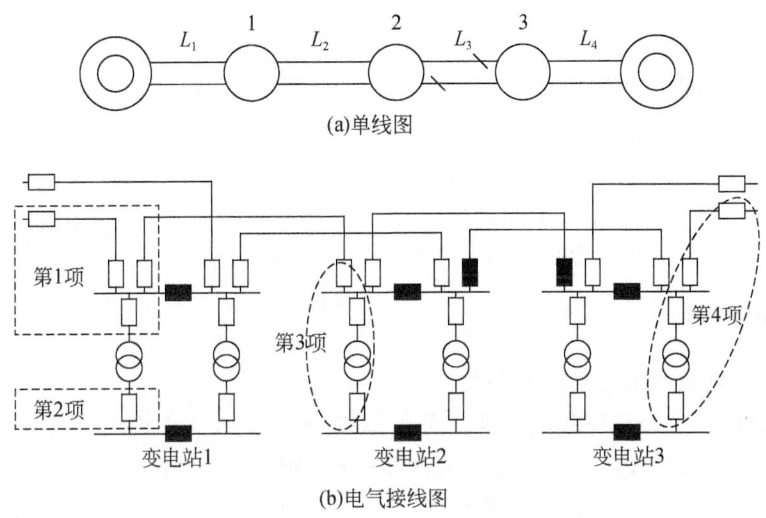

图 9.2　双链 3 站 2 变接线示意图

□ 断路器(常闭); ■ 断路器(常开)

$$T_{\mathrm{l}}^{(1)}=\lambda_{\mathrm{f}} t_{\mathrm{df}} \frac{L_1(M_1+M_2)+L_2 M_2+L_4 M_3}{M_1+M_2+M_3} \tag{9.6}$$

2)开关故障

链式接线断路器故障也可以分为三部分:上级变电站出线开关、与高压侧母线相连开关和与低压侧母线相连开关。上级变电站出线开关、与高压侧母线相连开关故障时将影响本站和下游变电站负荷;与低压侧母线相连开关故障时,仅会影响本站负荷。各开关一阶故障对 SAIDI 贡献可表示为

$$T_{\mathrm{w}}^{(1)}=\lambda_{\mathrm{w}} t_{\mathrm{df}} \frac{4\times\dfrac{M_1+M_2}{2}\times 2+\dfrac{M_1}{2}\times 2+3\,\dfrac{M_2}{2}\times 2+4\,\dfrac{M_3}{2}\times 2}{M_1+M_2+M_3} \tag{9.7}$$

式(9.7)中每一项对应图 9.2 中虚线圈住开关的影响。

3)变压器故障

链式接线变压器故障 SAIDI 贡献估算模型与双 T 接线一致。

4)单重故障对 SAIDI 的贡献

综上,对于图 9.2 双链接线,各元件一阶故障对 SAIDI 的贡献可表示为

$$\begin{aligned}\mathrm{SAIDI}^{(1)}&=T_{\mathrm{l}}^{(1)}+T_{\mathrm{w}}^{(1)}+T_{\mathrm{t}}^{(1)}\\&=[(\lambda_{\mathrm{f}}L_1+5\lambda_{\mathrm{w}})M_1+(\lambda_{\mathrm{f}}L_1+\lambda_{\mathrm{f}}L_2+7\lambda_{\mathrm{w}})M_2\\&\quad+(\lambda_{\mathrm{f}}L_4+4\lambda_{\mathrm{w}})M_3]t_{\mathrm{df}}/(M_1+M_2+M_3)+\lambda_{\mathrm{t}}t_{\mathrm{df}}\end{aligned} \tag{9.8}$$

9.4.2 二阶故障

高压配电网规划设计一般满足 $N-1$ 的要求，元件故障后负荷转供时间一般较短，二阶故障引起的停电时间在总停电时间中的占比较大，因此高压配电网需要考虑元件二阶故障的影响，系统 SAIDI 为一阶故障的贡献加上部分二阶故障的贡献[3]。需要说明的是，本书中提到的二阶故障需要考虑某元件故障修复期间另一元件故障和某元件计划检修期间另一元件故障两种情况。

1. 研究基础

1）二阶故障停电时间计算公式

与输电网不同，高压配电网通常分片运行，同时每个片区的元件数量不多，因此可以将网络等效成串并联系统计算二阶故障停电时间。其中串联系统常用停电时间计算公式已经将多阶故障考虑在内，无须单独考虑二阶故障[12]；并联系统二阶故障停电时间需要单独考虑[13]。

一般情况下，配电网元件的平均故障率远小于其平均修复率，两元件并联系统某一元件故障修复期间另一元件故障停电时间可简化表示为（参见 2.8.2 小节的串并联系统）

$$U_s=\lambda_{1f}\lambda_{2f}t_{1f}t_{2f} \tag{9.9}$$

式中，λ_{1f}和λ_{2f}分别为元件 1 和元件 2 的故障率；t_{1f}和 t_{2f}分别为元件 1 和元件 2 的故障修复时间。

两元件并联系统某一元件计划检修期间另一元件故障停电时间可表示为

$$U_s=(\lambda_{1s}t_{1s})\lambda_{2f}\frac{t_{1s}t_{2f}}{t_{1s}+t_{2f}}+(\lambda_{2s}t_{2s})\lambda_{1f}\frac{t_{1f}t_{2s}}{t_{1f}+t_{2s}} \tag{9.10}$$

式中，λ_{1s}和λ_{2s}分别为元件 1 和元件 2 的计划检修率；t_{1s}和 t_{2s}分别为元件 1 和元件 2 的计划检修时间。

2）二阶故障影响分析

高压配电网二阶故障根据停电时间的不同可以分为两类：Ⅰ类二阶故障，负荷感受修复时间；Ⅱ类二阶故障，负荷感受转供时间。考虑到元件二阶故障率较低且元件修复时间远大于转供时间，因此一般仅需考虑Ⅰ类二级故障（参见 3.3 节）。

高压配电网二阶故障的常见形式为两并联线路支路二阶故障和两并联变压器支路二阶故障，如图 9.3 所示。

2. 故障修复期间另一元件故障

1）线路支路

两并联线路支路二阶故障的故障形式主要有：开关＋线路、开关＋开关和线路

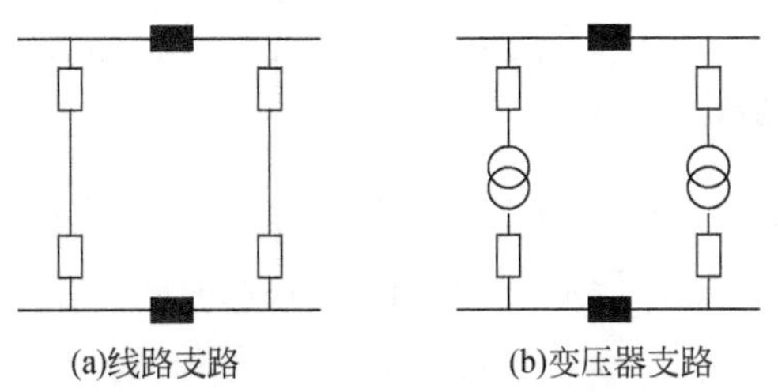

图 9.3　涉及二阶故障的常见接线形式

□ 断路器(常闭); ■ 断路器(常开)

+线路,基于式(9.9)并联线路支路二阶故障对 SAIDI 的贡献可表示为

$$T_{l,f}^{(2)}=4\left(\lambda_{w}t_{wf}\right)^{2}+(4L)\lambda_{w}\lambda_{f}t_{wf}t_{f}+L^{2}\left(\lambda_{f}t_{f}\right)^{2} \tag{9.11}$$

式中,t_{wf} 和 t_{f} 分别为开关和线路的故障修复时间。对于单环/单链+1 站或 2 站接线模式,需对式(9.11)进行修改:对于 1 站和 2 站的情况,分别将式中的$(4L)$修改为 $2(L_1+L_2)$和$(3L_1+2L_2+3L_3)$,并分别将式中的 L^2 修改为 L_1L_2 和$(L_1L_2+L_2L_3+2L_1L_3)/2$。

2)变压器支路

两并联变压器支路二阶故障的故障形式主要有:开关+变压器、开关+开关和断路器+断路器,基于式(9.9)并联变压器支路二阶故障对 SAIDI 的贡献可表示为

$$T_{t,f}^{(2)}=4\left(\lambda_{w}t_{wf}\right)^{2}+4\lambda_{w}\lambda_{t}t_{wf}t_{tf}+\left(\lambda_{t}t_{tf}\right)^{2} \tag{9.12}$$

式中,t_{tf} 为变压器故障修复时间。

3. 计划检修期间另一元件故障

1)线路支路

基于式(9.10),某一线路支路元件计划检修期间线路另一元件发生故障对 SAIDI 的贡献可表示为

$$T_{l,s}^{(2)}=8\lambda_{ws}t_{ws}\lambda_{w}\frac{t_{wf}t_{ws}}{t_{wf}+t_{ws}}+(4L)\lambda_{ws}t_{ws}\lambda_{f}\frac{t_{ws}t_{f}}{t_{ws}+t_{f}}+(4L)\lambda_{s}t_{s}\lambda_{w}\frac{t_{wf}t_{s}}{t_{wf}+t_{s}}+2\lambda_{s}t_{s}\lambda_{f}L^{2}\frac{t_{s}t_{f}}{t_{s}+t_{f}} \tag{9.13}$$

式中,λ_{ws} 和 t_{ws} 分别为开关的预安排停运率和平均预安排停运持续时间;λ_{s} 和 t_{s} 分别为线路单位长度预安排停运率和平均预安排停运持续时间(含线路预安排停运隔离及倒闸操作时间 t_{ds})。注意,若各线路中相应两开关同时检修,式(9.13)中的 λ_{ws} 应减半;若各线路中开关与相应线路同时检修,式(9.13)中的 λ_{ws} 应为零。对于单环/单链+1 站或 2 站接线模式,需对式(9.13)进行修改:对于 1 站和 2 站的情况,分别将式中$(4L)$修改为 $2(L_1+L_2)$和$(3L_1+2L_3+3L_3)$,并分别将式中的 L^2 修改为 L_1L_2 和$(L_1L_2+L_2L_3+2L_1L_3)/2$。

2)变压器支路

基于式(9.10)，某一变压器支路元件计划检修期间变压器支路另一元件发生故障对 SAIDI 的贡献可表示为

$$T_{t,s}^{(2)}=8\lambda_{ws}t_{ws}\lambda_{w}\frac{t_{wf}t_{ws}}{t_{wf}+t_{ws}}+4\lambda_{ws}t_{ws}\lambda_{t}\frac{t_{ws}t_{tf}}{t_{ws}+t_{tf}}+4\lambda_{ts}t_{ts}\lambda_{w}\frac{t_{wf}t_{ts}}{t_{wf}+t_{ts}}+2\lambda_{ts}t_{ts}\lambda_{t}\frac{t_{ts}t_{tf}}{t_{ts}+t_{tf}} \quad (9.14)$$

式中，λ_{ts}和 t_{ts}分别为变压器计划检修率和计划检修时间。注意，若与变压器直接相连的两开关同时检修，式(9.14)中的 λ_{ws}应减半；若与变压器直接相连的两开关与变压器同时检修，式(9.14)中的 λ_{ws}应为零。

4. 二阶故障对 SAIDI 的贡献

对于一条双回线路，二阶故障对 SAIDI 的贡献可表示为

$$\mathrm{SAIDI}^{(2)}=T_{l,f}^{(2)}+T_{l,s}^{(2)} \quad (9.15)$$

对于两个并联变压器，二阶故障对 SAIDI 的贡献可表示为

$$\mathrm{SAIDI}^{(2)}=T_{t,f}^{(2)}+T_{t,s}^{(2)} \quad (9.16)$$

涉及一条双回线路和两个并联变压器的二阶故障对 SAIDI 的贡献可表示为

$$\mathrm{SAIDI}^{(2)}=T_{l,f}^{(2)}+T_{l,s}^{(2)}+T_{t,f}^{(2)}+T_{t,s}^{(2)} \quad (9.17)$$

9.5　典型接线可靠性简化公式汇总

与 9.4 节的推导过程类似，可推导出相关技术导则[14~16]中常见高压配电网典型接线可靠性指标 SAIDI 简化计算公式，结果如表 9.1 所示。

表 9.1　高压配电网典型接线可靠性指标 SAIDI 简化计算公式

接线模式	一阶故障 SAIDI(1)	二阶故障 SAIDI(2)
3T+3 站+3 变	$(\lambda_f L+5\lambda_w+\lambda_t)t_{df}$	—
3T+2 站+3 变	$(\lambda_f L+4\lambda_w+\lambda_t)t_{df}$	—
双 T+3 站+2 变	$(\lambda_f L+5\lambda_w+\lambda_t)t_{df}$	$T_{l,f}^{(2)}+T_{l,s}^{(2)}+T_{t,f}^{(2)}+T_{t,s}^{(2)}$
双 T+2 站+2 变	$(\lambda_l L+4\lambda_w+\lambda_t)t_{df}$	$T_{l,f}^{(2)}+T_{l,s}^{(2)}+T_{t,f}^{(2)}+T_{t,s}^{(2)}$
双链+3 站+2 变	$[(\lambda_f L_1+5\lambda_w)M_1+(\lambda_f L_1+\lambda_f L_2+7\lambda_w)M_2+(\lambda_f L_4+4\lambda_w)M_3]t_{df}/(M_1+M_2+M_3)+\lambda_t t_{df}$	$T_{t,f}^{(2)}+T_{t,s}^{(2)}$
双链+3 站+3 变	$[(\lambda_f L_1+6\lambda_w)M_1+(\lambda_f L_1+\lambda_f L_2+8\lambda_w)M_2+(\lambda_f L_4+5\lambda_w)M_3]t_{df}/(M_1+M_2+M_3)+\lambda_t t_{df}$	—
双链+2 站+2 变	$\dfrac{\lambda_f L_1 M_1+\lambda_f L_3 M_2}{M_1+M_2}t_{df}+4\lambda_w t_{df}+\lambda_t t_{df}$	$T_{t,f}^{(2)}+T_{t,s}^{(2)}$
双链+2 站+3 变	$\dfrac{\lambda_f L_1 M_1+\lambda_f L_3 M_2}{M_1+M_2}t_{df}+\dfrac{16}{3}\lambda_w t_{df}+\lambda_t t_{df}$	—
双辐射+1 站+2 变	$(\lambda_f L+4\lambda_w+\lambda_t)t_{df}$	$T_{l,f}^{(2)}+T_{l,s}^{(2)}+T_{t,f}^{(2)}+T_{t,s}^{(2)}$
双辐射+2 站+2 变	$[(\lambda_f L_1+5\lambda_w)M_1+(\lambda_f L_1+\lambda_f L_2+7\lambda_w)M_2]t_{df}/(M_1+M_2)+\lambda_t t_{df}$	$T_{l_1,f}^{(2)}+T_{t,f}^{(2)}+T_{l_1,s}^{(2)}+T_{t,s}^{(2)}+(T_{l_2,f}^{(2)}+T_{l_2,s}^{(2)})M_2/(M_1+M_2)$

续表

接线模式	一阶故障 SAIDI[1]	二阶故障 SAIDI[2]
双环+2 站+2 变	$\frac{\lambda_f L_1 M_1+\lambda_f L_3 M_2}{M_1+M_2}t_{df}+4\lambda_w t_{df}+\lambda_t t_{df}$	$T^{(2)}_{t,f}+T^{(2)}_{t,s}$
单环/单链+1 站+2 变	$\frac{\lambda_f L_1 M_1+\lambda_f L_2 M_2}{M_1+M_2}t_{df}+4\lambda_w t_{df}+\lambda_t t_{df}$	$T^{(2)}_{l,f}+T^{(2)}_{l,s}+T^{(2)}_{t,f}+T^{(2)}_{t,s}$
单环/单链+2 站+2 变	$\frac{\lambda_f L_1 M_1+\lambda_f L_3 M_2}{M_1+M_2}t_{df}+5\lambda_w t_{df}+\lambda_t t_{df}$	$T^{(2)}_{l,f}+T^{(2)}_{l,s}+T^{(2)}_{t,f}+T^{(2)}_{t,s}$
单辐射+1 站+1 变	$\lambda_f L t_f+4\lambda_w t_{wf}+\lambda_t t_{tf}+\lambda_b t_{bf}+$ $\lambda_s L t_s+4\lambda_{ws} t_{ws}+\lambda_{ts} t_{ts}+\lambda_{bs} t_{bs}$	—
单辐射+1 站+2 变	$\lambda_f L t_f+5\lambda_w t_{wf}+\lambda_t t_{df}+\lambda_b t_{bf}+$ $\lambda_s L t_s+5\lambda_{ws} t_{ws}+\lambda_{ts} t_{ds}+\lambda_{bs} t_{bs}$	$T^{(2)}_{t,f}+T^{(2)}_{t,s}$
单辐射+2 站+2 变	$[\lambda_w t_{df} M_1+(\lambda_f L_2 t_f+2\lambda_w t_{wf}+2\lambda_w t_{df})M_2]$ $/(M_1+M_2)+\lambda_f L_1 t_f+2\lambda_w t_{wf}+(\lambda_t+2\lambda_w)t_{df}$ $+(\lambda_b t_{bf}+\lambda_{bs} t_{bs})(M_1+2M_2)/(M_1+M_2)+\lambda_s L_1 t_s$ $+2\lambda_{ws} t_{ws}+(\lambda_s L_2 t_s+2\lambda_{ws} t_{ws})M_2/(M_1+M_2)$	$T^{(2)}_{t,f}+T^{(2)}_{t,s}$

注：表中，“—”表示不存在Ⅰ类二阶故障；λ_b 和 λ_{bs}分别表示母线的故障率和计划停运率，t_{bf}和 t_{bs}分别表示母线故障修复时间和计划停运时间；t_{ds}表示设备计划停运时负荷的转供时间；$T^{(2)}_{l_1,f}$（或 $T^{(2)}_{l_1,s}$）和 $T^{(2)}_{l_2,f}$（或 $T^{(2)}_{l_2,s}$）分别对应双辐射 2 站接线模式中靠电源近和远的两段双回线。

9.6　近似评估三算例

本节算例包括各种典型接线模式、某实际高压配电网可靠性指标的计算分析和大规模高压配电网可靠性估算。

9.6.1　算例 9.1：典型接线模式

采用表 3.6 典型元件可靠性参数，设备故障停运和计划停运时负荷的转供时间为 10min。假设每个变电站用户数相同，上级电源足够可靠，在不考虑设备容量电压约束情况下，计算表 9.1 中各典型接线模式的 SAIDI 和 RS-1，结果如表 9.2 所示。

表 9.2　高压配电网典型接线可靠性指标 SAIDI 和 RS-1 计算结果

接线模式	线路长度 L/km	一阶故障 SAIDI[1] /[min/(户·年)]	二阶故障 SAIDI[2] /[min/(户·年)]	合计 SAIDI /[min/(户·年)]	RS-1/%
3T+3 站+3 变	5	0.70	0	0.70	99.99987
	10	0.80	0	0.80	99.99985
	30	1.20	0	1.20	99.99977
	80	2.20	0	2.20	99.99958

续表

接线模式	线路长度 L/km	一阶故障 SAIDI[1] /[min/(户·年)]	二阶故障 SAIDI[2] /[min/(户·年)]	合计 SAIDI /[min/(户·年)]	RS-1/%
3T+2 站+3 变	5	0.60	0	0.60	[illegible]
	10	0.70	0	0.70	99.99987
	30	1.10	0	1.10	99.99979
	80	2.10	0	2.10	99.99960
双 T+3 站+2 变	5	0.70	0.80	1.50	99.99972
	10	0.80	0.87	1.67	99.99968
	30	1.20	1.26	2.46	99.99953
	80	2.20	2.87	5.07	99.99903
双 T+2 站+2 变	5	0.60	0.80	1.40	99.99973
	10	0.70	0.87	1.57	99.99970
	30	1.10	1.26	2.36	99.99955
	80	2.10	2.87	4.97	99.99905
双链+3 站+2 变	5	0.67	0.60	1.26	99.99976
	10	0.70	0.60	1.30	99.99975
	30	0.83	0.60	1.43	99.99973
	80	1.17	0.60	1.77	99.99966
双链+3 站+3 变	5	0.77	0	0.77	99.99985
	10	0.80	0	0.80	99.99985
	30	0.93	0	0.93	99.99982
	80	1.27	0	1.27	99.99976
双链+2 站+2 变	5	0.53	0.60	1.13	99.99978
	10	0.57	0.60	1.17	99.99978
	30	0.70	0.60	1.30	99.99975
	80	1.03	0.60	1.63	99.99969
双链+2 站+3 变	5	0.67	0	0.67	99.99987
	10	0.70	0	0.70	99.99987
	30	0.83	0	0.83	99.99984
	80	1.17	0	1.17	99.99978
双辐射+1 站+2 变	5	0.60	0.80	1.40	99.99973
	10	0.70	0.87	1.57	99.99970
	30	1.10	1.26	2.36	99.99955
	80	2.10	2.87	4.97	99.99905

续表

接线模式	线路长度 L/km	一阶故障 SAIDI[1] /[min/(户·年)]	二阶故障 SAIDI[2] /[min/(户·年)]	合计 SAIDI /[min/(户·年)]	RS-1/%
双辐射+2 站+2 变	5	0.78	0.84	1.62	99.99969
	10	0.85	0.89	1.74	99.99967
	30	1.15	1.13	2.28	99.99957
	80	1.90	1.97	3.87	99.99926
双环+2 站+2 变	5	0.53	0.60	1.13	99.99978
	10	0.57	0.60	1.17	99.99978
	30	0.70	0.60	1.30	99.99975
	80	1.03	0.60	1.63	99.99969
单环/单链+1 站+2 变	5	0.55	0.76	1.31	99.99975
	10	0.60	0.80	1.40	99.99973
	30	0.80	0.95	1.75	99.99967
	80	1.30	1.51	2.81	99.99946
单环/单链+2 站+2 变	5	0.63	0.75	1.38	99.99974
	10	0.67	0.77	1.44	99.99973
	30	0.80	0.87	1.67	99.99968
	80	1.13	1.19	2.32	99.99956
单辐射+1 站+1 变	5	6066.55	0	6066.55	98.84579
	10	6212.95	0	6212.95	98.81793
	30	6798.55	0	6798.55	98.70652
	80	8262.55	0	8262.55	98.42798
单辐射+1 站+2 变	5	4964.75	0.60	4965.35	99.05530
	10	5111.15	0.60	5111.75	99.02744
	30	5696.75	0.60	5697.35	98.91603
	80	7160.75	0.60	7161.35	98.63749
单辐射+2 站+2 变	5	3297.98	0.60	3298.58	99.37242
	10	3407.78	0.60	3408.38	99.35153
	30	3846.98	0.60	3847.58	99.26796
	80	4944.98	0.60	4945.58	99.05906

由表 9.2 可知，单辐射接线模式由于要感受到计划停电时间，可靠性很低，其余接线模式可靠性高（可靠率都在“5 个 9”以上）；对于线路较短（如 L 小于 10km）的“2 站＋3 变”和“3 站＋3 变”，3T 接线可靠性高于双链，而线路较长时 3T 接线可靠性低于双链；对于“3 站＋2 变”和“2 站＋3 变”的情况，双 T 接线可靠性低于双链。

9.6.2　算例 9.2：某实际高压配电网

某地区高压配电网地理接线图如图 9.4 所示，该地区有 3 座 220kV 变电站，有 7 座 110kV 变电站，接线方式有双 T 接线、双链接线和双辐射接线。

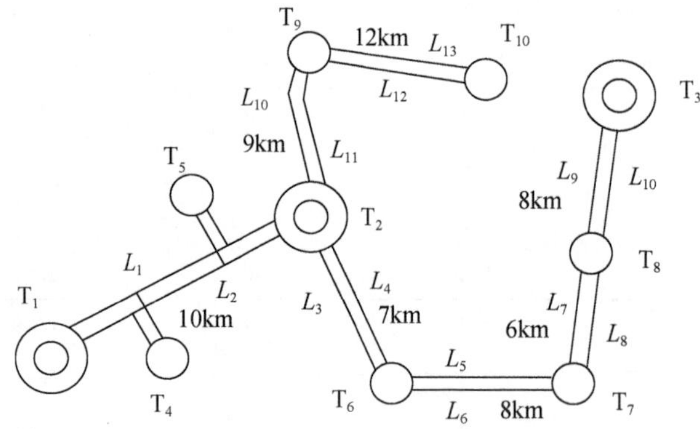

图 9.4　某地区高压配电网接线图

◎ 220kV变电站；○ 110kV变电站

由于不考虑 220kV 变电站的故障，各个接线方式涉及的系统可看作相对独立，典型可靠性参数如表 3.6 所示，假设开关切换时间为 10min，各变电站用户数量见表 9.3。

表 9.3　110kV 变电站用户数

变电站	用户数/户
T_4、T_7、T_{10}	100
T_5、T_6、T_8	150
T_9	120

基于典型可靠性参数，利用本章的简化公式，计算各接线方式和整个系统的 SAIDI 指标，结果如表 9.4 所示。

表 9.4　各接线模式 SAIDI 指标

接线模式	一阶故障 SAIDI /[min/(户·年)]	二阶故障 SAIDI /[min/(户·年)]	总计 SAIDI /[min/(户·年)]	二阶故障占比/%
双 T+2 站+2 变	0.7	0.87	1.57	55.42
双链+3 站+3 变	0.9	0	0.90	0
双辐射+两站+2 变	0.98	0.99	1.97	50.33
系统	0.863	0.442	1.31	33.87

由表 9.4 可知，本算例中双链接线的可靠性最高，双 T 接线次之，双辐射接线的可靠性最低。本算例中除“双链+3 站+3 变”接线形式外，其他接线形式二阶故障 SAIDI 占比均在 30%以上，通常不可忽略。

9.6.3　算例 9.3：大规模高压配电网可靠性估算

本算例涵盖某省 A、B、C 和 D 类地区的 110kV 和 35kV 高压配电网。

1. 110kV 基础数据

该省 110kV 电网结构基础数据如表 9.5 所示。其中，链式接线有 563 条，占 55.7%；环网接线 142 条，占 14%；辐射型接线 306 条，占 30.3%。

表 9.5　110kV 电网结构概况

供电分区	电压等级/kV	线路总条数/条	线路平均长度/km	链式/条			环网/条		辐射/条	
				三链	双链	单链 1 站	双环网	单环 2 站	双辐射	单辐射
A	110	143	8.86	0	72	28	4	9	25	5
B	110	229	10.38	0	77	70	5	19	56	2
C	110	222	19.06	0	42	72	0	34	59	15
D	110	417	19.73	0	47	155	5	66	92	52

2. 35kV 基础参数

该省 35kV 电网结构基础数据如表 9.6 所示。其中，环网接线占 3.9%，链式接线占 39.5%，辐射型接线占 56.6%。

表 9.6　35kV 电网结构概况

供电分区	电压等级/kV	线路总条数/条	线路平均长度/km	链式/条			环网/条		辐射/条	
				三链	双链	单链 1 站	双环网	单环 2 站	双辐射	单辐射
A	35	0	—	0	0	0	0	0	0	0
B	35	30	6.94	0	0	7	0	0	6	17

续表

供电分区	电压等级/kV	线路总条数/条	线路平均长度/km	链式/条			环网/条		辐射/条	
				三链	双链	单链 1 站	双环网	单环 2 站	双辐射	单辐射
C	35	24	10.43	0	0	12	0	0	8	4
D	35	303	12.98	0	4	118	0	14	54	113

3. 可靠性估算

对于大规模高压配电网可靠性近似估算，类似式(6.3)，可考虑将待估算区域先按供电区域划分，再按相对独立的各分片典型接线模式划分，相同供电区域相同典型接线模式的线路假设其长度及其分段情况相同(即可靠性相同)。根据本章估算模型，假设相同电压等级的各条线路用户数相同，采用表 3.6 中的可靠性参数，计算 110kV 和 35kV 不同供电分区不同接线模式和系统的 SAIDI 指标，结果分别如表 9.7 和表 9.8 所示。由这两个表可见，单辐射线路的 SAIDI 指标远大于其他接线模式，可靠性很差；由表 9.7 可知，B 类供电分区的 SAIDI 合计指标明显小于其他分区，可靠性较高，这是由于该区域单辐射线路占比较低。

表 9.7　110kV 不同供电分区不同接线模式和系统的 SAIDI 指标

供电分区		A	B	C	D
双链+2 站+2 变	一阶 SAIDI/[h/(户·年)]	0.00466	0.00474	0.00523	0.00526
	二阶 SAIDI/[h/(户·年)]	0.00997	0.00997	0.00997	0.00997
	合计 SAIDI/[h/(户·年)]	0.01463	0.01471	0.01520	0.01523
	线路占比/%	50.35	33.62	18.92	11.27
单链+1 站+2 变	一阶 SAIDI/[h/(户·年)]	0.00491	0.00503	0.00575	0.00581
	二阶 SAIDI/[h/(户·年)]	0.01312	0.01330	0.01438	0.01447
	合计 SAIDI/[h/(户·年)]	0.01803	0.01833	0.02013	0.02028
	线路占比/%	19.58	30.57	32.43	37.17
双环网+2 站+2 变	一阶 SAIDI/[h/(户·年)]	0.00466	0.00474	0.00000	0.00526
	二阶 SAIDI/[h/(户·年)]	0.00997	0.00997	0.00000	0.00997
	合计 SAIDI/[h/(户·年)]	0.01463	0.01471	0.00000	0.01523
	线路占比/%	2.80	2.18	0.00	1.20
单环网+2 站+2 变	一阶 SAIDI/[h/(户·年)]	0.00549	0.00558	0.00606	0.00610
	二阶 SAIDI/[h/(户·年)]	0.01278	0.01289	0.01358	0.01363
	合计 SAIDI/[h/(户·年)]	0.01827	0.01847	0.01964	0.01973
	线路占比/%	6.29	8.30	15.32	15.83

续表

供电分区		A	B	C	D
双辐射+2站+2变	一阶 SAIDI/[h/(户·年)]	0.00694	0.00713	0.00822	0.00830
	二阶 SAIDI/[h/(户·年)]	0.01469	0.01496	0.01659	0.01672
	合计 SAIDI/[h/(户·年)]	0.02163	0.02209	0.02480	0.02502
	线路占比/%	17.48	24.45	26.58	22.06
单辐射+1站+2变	一阶 SAIDI/[h/(户·年)]	84.58237	85.32500	89.55738	89.88690
	二阶 SAIDI/[h/(户·年)]	0.00997	0.00997	0.00997	0.00997
	合计 SAIDI/[h/(户·年)]	84.59234	85.33497	89.56735	89.89687
	线路占比/%	3.50	0.87	6.76	12.47
SAIDI 合计/[h/(户·年)]		2.97401	0.76309	6.07085	11.22824
供电可靠率/%		99.9661	99.9913	99.9307	99.8718
SAIDI 总计/[h/(户·年)]		6.55780			
供电可靠率/%		99.9251			

注:"线路占比"指对应某一供电分区,不同接线模式线路条数与该供电分区线路总条数之比。

表 9.8　35kV 不同供电分区不同接线模式和系统的 SAIDI 指标

供电分区		B	C	D
双链+2站+2变	一阶 SAIDI/[h/(户·年)]	—	—	0.00489
	二阶 SAIDI/[h/(户·年)]	—	—	0.00997
	合计 SAIDI/[h/(户·年)]	—	—	0.01486
	线路占比/%	—	—	0.01320
单链+1站+2变	一阶 SAIDI/[h/(户·年)]	0.00474	0.00504	0.00525
	二阶 SAIDI/[h/(户·年)]	0.01290	0.01330	0.01361
	合计 SAIDI/[h/(户·年)]	0.01764	0.01834	0.01886
	线路占比/%	23.33	50.00	38.94
单环+2站+2变	一阶 SAIDI/[h/(户·年)]	—	—	0.00572
	二阶 SAIDI/[h/(户·年)]	—	—	0.01309
	合计 SAIDI/[h/(户·年)]	—	—	0.01881
	线路占比/%	—	—	4.62
双辐射+2站+2变	一阶 SAIDI/[h/(户·年)]	0.00670	0.00714	0.00746
	二阶 SAIDI/[h/(户·年)]	0.01436	0.01497	0.01543
	合计 SAIDI/[h/(户·年)]	0.02106	0.02211	0.02289
	线路占比/%	20.00	33.33	17.82

续表

供电分区		B	C	D
单辐射+1站+2变	一阶 SAIDI/[h/(户·年)]	83.64393	85.35274	86.59710
	二阶 SAIDI/[h/(户·年)]	0.00997	0.00997	0.00997
	合计 SAIDI/[h/(户·年)]	83.65390	85.36271	86.60707
	线路占比/%	56.68	16,67	37.29
SAIDI 合计/[h/(户·年)]		47.41220	14.24366	32.31149
供电可靠率/%		99.4588	99.8374	99.6311
SAIDI 总计/[h/(户·年)]			32.36582	
供电可靠率/%			99.63052	

综合该省110kV和35kV配电网计算结果，根据110kV和35kV线路供电能力(与电压成正比)和线路条数，可估算得到110kV和35kV配电网用户数占比(分别为93.78%和6.22%)，以及全省高压配电网可靠性指标SAIDI为：6.55781×0.9378+32.36582×0.0622=8.1631 h/(户·年)。

4. 改进措施效果评估

若将全省单辐射接线改造成双辐射接线，改进效果如表9.9和表9.10所示。由这两个表可见，尽管单辐射线路条数很少，但由于单辐射线路与其他接线模式相比可靠性很差，单辐射接线改双辐射接线后的效果仍然十分显著。

表 9.9　110kV 单辐射线路改双辐射后的 SAIDI 指标和改进程度

供电分区	A	B	C	D	合计
原始 SAIDI/[h/(户·年)]	2.974	0.76309	6.07085	11.228	6.5578
改进后 SAIDI/[h/(户·年)]	0.01775	0.01819	0.02236	0.02432	0.02157
改进程度/%	99.40	97.62	99.63	99.78	99.67

表 9.10　35kV 单辐射线路改双辐射后的 SAIDI 指标和改进程度

供电分区	B	C	D	合计
原始 SAIDI/[h/(户·年)]	47.41	14.24	32.31	32.366
改进后 SAIDI/[h/(户·年)]	0.02026	0.02022	0.02102	0.02091
改进程度/%	99.96	99.86	99.93	99.94

9.7 本章小结

基于有限故障阶数的考虑，针对相关导则中常用的典型接线方式，推导了含部分二阶故障的系统平均停电持续时间的简化计算公式，将大规模高压配电网SAIDI计算转化为各分片运行地区典型接线SAIDI的加权平均，据此工程师无须精通可靠性理论或相应软件的使用，借助设备故障率、故障修复时间和转供时间等基础可靠性参数即可实现含二阶故障的可靠性指标手算，在实际工程应用中有较大的价值。

本章简化计算公式仅考虑了一阶故障和Ⅰ类二阶故障，但对计算精度的影响不大：3.3.2小节典型参数计算分析表明，Ⅱ类二阶故障和三阶故障的占比很低（Ⅱ类二阶故障引起的停电时间在总停电时间中的占比小于1%）；本章算例表明了简化模型的有效性和实用性，特别适合缺乏详细数据配电网（如规划态配电网）的可靠性快速评估。

参考文献

[1] 黄江宁，郭瑞鹏，赵舫，等．基于故障集分类的电力系统可靠性评估方法[J]. 中国电机工程学报，2013，33(16)：112-121.

[2] Li W. Risk Assessment of Power Systems：Models，Methods，and Applications [M]. Piscataway：Wiley-IEEE Press，2005.

[3] 昝贵龙，王主丁，李秋燕，等．基于状态空间截断和隔离范围推导的高压配电网可靠性评估[J]. 电力系统自动化，2017，41(13)：79-85.

[4] 昝贵龙，王主丁，刘念祖，等．考虑容量及电压约束的高压配电网可靠性快速评估算法[J]. 电力系统自动化，2017，41(17)：121-127.

[5] 葛少云，郭寅昌，刘洪，等．基于供电能力计算的高压配电网接线模式分析[J]. 电网技术，2014，38(2)：405-411.

[6] 许可，鲜杏，程杰，等．城市高压配电网典型接线的可靠性经济分析[J]. 电力科学与工程，2015，31(7)：12-18.

[7] 谢莹华，王成山，葛少云，等．城市配电网接线模式经济性和可靠性分析[J]. 电力自动化设备，2005，25(7)：12-17.

[8] 刘柏私，谢开贵，张红云，等．高压配电网典型接线方式的可靠性分析[J]. 电网技术，2005，29(14)：45-48.

[9] 邱生敏，管霖．规划配电网简化方法及其可靠性评估算法[J]. 电力自动化设备，2013，33(1)：85-90.

[10] 甘国晓，王主丁，周昱甬，等．基于可靠性及经济性的中压配电网闭环运行方式[J]. 电力系统自动化，2015，39(16)：144-150.

[11] 邱生敏，管霖．一种适用于规划网架的配电网可靠性评估[J]. 电力系统保护与控制，2011，

39(18):99-104.

[12] 韦婷婷,王主丁,李文沅,等. 多重故障对中压配电网可靠性评估的影响[J]. 电力系统自动化,2015,39(12):69-73.

[13] 国家电力监管委员会电力可靠性管理中心. 电力可靠性技术与管理培训教材[M]. 北京:中国电力出版社,2007.

[14] 国家能源局. 配电网规划设计技术导则:DLT 5729—2016[S]. 北京:中国电力出版社,2016.

[15] 中国南方电网有限责任公司. 中国南方电网城市配电网技术导则:Q/CSG 10012—2005[S]. 广州:中国南方电网有限责任公司,2005.

[16] 中国南方电网有限责任公司. 110千伏及以下配电网规划技术指导原则(修订版)[S]. 广州:中国南方电网有限责任公司,2016.

第 10 章　配电网可靠性评估软件及应用

配电网可靠性评估软件是连接理论和工程应用的桥梁，是实现配电网可靠性评估工作常态化的有力工具，应用必将越来越广泛。

10.1 引　　言

配电网可靠性评估软件[1~10]将现有的模型、算法和人工经验采用编程方式固化和传播，可对计算实例一次录入多次使用，是连接理论和工程应用的桥梁，一般都具有较好的用户界面、计算效率和适应性，是实现配电网可靠性评估工作常态化的有力工具。尽管目前国内外仍没有一套普遍适用的计算分析软件，但是随着各种数据接口和软件的日趋完善，可靠性评估软件的实际应用必将越来越广泛。

本章在借鉴国内外现有研究成果的基础上，紧密结合我国配电网和供电可靠性管理现状以及供电企业对配电网供电可靠性评估的现实需求，介绍可靠性评估软件的相关要求和测试算例，以及可靠性评估实施的工作流程，包括评估前的准备工作、参数处理、可靠性计算分析和评估报告编制等内容。

10.2 可靠性评估软件

可靠性评估软件应通过方便、灵活的界面及功能设计，为电气工程师提供“所见即所得”的图形化交互操作，需要满足相应的软件要求，包括测试算例的检验。

10.2.1 软件要求

1. 基本要求

（1）应基于规范有关要求进行软件开发。

（2）应具备良好的可靠性、易用性、效率、维护性、可移植性，且通过软件产品测试。

（3）应具备良好的通用性，能广泛适用于各种接线形式的配电网，能适应地市级供电单位配电网的规模。

（4）应通过典型测试算例验证软件计算结果的正确性。

（5）应具备良好的数据管理功能，并配有必要的设施信息库和标准参数库。

2. 图形化交互操作

图形化交互操作软件的整体结构如图 10.1 所示，用户通过图形化的人机交互界面访问基础数据和调用计算模型，模型计算过程中将读取基础数据，而且图形设计环境和各计算模块组件可独立执行和自由剪裁组合，具备高度扩展性。

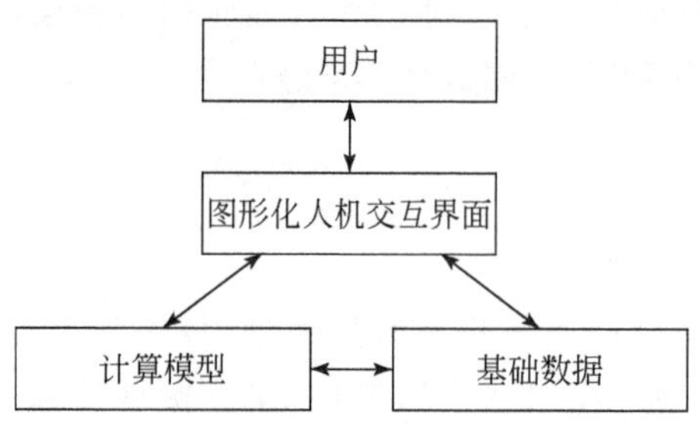

图 10.1　图形化交互操作软件整体结构

3. 界面设计

为了实现配电网可靠性评估常态化和“所见即所得”的图形化交互操作需求，软件方便、灵活的界面及功能设计是至关重要的，而界面设计不仅需要熟悉界面设计基本功能，也需要对相关业务知识有较深入的了解。因此，对于电气专业人员，在熟悉界面设计基本知识的情况下，应侧重从本专业用户需求的角度出发，对软件界面提出具体功能要求并进行相应的界面设计。

4. 功能设计

1)参数输入功能要求

(1)参数输入应同时支持文本和图形两种方式，后台文件应实现与图形同步自动更新。

(2)支持灵活的数据输入方式。可使用标幺值或有名值，并实现自动转换；支持单个设施参数输入和全局参数输入。

(3)参数宜从现有信息系统导入。

2)计算功能要求

(1)数据校验。

(2)负荷分配核算或潮流计算。

(3)可靠性指标计算。

(4)多方案比对分析：支持不同方案的同时设计、计算分析和结果对比显示(多方案包括不同的电网拓扑方案和不同数据版本)。

(5)参数灵敏度分析。
(6)系统供电薄弱环节分析。
(7)负荷点供电薄弱环节分析。
(8)计算快速和稳定。

5. 结果输出

(1)能按负荷点、馈线和区域分别输出各项指标。
(2)支持以图形标注方式显示计算分析结果和设备参数。
(3)能用表格、图形和曲线等形式以不同颜色展示计算分析结果。
(4)具备计算结果导出功能。

10.2.2　测试算例

考虑到传统的可靠性评估测试系统[11]功能不足(如没有考虑负荷开关、负荷变化、元件容量约束以及切负荷方式影响),本书采用图 10.2 所示的可靠性测试算例[12]。该测试算例中,架空线路型号为 LGJ-240,电缆线路型号为 YJV-300,配电变压器型号为 S9,负荷点按其重要程度从重要到次要排序为 e、d、c、b 和 a,其余参数见表 10.1 和表 10.2。在可靠性评估计算时,不考虑上级电网的影响以及与断路器(负荷开关)紧邻的两侧隔离开关故障的影响。

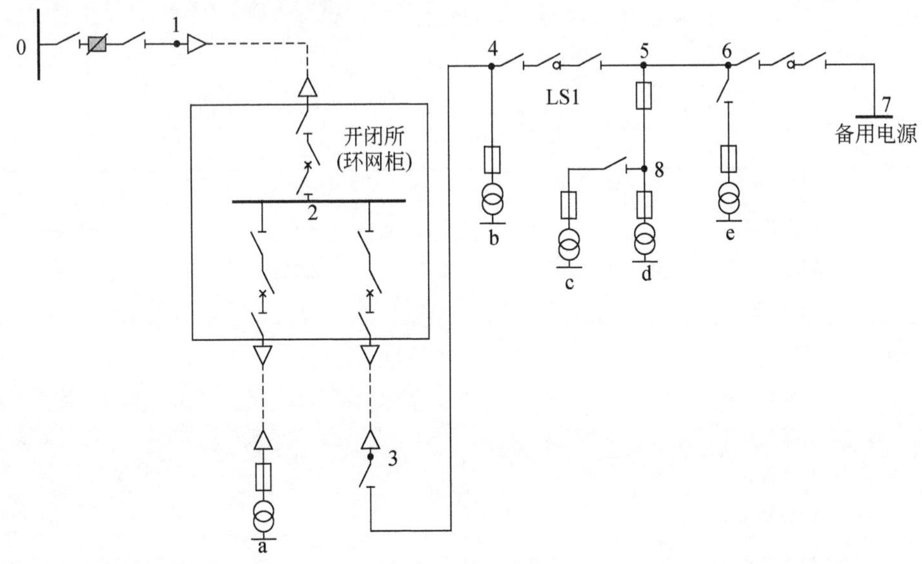

图 10.2　可靠性测试算例

表 10.1　可靠性测试算例数据 1

影响时间及停电率	故障	计划检修
隔离时间/h	1	0.1
联络开关切换时间/h	0.5	0.1
上游恢复供电操作时间/h	0.3	0.1
架空(电缆)线路停电率/[次/(百公里·年)]	—	6
架空(电缆)线路停运持续时间/h	—	7

表 10.2　可靠性测试算例数据 2

设施		L	λ	T	N	W
供电干线	0—1	0.5	0.3	2	—	—
	1—2	2	0.1	5	—	—
	2—3	3	0.1	5	—	—
	3—4	3	0.3	2	—	—
	4—5	1	0.3	2	—	—
	5—6	2	0.3	2	—	—
	6—7	2	0.3	2	—	—
	5—8	1	0.3	2	—	—
分支线	2—a	1	0.1	5	—	—
	4—b	1.5	0.3	2	—	—
	8—c	1.5	0.3	2	—	—
	8—d	0.5	0.3	2	—	—
	6—e	1	0.3	2	—	—
断路器		—	0.25	3	—	—
负荷开关		—	0.2	2.5	—	—
隔离开关		—	0.25	2.5	—	—
熔断器		—	0.2	2	—	—
变压器		—	0.35	4	—	—
负荷点 a		—	—	—	1	800
负荷点 b		—	—	—	1	200
负荷点 c		—	—	—	1	50
负荷点 d		—	—	—	1	100
负荷点 e		—	—	—	1	315

注:L 为线路长度,单位为 km;λ 为设施故障停电率,单位为次/(百公里·年)或次/(百台·年);T 为平均故障修复时间,单位为 h;N 为用户数,单位为户;W 为负荷额定容量,单位为 kW。

基于上述网络、参数以及简化条件，采用故障模式后果分析法得到的结果如表10.3～表10.5所示，表中涉及的五种情况如下所示。

情况1：无联络线（或备用电源容量为0）。

情况2：在情况1的基础上把负荷开关LS1改为刀闸。

情况3：相对于情况1，增加联络线，且无转供容量限制。

情况4：相对于情况3，限制备用电源容量为500kW，容量越限按重要性切负荷。

情况5：在情况4基础上考虑负荷曲线，在一半时间里各负荷实际容量为额定容量的1/2，在另一半时间内为额定容量。

表 10.3　系统可靠性指标

系统指标	情况1	情况2	情况3	情况4	情况5
SAIDI/[次/(户·年)]	5.017	5.028	1.884	2.546	2.318
ASAI/%	99.9427	99.9426	99.9785	99.9709	99.9735
SAIFI/[h/(户·年)]	0.795	0.843	0.795	0.795	0.795
ENS/(kW·h)	4965	4974	1765	3048	2172

表 10.4　情况1和情况2的负荷点可靠性指标

指标	负荷点a		负荷点b		负荷点c		负荷点d		负荷点e	
	①	②	①	②	①	②	①	②	①	②
λ_{LP}/(次/年)	0.23	0.23	0.66	0.898	1.09	1.09	1.09	1.09	0.9	0.9
r_{LP}/(h/次)	6.66	6.66	6.58	4.874	6.32	6.32	5.75	5.75	6.71	6.71
U_{LP}/(h/年)	1.53	1.53	4.33	4.38	6.91	6.91	6.29	6.29	6.03	6.03
ENS_{LP}/[(kW·h)/年]	1225.4	1225.4	866.3	875.9	345.5	345.5	629.3	629.3	1898.9	1898.9

注："①"表示情况1；"②"表示情况2。

表 10.5　情况3、情况4和情况5的负荷点可靠性指标

指标	负荷点a			负荷点b			负荷点c			负荷点d			负荷点e		
	③	④	⑤	③	④	⑤	③	④	⑤	③	④	⑤	③	④	⑤
λ_{LP}/(次/年)	0.23	0.23	0.23	0.66	0.66	0.66	1.09	1.09	1.09	1.09	1.09	1.09	0.90	0.90	0.90
r_{LP}/(h/次)	2.16	6.66	6.66	3.13	6.58	4.85	2.55	2.55	2.55	1.98	1.98	1.98	2.12	2.12	2.12
U_{LP}/(h/年)	0.5	1.53	1.53	2.06	4.33	3.19	2.79	2.79	2.79	2.17	2.17	2.17	1.91	1.91	1.91
ENS_{LP}/[(kW·h)/年]	397.2	1225.4	919	411.6	866.3	536	139.4	139.4	104.5	217.1	217.1	162.8	600.6	600.6	450.4

注："③"表示情况3；"④"表示情况4；"⑤"表示情况5。

由表10.3可知，无负荷开关情况系统平均停电频率比其他情况更大；可转供情况对系统可靠性指标有较大程度的改善。

由表 10.4 可知，情况 2(无负荷开关模型)的负荷点 b 的平均故障率、年平均停电持续时间和缺供电量均大于情况 1(有负荷开关模型)，其他负荷点可靠性指标不变。这是因为负荷开关在计划检修停电时能减小停电范围，所以负荷开关可靠性模型的建立使得评估结果更贴近客观实际。对比表 10.5 中情况 3 和情况 4 各负荷点的可靠性指标，可以得出在转供容量限制的情况下，负荷点 a 和负荷点 b 的可靠性有所降低，主要是因为二者重要级别较低，而其他三个负荷点在两种情况下的可靠性指标相同，说明它们在转供容量限制为 500 kW 的情况下，均能被全部转供。对比表 10.5 中情况 4 和情况 5 各负荷点的可靠性指标，可以得出，在转供容量限制为 500 kW 且考虑负荷变化时，负荷点 b 的年平均停电持续时间有所降低，而负荷点 a 无变化，这是因为负荷点 a 重要级别最低。

综上，本节测试算例考虑了负荷开关、负荷变化、设施容量约束和负荷削减对可靠性指标的影响，可对采用的软件进行初步的功能测试。

对于高压配电网以及高中压混合配电网的测试算例，可采用本书相关算例，如 4.5 节的两个算例。

10.3 可靠性评估实施工作流程

10.3.1 评估前的准备工作

在开展可靠性评估前需选择合适的可靠性评估分析软件，并开展相关技术培训，培训内容包括导则有关的技术内容和软件使用操作方法。

1. 软件的选取

可靠性评估一般需使用软件进行。软件的可靠性、通用性、用户友好性、计算结果的正确性、分析功能的完备性以及计算的高效率对可靠性评估的开展十分重要。可靠性评估软件选取一般应满足 10.2.1 小节的要求。

2. 技术培训

技术培训内容应包括相关导则(如文献[13])的主要内容以及所选取的评估软件的使用方法等。在配电网可靠性评估工作中，需要组织管理人员、参数收集人员、计算分析人员和报告编制人员等不同角色的参与。为提高工作效率，培训工作应具有针对性。

1)组织管理人员

组织管理人员主要负责制订评估工作计划和工作目标以及工作验收等，应重点对其开展导则技术内容培训和管理要求培训，使其掌握导则的核心内容、可靠性评估工作要求以及评估工作的关键点。

2)参数收集人员

对参数收集人员，应基于收资模板开展培训，具体内容包括：各参数的定义、内涵及参数之间的联系，参数收集要求，参数来源及收集途径，收资表填写说明，错误数据判断方法等。

3)计算分析人员

对于计算分析人员，除进行导则技术内容培训外，还应进行计算软件相关培训，具体内容包括软件主界面的介绍、功能菜单和快捷工具按钮的使用、数据输入方法、基本计算功能、高级分析功能以及计算结果输出方式等，并用一简单的网络完整地演示从参数输入到得到计算分析结果的过程。

4)报告编制人员

对报告编制人员开展的培训内容包括：评估报告基本要求、评估报告内容深度要求、评估报告模板等。

10.3.2　参数收集、处理及输入

配电网可靠性评估所需参数分为基础参数和可靠性参数两大类，它们是可靠性评估的基础，不完备的参数将导致无法开展配电网可靠性评估工作，而参数的准确性将直接影响评估结果的准确性。因此，参数收集及处理工作是一项基础而重要的工作，在参数收集及处理过程中，必须确保参数的完整性和准确性(详见第 11 章)；根据参数收集统计与校验结果，在计算软件中设置故障定位隔离时间、故障修复时间等可靠性参数，可以对单个设备进行逐个设置，也可以对一类设备进行统一设置。

10.3.3　可靠性计算分析

在将配电网及设施有关基础参数和可靠性参数输入计算软件后，可以开展可靠性计算分析。常用的可靠性分析手段包括：可靠性指标分析、薄弱环节分析、可靠性提升措施及其影响机制和方案比选等，在实际应用中可根据需要进行选择。

1. 可靠性指标分析

在将基础参数和可靠性参数输入计算软件后，应用软件的可靠性指标计算模块进行配电网可靠性指标计算，得到负荷点可靠性指标和系统可靠性指标，并对重点关注的指标进行分析，如指标排序、负荷点和馈线指标大小分布情况分析、不同区域可靠性指标对比分析、故障停电与计划停电比重分析等。

(1)指标排序：根据关注的重点确定需要排序的指标(如负荷点停电率指标)，

将其从大到小或从小到大依次排列，可得到该指标的数值范围等信息。

(2)负荷点和馈线指标大小分布情况分析：针对一个选定的可靠性指标(如单条馈线 SAIDI)，将不同馈线按照该指标的大小进行排序，并将该指标的数值范围根据实际需要划分为若干个区间，再统计可靠性指标位于各个区间的馈线条数，由此可得到该指标的分布情况。

(3)不同区域可靠性指标对比分析：可以将评估对象划分为多个供电区域，分别进行可靠性指标计算，可得到不同区域可靠性指标的差异情况，找出指标较差的区域。

(4)故障停电与计划停电比重分析：分别计算同时考虑故障停电与计划停电、只考虑故障停电、只考虑计划停电条件下的可靠性指标，可分析得到故障停电与计划停电对可靠性指标的影响大小和贡献比重。

各类供电区域应由点至面，逐步实现如表 10.6 所示规定的规划目标[14,15]；各地区应根据经济社会发展现状及未来发展，确定实现供电可靠性控制目标及达标年限。

表 10.6　配电网理论计算供电可靠率控制目标

供电区域	供电可靠率(RS-1)
A+	用户年平均停电持续时间不高于 5min(≥99.999%)
A	用户年平均停电持续时间不高于 52min(≥99.990%)
B	用户年平均停电持续时间不高于 3h(≥99.965%)
C	用户年平均停电持续时间不高于 12h(≥99.863%)
D	用户年平均停电持续时间不高于 24h(≥99.726%)
E	不低于向社会承诺的指标

注：RS-1 计及故障停电、计划停电及系统电源不足限电影响；用户年平均停电次数目标宜结合配电网历史数据与用户可接受水平制定。

2. 薄弱环节分析

薄弱环节分析通常在指标分析后进行，主要包括关键设备分析和关键参数分析，目的是找出影响配电网可靠性的主要环节，其应用对象可以是整个电网系统、若干条馈线或者某个重要用户。

薄弱环节分析一般通过应用软件的可靠性薄弱环节分析模块实现。针对不同的可靠性指标，分析得出的可靠性薄弱环节可能不同。通过薄弱环节分析中的关键设备分析，能够找出对某一选定可靠性指标影响较大的设备；通过薄弱环节分析中的关键参数分析，能够找出对某一选定可靠性指标影响较大的可靠性参数；薄弱环节分析结果能够为可靠性指标的改善提供决策依据。

3. 可靠性提升措施及其影响机制

供电企业常常利用各种技术和管理手段来保障和提升供电可靠性[16~20]。本节主要介绍提升配电网供电可靠性的常用技术措施和管理措施及其对供电可靠性的影响机制，主要分析各种措施对系统平均停电频率期望值和系统平均停电时间期望值的影响。

1)技术措施

(1)增加线路分段数。

影响参数：拓扑结构。

影响机制：对分段不足的线路适度增加分段可减少故障停电和计划停电的影响范围，可减小系统平均停电频率期望值和系统平均停电时间期望值。增加的开关设备由于自身可能发生故障，可能引起系统平均停电频率期望值升高，因此提倡线路适度分段。

(2)增加联络。

影响参数：拓扑结构。

影响机制：增加联络可以实现负荷转供，减少部分用户的停电次数和停电时间，从而减小系统平均停电频率期望值和系统平均停电时间期望值。在配电网建设中，应优先实现“手拉手”供电方式，优化电网结构，提高联络率，通过增加电网传输容量逐步满足 $N-1$。

(3)更换老旧设备，选用质量好的新设备。

影响参数：故障停运率、预安排停运率。

影响机制：一般情况下，设备故障停运率符合浴盆曲线规律。新设备投入时故障停运率较高，随着运行时间推移逐渐下降，直至进入偶然失效期设备故障停运率趋于稳定；老旧设备处于损耗失效期，设备故障停运率很高。因此更换老旧设备和选用质量好的新设备可以解决处于损耗失效期设备故障率高的问题，有效减小系统平均停电频率期望值和系统平均停电时间期望值。同时，质量好的新设备可靠性高、维护少、检修少，可减小线路预安排停运率，从而减小系统平均停电频率期望值和系统平均停电时间期望值。

(4)架空线绝缘化改造及下地改造。

影响参数：线路故障停运率。

影响机制：一般情况下，架空绝缘线故障率低于架空裸导线故障率，电缆故障率低于架空线故障率。实施架空线绝缘化改造及架空线下地改造，可减小线路故障停运率，减小系统平均停电频率期望值和系统平均停电时间期望值。

(5)配电自动化建设与改造。

影响参数：平均故障定位隔离时间、平均故障停电联络开关切换时间、平均故障点上游恢复供电时间、平均计划停电隔离时间、平均计划停电联络开关切换时间和平均计划停电上游恢复供电时间。

影响机制:配电自动化能够帮助识别故障、隔离故障点以及减少开关操作时间,从而减小系统平均停电时间期望值。

(6)不停电检修技术。

影响参数:预安排停运率。

影响机制:带电作业和不停电检修技术可减小线路预安排停运率,从而减小系统平均停电频率期望值和系统平均停电时间期望值。

(7)设备状态在线监测及状态检修。

影响参数:故障停运率、预安排停运率。

影响机制:设备状态在线监测及状态检修能及时、准确地掌握运行设备的健康状态,在故障发生前进行检修,减小设备故障停运率和线路预安排停运率,减小系统平均停电频率期望值和系统平均停电时间期望值。

2)管理措施

(1)综合停电管理。

影响参数:预安排停运率。

影响机制:通过优化停电方案,可减少计划停电次数,减小线路预安排停运率,从而减小系统平均停电频率期望值和系统平均停电时间期望值。

(2)标准化作业时间管理。

影响参数:平均故障修复时间和平均预安排停运持续时间。

影响机制:标准化作业时间管理是对事故抢修、工程停电和检修停电作业时间进行量化管理,可提高事故处理及停电检修工作效率。标准化作业时间管理可减小平均故障修复时间和平均预安排停运持续时间,从而减小系统平均停电频率期望值和系统平均停电时间期望值。

(3)线路及设备巡视管理。

影响参数:故障停运率。

影响机制:线路及设备巡视管理能及时发现设备缺陷及隐患,并实施检修,可减小设备故障停运率,减小系统平均停电率期望值和系统平均停电时间期望值。

(4)反外力破坏的管理措施。

影响参数:故障停运率。

影响机制:反外力破坏的管理措施能够提早发现、监控、消除危险源,可减小设备故障停运率,从而减小系统平均停电率期望值和系统平均停电时间期望值。

4. 方案比选

方案比选是对 2 个及以上的方案进行可靠性评估指标的定量比较,从而选出可靠性较优的方案，方案比选的前提是选取特定的指标作为比选标准。需要说明的是，不同方案可能来源于薄弱环节分析后所提出的不同可靠性改善方案，也可能来源于其他途径，如规划部门对同一区域提出的多种电网规划方案，电网调度部门对同一地区提出的多种可能的电网运行方式。

10.3.4　评估报告规范性

配电网可靠性评估报告应包括前言、电网概况、计算条件、指标分析、薄弱环节分析、改善措施及其效果和结论及建议。

前言部分应介绍评估的背景、目的、对象、流程及编制依据。

电网概况部分应介绍供区概况、上级电网及电源情况、配电网现状及规划情况、装备水平及规模。

计算条件部分应介绍计算模型、参数及其来源、评估方法、计算工具、网络简化及等值说明以及其他计算条件说明。

指标分析部分应列出各项系统可靠性指标，应进行负荷点和馈线可靠性指标大小分布情况分析、不同区域可靠性指标对比分析、故障停电与计划停电比重分析和差指标分析。

薄弱环节分析部分应结合指标分析结果，开展供电薄弱环节分析，包括关键设备分析和关键参数分析。

改善措施及其效果部分应根据指标分析和薄弱环节分析结果，从网络结构、设备配置、运维管理等方面提出可靠性改善措施，并进行改善前后的可靠性对比分析，可进行可靠性改善措施的技术经济分析。

结论及建议部分应给出配电网供电可靠性的总体评价，指出影响供电可靠性的主要因素和薄弱环节，提出需要采取的可靠性改善措施。

10.4　本章小结

随着各种数据接口和软件的日趋完善，可靠性评估软件的实际应用越来越广泛，本章从应用软件设计要求、测试算例和可靠性评估实施工作流程等方面给出了规范性建议。其中，测试算例考虑了负荷开关、负荷变化、设施容量约束和负荷削减对可靠性指标的影响；通过对可靠性指标和薄弱环节分析、改善措施及其效果和方案比选等报告核心内容进行规定，保证了评估及其报告的完整性、技术深度和实用价值。

参考文献

[1] SKM Systems Analysis. SKM Power Tools for Windows Tutorial[R] Redondo: SKM Systems Analysis, 2016.

[2] Operation Technology. ETAP User Guide[M]. Irvine:Operation Technology,2016.

[3] 重庆星能电气有限公司 . CEES 用户手册/用户指南[R]. 重庆:重庆星能电气有限公司,2017.

[4] Zhu J, Lubkeman D L. Object-oriented development of software systems for power system-simulations[J]. IEEE Transactions on Power Systems, 1997, 12(2):1002-1007.

[5] Wang Z D, Shokooh F, Qiu J. An efficient algorithm for assessing reliability indices of general distribution systems[J]. IEEE Transactions on Power Systems, 2002, 17(3): 608-614.

[6] 曹伟 . 配电网可靠性定量评估系统[J]. 大众用电,2007,(12):25,26.

[7] 朱金花,徐政 . 基于 PSS/ADEPT 的配电网可靠性分析[J]. 电气应用,2006,25(7):49-52.

[8] 于腾凯 . 基于 ETAP 的配电网可靠性评估[J]. 供用电,2013,(1):27-31.

[9] 严俊, 何成章, 段浩,等 . CEES 可靠性评估软件在中压配电网建设改造中的应用[J]. 供用电, 2016,(1):39-44.

[10] 朱文华, 周星星 . CEES 电气计算软件在县级电网规划中的应用[J]. 电气技术, 2014, 15(11):73-76.

[11] Allan R N, Billinton R, Sjarief I, et al. A reliability test system for educational purposes: Basic distribution system data and results[J]. IEEE Transactions on Power Systems, 1991, 6(2):813-820.

[12] 万凌云, 王主丁, 伏进,等 . 中压配电网可靠性评估技术规范研究[J]. 电网技术, 2015, 39(4):1096-1100.

[13] 国家能源局 . 中压配电网可靠性评估导则:DL/T 1563—2016[S]. 北京:中国电力出版社,2016.

[14] 中国南方电网有限责任公司 . 110 千伏及以下配电网规划技术指导原则(修订版)[S]. 广州:中国南方电网有限责任公司,2016.

[15] 国家能源局 . 配电网规划设计技术导则:DLT 5729—2016[S]. 北京:中国电力出版社,2016.

[16] 杨栋华 . 浅谈提高配网供电可靠性管理的措施[J]. 科学与财富,2010,(7):195.

[17] 唐文 . 提高 10kV 配电网农网供电可靠性的措施[J]. 农业科技与装备,2011,(4):85-87.

[18] 张利国 . 提高配电网可靠性的措施[J]. 电气时代,2005,(12):92-94.

[19] 周建其,王主丁,张代红,等 . 基于提升可靠性关键措施的配电网规划实用方法[J]. 供用电,2012,29(2):34-43.

[20] 吴涵,陈彬,管霖,等 . 供电可靠性提升措施优选的量化评价方法[J]. 电力自动化设备, 2015,35(5):126-130.

第 11 章　可靠性参数收集和处理

本章针对配电网可靠性评估中涉及的数据收集方法进行阐述，为配电网可靠性评估的实际应用扫清障碍。

11.1　引　　言

配电网可靠性评估所需数据可分为基础数据和可靠性参数两大类，它们是可靠性评估的基础，不完备的数据将导致配电网可靠性评估工作难以开展，而数据的准确性将直接影响评估结果的准确性，因此数据收集及处理是一项基础而重要的工作。然而，由于可靠性评估涉及的数据种类及其来源较多，可靠性评估所需数据统计方法各异，专业人员在配电网可靠性评估中仍面临不小的困难。针对这一问题，本章以国家电网公司相关信息系统作为数据来源，对可靠性评估数据收集统计方法进行了阐述[1~3]。其中，11.2 节讨论配电网基础数据的收集和整理方法；11.3 节阐述可靠性参数的统计和估计方法，包括典型可靠性参数的利用。

11.2　基 础 数 据

基础数据包括电网拓扑结构、配电线路基础参数、配电变压器基础参数和负荷点数据[4]，主要来源于地理信息系统（geographic information system，GIS）、生产管理信息系统（power production management system，PMS）、用电信息采集系统和变电站配电网调度自动化系统。

11.2.1　电网拓扑结构

信息来源：地理信息系统、一体化电网规划设计平台。

获取方式：对于现状电网，配电网络数据以图形化方式提供，包括地理接线图、系统图和单线图，分别为 GML、SVG、XML 格式（详细格式参考《电网地理信息服务平台（GIS）电网图形共享交换规范（Q-GDW 701—2012）中的相关内容），配电网络数据从GIS 用 SG-CIM 格式导出，从国家电网公司图形数据平台中获取。一般可通过 GIS 管理部门，获取电网 GIS 切片服务许可，从省公司的 GIS 服务器读取电网的地理背景图，通过 GIS 客户端下载电网的 GML 格式的地理沿布图和 CIM/SVG 图，导入计算软件中。对于 GIS 系统未上线的地区，可依据配电网一次接线图等资料在计算软件中进行人工绘制。

对于规划电网，可从一体化电网规划设计平台获取已审定的规划或可研资料，包括纸质版、CAD 版或其他版式的规划期地理接线图、系统图和单线图，通过直接导入或人工绘制方式将上述一次接线图转化为适用于计算软件的规划配电网拓扑结构。

11.2.2 配电线路、配电变压器基础数据

信息来源：生产管理信息系统、营销信息系统、一体化电网规划设计平台。

获取方式：对于现状电网，分别从生产管理信息系统和营销信息系统以 Excel 格式导出区域内的公用和专用设备参数等信息（具体参数见表 11.1～表 11.3），进行必要的整理后，通过 Excel 方式导入计算软件，并在计算软件中与从地理信息系统导入的设备图形数据进行对应。当采用人工绘制电网拓扑时，工程技术人员可先从生产管理系统和营销系统获得配电线路和配电变压器的基础参数，再在计算软件的数据库中选取相应型号的设备（计算软件自带的设备数据库一般包括有线路的类型、型号、单位阻抗，单位导纳、长期载流量，以及变压器型号、容量、短路试验参数、空载试验参数等设备固有属性参数），并补充输入其他参数（线路长度、变压器分接头等）。

对于规划电网的新建和改造部分，可从一体化电网规划设计平台获取已审定的规划或可研资料，得到线路的类型、型号和长度，以及变压器型号和容量参数，人工进行输入。

表 11.1 馈线数据

参数名称	备注
馈线标识	馈线的唯一编号
馈线型号	混合线路填写主要馈线段
馈线长度	单位：km
电压等级	单位：kV

表 11.2 馈线段数据

参数名称	备注
线段标识	馈线段的唯一编号
导线型号	—
线段长度	单位：m
最大载流量	单位：MV·A
所属馈线	—

表 11.3　变压器数据

参数名称	备注
变压器标识	变压器的唯一编号
变压器类型	0 为两绕组变压器;1 为三绕组变压器
变压器型号	为计算变压器绕组阻抗使用,必须项
额定容量	单位:MV · A
所属厂站标识	—
所属馈线	—

11.2.3　负荷点数据

1. 负荷容量

信息来源:用电信息采集系统、调度 SCADA 系统、一体化电网规划设计平台。

获取方式:对于现状电网,通过用电信息采集系统采集各负荷点在典型日(考察日)的 24h 整点负荷值(表 11.4),以 E 格式文件或电子表格(Excel)方式提供。

表 11.4　用电信息采集系统提供的典型日负荷点负荷数据

参数名称	备注
变压器 ID	PMIS 编号
营销用户 ID	营销系统用户编号
变压器名称	—
有功值	24h 整点值
无功值	24h 整点值
电流值	选填(无有功功率、无功功率的情况下填写电流值)

特别说明:①典型日(考察日)可根据实际需要选择年最大负荷日、年最大峰谷差日、某季节代表日或特定的某天,不考虑不同时段各负荷点、馈线功率因数的变化;②当无法采集用户实际负荷容量时,可通过调度 SCADA 系统以 E 格式文件方式导出典型日(考察日)变电站 10kV 母线出线侧的 24h 整点负荷(表 11.5),以配电变压器装见容量为权重进行负荷容量分配。

对于规划电网,可从一体化电网规划设计平台获取已审定的规划或可研资料。当规划方案中电网拓扑结构明晰(规划深度具体到配电变压器)时,一台配电变压器即为一个负荷点,其负荷容量可从规划或可研资料直接获取;对于规划方案中拓扑结构不完全清楚的新建电网部分,可根据规划或可研资料中的(空间)负荷预测情况及线路供区范围确定负荷点(集中负荷)的负荷容量。

表 11.5　调度 SCADA 系统提供的典型日馈线首端负荷数据

参数名称	备注
馈线调度 ID	调度编号
馈线 PMISid	PMIS 编号
馈线名称	馈线名称
有功值	24h 整点值
无功值	24h 整点值
电流值	选填(无有功功率、无功功率的情况下填写电流值)

2. 用户数

用户数一般按照配变台数进行统计。对于规划电网中的负荷点(集中负荷),可根据负荷点预测容量和配电变压器平均容量估算用户数。计算公式为:用户数=负荷点预测容量/配电变压器平均容量。

3. 用户重要级别

用户重要级别用于重要用户供电可靠性分析。根据《关于加强重要电力用户供电电源及自备应急电源配置监督管理的意见》(电监安全〔2008〕43 号文),重要用户级别可分为特级、一级、二级和临时性重要电力用户。

11.2.4　其他数据

信息来源:生产管理信息系统、一体化电网规划设计平台。

获取方式:对于现状电网,通过生产管理信息系统以 Excel 格式导出区域内的其他设备参数(表 11.6～表 11.9),进行必要的整理后,通过 Excel 方式导入计算软件,并在计算软件中与从 GIS 导入的设备图形数据进行对应。

对于规划电网,可从一体化电网规划设计平台获取已审定的规划或可研资料,人工输入有关数据。

表 11.6　站所基础数据

参数名称	备注
站所标识	站所的唯一编号
站所类型	0-变电站;1-开关站;2-环网单元;3-电缆分支箱;4-配电室;5-其他
所属馈线	非变电站的站所属馈线的标识(唯一编号)

注:本表站所包括变电站、开关站、环网单元、电缆分支箱、配电室等带有母线设备的站所。

表 11.7　电源数据

参数名称	备注
电源标识	电源点的唯一编号
所属馈线	—

表 11.8　母线数据

参数名称	备注
母线标识	母线的唯一编号
电压等级	单位:kV
所属馈线	—

表 11.9　开关基础数据

参数名称	备注
开关标识	开关的唯一编号
开关类别	0-断路器;1-负荷开关;2-隔离开关;3-熔断器;5-带保护的断路器
是否具有电动操作机构	0-不具有电动操作机构;1-具有电动操作机构
是否联络开关	0-普通开关;1-联络开关
所属馈线	—

注:人工绘制电网拓扑时不需要上述数据。

11.3　可靠性参数

可靠性参数包括不同设备的停运率(故障停电和计划停电)和相关的停电和开关切换时间[5]。

11.3.1　可靠性参数收集统计的一般原则

1. 地域范围要求

对于现状电网,可靠性参数统计的地域范围一般为评估区域,当评估区域太小或历史停电事件太少时,为保证可靠性参数的代表性和准确性,统计地域范围应适当扩大至条件相似区域;当评估区域太大时,可对分子区域进行统计;对于规划电网,如新开发区,由于评估区域内无历史数据,可直接采用条件相似区域的可靠性参数。

2. 时间范围要求

可靠性参数的统计时间范围一般为1～5年，时间类参数宜采用1～3年的统计值；故障停运率宜采用1～5年的统计值，当统计的地域范围较大时，时间统计范围可取较小值；预安排停运率一般依据评估年当年的生产计划或电网建设改造投资资金进行测算。

3. 分类统计要求

一般按设备类型分类（如配电变压器、断路器、负荷开关）收集。当有必要且具备条件时，可根据设备不同的型号、生产厂家、运行年限等进行更细致的分类数据收集和统计。

4. 数据抽样要求

对于无法从现有信息系统直接获取或经简单换算即可得到的时间类参数，如故障定位隔离时间，应采用数据抽样方式（计算抽样样本的算术平均值）获取参数；为保证参数能尽可能准确地反映实际情况，抽样时应随机抽样，但同时有广泛的覆盖面（包括不同时间点、地域等），在条件允许的范围内，应尽量多地抽取样本。

5. 数据筛选要求

对于异常数据（如某年极端气候造成的线路故障率异常偏高），应尽可能在统计可靠性参数时予以剔除。

11.3.2 可靠性参数具体收集统计方法

1. 电缆线路、配电变压器平均故障修复时间

信息来源：电能质量在线监测系统。

获取方式：通过电能质量在线监测系统中用户供电可靠性指标计算，可得到“电缆线路故障停电平均持续时间”和“变压器故障停电平均持续时间”，即电缆线路、配电变压器平均故障修复时间。

特别说明：统计的时间范围为近3年。

2. 绝缘线、裸导线、断路器、负荷开关、熔断器、隔离开关平均故障修复时间

信息来源：配电网调度系统。

获取方式：在配电网调度系统对近 1 年内的某类设备故障停电事件进行抽样，抽样比例由省公司自行确定，人工计算每次事件的故障修复时间后再计算故障修复时间的算术平均值。

特别说明：当不区分绝缘线和裸导线时，可通过电能质量在线监测系统中用户供电可靠性指标计算，可得到“架空线路故障停电平均持续时间”，即架空线路平均故障修复时间。

3. 电缆线路、配电变压器故障率

信息来源：电能质量在线监测系统。

获取方式：通过电能质量在线监测系统中用户供电可靠性指标计算，可得到“电缆故障停电率(RCFI)”和“变压器故障停电率(RTFI)”，再通过以下计算公式计算得到相应的故障率。

计算公式：某段电缆线路故障停运率＝某段电缆线路公里数×电缆故障停电率/100。

变压器故障停运率＝变压器故障停电率/100。

特别说明：统计的时间范围为近 3 年。

4. 绝缘线、裸导线、断路器、负荷开关、熔断器、隔离开关故障率

信息来源：配电网调度系统。

获取方式：在配电网调度系统收集近 1 年内的某类设备故障停电事件，统计总故障停电次数，利用故障率计算公式，计算得到某类设备故障率。

计算公式：

单位长度裸导线故障率＝1 年内裸导线故障总次数/裸导线总公里数；

某段裸导线故障率＝某段裸导线公里数×单位长度裸导线故障率；

隔离开关故障率＝1 年内隔离开关故障总次数/隔离开关台数。

特别说明：绝缘线与裸导线类似处理，断路器、负荷开关、熔断器与隔离开关类似处理。

5. 平均预安排停运持续时间

信息来源：电能质量在线监测系统。

获取方式：通过电能质量在线监测系统中用户供电可靠性指标计算，可得到“预安排平均停电持续时间 MID-S”，即平均预安排停运持续时间。

特别说明：统计的时间范围为近 3 年。

6. 架空线路、电缆线路预安排停运率

信息来源:年度生产计划或电能质量在线监测系统。

获取方式1:首先根据评估年的年度生产计划测算得到年度计划停电次数,再根据设施预安排停运率的计算公式计算得到预安排停运率。

计算公式:

单位长度电缆线路预安排停运率=电缆系统年度计划停电次数/电缆线路总公里数;

某段电缆线路预安排停运率=某段电缆线路公里数×单位长度电缆线路预安排停运率。

特别说明:架空线路与电缆线路类似处理。

获取方式2:当不区分架空线路、电缆线路预安排停运率时,可根据历年来(5年及以上)电能质量在线监测系统中用户供电可靠性指标计算结果中的"预停次数"和"线路累计长度"计算各年度内单位长度线路预安排停运率,结合各年度中压配电网建设改造投资金额,形成"单位长度线路预安排停运率-投资金额曲线",最后依据该曲线和评估年的中压配电网建设改造投资金额,估算得到评估年内单位长度线路预安排停运率。

7. 平均故障定位隔离时间、平均故障点上游恢复供电操作时间、平均故障停电联络开关切换时间

信息来源:配电网调度系统。

获取方式:在配电网调度系统对近1年内的设备故障停电事件进行抽样分析,抽样比例由省公司自行确定,人工计算每次事件的故障定位隔离时间后再计算平均故障定位隔离时间的算术平均值,即平均故障定位隔离时间。

特别说明:平均故障点上游恢复供电操作时间、平均故障停电联络开关切换时间与平均故障定位隔离时间类似处理。

8. 平均计划停电隔离时间、平均计划停电线段上游恢复供电操作时间、平均计划停电联络开关切换时间

信息来源:配电网调度系统。

获取方式:在配电网调度系统对近1年内的计划停电事件进行抽样分析,抽样比例由省公司自行确定,人工计算每次事件的计划停电隔离时间后再计算计划停电隔离时间的算术平均值,即平均计划停电隔离时间。

特别说明:对平均计划停电线段上游恢复供电操作时间、平均计划停电联络开关切换时间与平均计划停电隔离时间类似处理。

可靠性参数的来源如表 11.10 所示。

表 11.10　可靠性参数来源

可靠性参数 \ 参数来源		电能质量在线监测系统	配电网调度系统	年度生产计划
配电变压器	平均故障修复时间	√		
	故障率	√		
电缆线路	平均故障修复时间	√		
	故障率	√		
绝缘线	平均故障修复时间		√	
	故障率		√	
裸导线	平均故障修复时间		√	
	故障率		√	
断路器	平均故障修复时间		√	
	故障率		√	
负荷开关	平均故障修复时间		√	
	故障率		√	
熔断器	平均故障修复时间		√	
	故障率		√	
隔离开关	平均故障修复时间		√	
	故障率		√	
平均故障停电联络开关切换时间			√	
平均故障点上游恢复供电操作时间			√	
平均故障定位隔离时间			√	
平均计划停电隔离时间			√	
平均计划停电线段上游恢复供电操作时间			√	
平均计划停电联络开关切换时间			√	
平均预安排停运持续时间		√		
架空线路、电缆线路预安排停运率		√		√

11.3.3　参数估计方法

从原始统计资料中获取风险评估的输入数据需要通过参数估计方法实现[6]。

1. 算术平均值估计

算术平均值估计是一种使用最广泛的点估计方法。当基于多个元件进行参数估计时，可将其视为所有单个元件参数的平均值。式(11.1)表示样本数据的算术平均值，它是均值的无偏估计。

$$\bar{X}=\frac{1}{N_Y}\sum_{i=1}^{N_Y}X_i \tag{11.1}$$

式中，$\bar{X}$ 为样本均值；X_i 为参数的样本；N_Y 为样本数。

2. 加权平均值估计

在有多个数据源或子数据组的情况下，加权平均值估计就比算术平均值估计更精确。根据设备的具体类别、生产厂家类型、安装位置、运行年限等进行分类收集得到的设备参数数据，需采用加权平均值估计得到各类设备的总体参数平均值：

$$\bar{X}=\sum_{i=1}^{M_Y}(\bar{X}_iW_i) \tag{11.2}$$

式中，$\bar{X}_i$ 为第 i 个子数据组的均值；M_Y 为子数据组的个数；W_i 为第 i 个子数据组的离差权重系数，可采用各数据组规模占比，或由式(11.3)计算：

$$W_i=\frac{\dfrac{1}{\sigma_i}}{\sum\limits_{i=1}^{M_Y}\dfrac{1}{\sigma_i}} \tag{11.3}$$

式中，σ_i 为第 i 个子数据组的标准差，离差随机变量的标准差是样本方差的平方根。

3. 预安排停运率测算

根据历年的线路预安排停运率和投资(工程停电和检修停电)的变化，测算现状年的线路预安排停运率。检修停电工程量及相应的投资变化不大，因此可近似认为检修停电对应的预安排停运率不变，考虑投资变化后的线路预安排停运率可表示为

$$\lambda_s=\lambda_{s0}\left(\omega_1\frac{C_{tz}}{C_{tz0}}+\omega_2\right) \tag{11.4}$$

式中，λ_{s0} 和 λ_s 分别为历史年和现状年的预安排停运率；C_{tz0} 和 C_{tz} 分别为历史年和现状年的工程投资；ω_1 和 ω_2 分别为历史年因工程停电和检修停电导致的线路预安排停运率占线路总预安排停运率的比例($\omega_1+\omega_2=1$)。

4. 参数反算法

若对应具体类别、生产厂家类型、安装位置、运行年限等难以进行分类设备参

数收集，但可统计得到分类设备参数权重系数和参数总体平均值，可基于式(11.2)采用联立方程求解或最小二乘法反算分类设备参数。

11.3.4　可靠性参数校验

在经过参数收集、统计计算后可以得到可靠性评估所需的全部可靠性参数。各个可靠性参数之间存在一定的关系或满足某些一般性规律，因此，还需要对计算得到的可靠性参数进行校验，可依据以下原则进行。

1. 设备故障率、修复时间类参数

1)故障率

在其他条件相同的情况下，对于市中心区、市区、城镇及农村 4 类区域，同类设备的故障率依次递增；电缆线路、绝缘线、裸导线的故障率依次递增。

2)平均故障修复时间

在其他条件相同的情况下，实现自动化的同类设备的平均故障修复时间小于未实现自动化的；对于市中心区、市区、城镇及农村 4 类区域，同类设备的平均故障修复时间依次递增；电缆线路的平均故障修复时间显著大于架空线路的平均故障修复时间，绝缘线的平均故障修复时间不小于裸导线的平均故障修复时间。

3)平均预安排停运持续时间

在其他条件相同的情况下，实现自动化的线路平均预安排停运持续时间小于未实现自动化的；对于市中心区、市区、城镇及农村 4 类区域，线路预安排停运持续时间依次递增。

2. 定位隔离时间、开关操作时间类参数

(1)在其他条件相同的情况下，实现自动化的平均故障定位隔离时间、平均故障点上游恢复供电操作时间、平均故障停电联络开关切换时间小于未实现自动化的；对于市中心区、市区、城镇及农村 4 类区域，时间依次递增。

(2)在其他条件相同的情况下，实现自动化的平均计划停电隔离时间、平均计划停电线段上游恢复供电操作时间及平均计划停电联络开关切换时间小于未实现自动化的；对于市中心区、市区、城镇及农村 4 类区域，依次递增。

3. 其他参数

平均故障定位隔离时间与某类设备维修作业平均时间之和应与该类设施的平均故障修复时间大致相等。

平均计划停电隔离时间与计划停电作业时间之和应与平均预安排停运持续时间大致相等。

11.3.5 典型可靠性参数

受现实条件限制，当部分可靠性参数无法及时获取时，也可以采用典型的可靠性参数。由于与可靠性有关的大多数重要决策，都与网络结构、保护和分段设备的安装位置以及切换方式有关，可靠性指标的相对变化情况是关注的重点，而非绝对值的大小。因此，在针对这些问题的分析中，即使采用近似的数据(如设备故障率和修复时间等参数)，可靠性评估方法也可为决策提供有效的指导，帮助供电企业提高其配电系统的可靠性水平。

1. 设备可靠性参数

1)国家能源局可靠性参数

(1) 高压配电网元件。

基于国家能源局电力可靠性管理中心发布的全国电力可靠性指标和文献[7]，我国2005～2012年输变电设施可靠性参数平均值如表11.11所示(由于2008年参数异常，未采用该年数据)。

表11.11 高压配电网元件典型可靠性参数

元件	故障率	故障修复时间	计划停电率	计划停电时间
架空线/电缆	0.002	23	0.013	34
变压器	0.01	90	0.57	57
断路器	0.01	43	0.58	25
母线	0.0016	37	0.5	11

注：故障修复时间和计划停电时间的单位为h，架空线/电缆的故障率和计划停电率单位为次/(km·年)，变压器、母线和断路器的故障率和计划停电率单位为次/年。

(2) 中压配电网元件。

基于国家能源局电力可靠性管理中心发布的全国电力可靠性指标，我国2015年供电设施可靠性参数平均值如表11.12所示。

表11.12 中压配电网元件典型可靠性参数

元件	架空线	电缆	变压器	断路器
故障率	0.113	0.029	0.003	0.011

注：架空线和电缆的故障率单位为次/(km·年)，变压器和断路器的故障率单位为次/年。

2)国外中压配电网元件可靠性参数

文献[8]给出了国外配电网元件可靠性典型参数，如表11.13所示。

表 11.13　国外配电网元件可靠性参数

元件	电压等级	λ_p	λ_a	λ_t	λ''	r	r_p	r''	r_c	s
变压器	138/33	0.0100	0.0100	0.050	0.5		15	168	0.083	1.0
	33/11	0.0150	0.0150	0.050	1.0		15	120	0.083	1.0
	11/0.415	0.0150	0.0150			200	10			1.0("架空线"系统) 3.0("电缆"系统)
断路器	138	0.0058	0.0035	0.050	0.2	8		108	0.083	1.0
	33	0.0020	0.0015	0.020	0.5	4		96	0.083	1.0
	11	0.0060	0.0040	0.060	1.0	4		72	0.083	1.0
母线	33	0.0010	0.0010	0.010	0.5	2		8	0.083	1.0
	11	0.0010	0.0010	0.010	1.0	2		8	0.083	1.0
架空线 (单气候)	33	0.0460	0.0460	0.060	0.5	8		8	0.083	1.0
	11	0.0650	0.0650			5				1.0
架空线 (双气候)	33(正常)	0.0139	0.0139	0.018	0.5	8		8	0.083	2.0
	33(恶劣)	5.860	5.860	7.60						
电缆	11	0.0400	0.0400			30				3.0

注：正常气候平均持续时间为 724h；恶劣气候平均持续时间为 4h；恶劣天气下，架空线发生故障为总数的 70%；λ_p为永久性(合计)故障率；λ_a为主动故障率；λ_t为瞬时故障率；λ''为计划停电率；r 为修复时间；r_p为备用替换时间；r''为计划停电时间；r_c为重合闸时间；s 为开关切换时间。其中，时间单位为小时；变压器、母线和断路器故障率的单位为次/年；架空线和电缆故障率的单位为次/公里·年。

2. 停电费用

停电费用的量化是一项复杂的工作，它与停电发生的时间、停电提前通知时间、停电量、停电持续时间、停电频率及用户类型等多种因素相关。

1)计划停电费用

目前，我国每千瓦时电量产生的国民经济产值为 1～10 元。

2)故障停电费用

表 11.14 和表 11.15 是 2011 年根据对我国某些地区工业用户停电损失调查整理得到的数据[9]。

表 11.14　基于我国某些地区工业用户调查的停电损失数据

工业用户	不同停电持续时间停电损失/(元/kW)					
	1min	20min	1h	2h	4h	8h
1 类(钢铁)	52.6	69.5	89.3	109.2	120.5	143.0
2 类(化工)	685.3	703.6	728.6	740.5	748.5	764.5

续表

工业用户	不同停电持续时间停电损失/(元/kW)					
	1min	20min	1h	2h	4h	8h
3类(矿山)	[illegible]	[illegible]	[illegible]	[illegible]	[illegible]	[illegible]
4类(制造)	1340.9	2202.1	3925.2	5655.2	5739.0	5821.2
5类(电子)	598.3	621.89	669.1	725.6	838.7	1065.3

表 11.15 基于中国某些地区工业用户调查的大工业用户停电损失数据

停电持续时间	1min	20min	1h	2h	4h	8h
停电损失/(元/kW)	537.3	1243.3	1625.6	2018.1	2119.1	2304.2

文献[10]给出了国外负荷停电费用,如表 11.16 所示。

表 11.16 国外负荷停电费用

负荷类型	不同停电持续时间停电费用/(美元/kW)				
	1min	20min	1h	4h	8h
大用户	1.005	1.508	2.225	3.968	8.240
工业	1.625	3.868	9.085	25.16	55.81
商业	0.381	2.969	8.552	31.32	83.01
农业	0.060	0.343	0.649	2.064	4.120
居民	0.001	0.093	0.482	4.914	15.69
政府与科研	0.044	0.369	1.492	6.558	26.04
办公楼	4.778	9.878	21.06	68.83	119.2

注:若停电时间位于上面表中的两个时间之间,其费用由对数坐标下的线性插值获得;若停电时间大于8h,其费用由 6h 和 8h 线性外推获得。

文献[11]和[12]分别将美国、加拿大、英国及苏联等国停电损失的调查统计结果分别列于表 11.17～表 11.21 中。而瑞典对 3min 以内的停电损失进行测试,每停电 1kW·h 的电量,损失为平均电价的 20～30 倍,对于停电 3min 以上造成损失,则按式(11.5)计算:

$$停电损失(美元)=停供电力(kW)\times 75(美元)+停供电量(kW\cdot h)\times 150(美元) \tag{11.5}$$

表 11.17　美国和加拿大工业用户停电损失的统计

停电持续时间	大工厂		小工厂	
	功率损失/(美元/kW)	电量损失/[美元/(kW·h)]	功率损失/(美元/kW)	电量损失/[美元/(kW·h)]
1min	0.60	36.00	0.85	51.00
20min	1.80	5.40	2.77	8.31
1h	2.67	2.17	4.39	4.39
2h	4.60	2.30	—	—
4h	6.02	1.51	19.92	4.98
8h	8.83	1.10	31.50	3.94

注：若不按停电时间计算，则工厂平均停电损失为：大于 1000kW 的工厂，损失为 1.05(美元/kW)+0.94[美元/(kW·h)]；小于 1000kW 的工厂，损失为 4.59(美元/kW)+8.11[美元/(kW·h)]；工程不分容量时，损失为 1.89(美元/kW)+2.68[美元/(kW·h)]。

表 11.18　美国关于工商业部门停电损失的统计

统计调查范围	以 1977 年美元值为基础的停电损失/[美元/(kW·h)]	提供调查结果的单位或个人	年份
高度自动化的工业	14.99	Cannon. IEEE	1971
美国商业	8.87	Cannon. IEEE	1974
美国工业	6.56	SRI	1980
纽约市所有部门	3.70	SCI	1977
纽约市所有部门	3.32	联合研究所	1977
自动化程度很低的工业	2.25	Cannon. IEEE	1971
加利福尼亚州中等工业	2.07	IEEE	1973
纽约市工商业	1.70	Telson	1972
美国工业	1.57	现代制造	1969
纽约市工商业	1.37	Telson	1975
太平洋西北部工业	1.29	SRI	1976
威斯康星州工业和住宅	1.13	环境分析者	1975
纽约市工业	0.95	Koufman	1975
美国各部门	0.90	Shipley	1971
加利福尼亚州各部门	0.68	斯坦福大学	1976
美国全国工商业	0.64	Telson	1975
美国全国商业	0.43	SRI	1980
美国太平洋西部商业	0.21	SRI	1976

表 11.19　美国住宅停电损失的统计

统计调查范围	以 1977 年美元值为基础的停电损失/[美元/(kW·h)]	提供调查结果的单位或个人	年份
美国平均	1.87	SRI	1980
伊利诺伊州中心地带	0.84	Argonne 实验室	1978
佛罗里达州西部要害地区	0.21	Jack Faucete 联合会	1979
太平洋沿岸西北部	0.15	SRI	1976
加利福尼亚州	0.10	系统控制公司	1978

表 11.20　英国对每停电 1kW·h 电量损失的测试结果

测试范围	测试结果	测试范围	测试结果
工业区	为平均电费的 60 倍	居民区	为平均电费的 70 倍
商业区	为平均电费的 70 倍	总平均	为平均电费的 50 倍

表 11.21　苏联冶金工业故障停电损失的统计

生产(设备)分类		停电损失	
		卢布/次	卢布/h
延压车间设备	大型延压机和压胚机	300～400	900～1150
	薄中初轧机、轧条机、连续初轧机	130～250	370～620
	大型轧钢机	400～600	500～550
	中型轧钢机	140～160	350～400
	小型轧钢机和线材延压机	80～150	200～300
	平整机	60～80	120～150
冶炼设备(停电在 1h 以内)	电炉	—	—
	平炉(容量为 100t)	—	100～1200
	硅钢熔化炉(容量为 100t)	—	1900～3000
	转炉(容量为 100t)	—	1400～1600
生产设备	露天采矿场	—	840～4980
	破碎及精选厂	120～550	230～1150
预备性工厂	停电小于 1min	2000～3600	—
	停电 1～10min	8250～14600	—
	停电 10～15min	8250～33500	—
	停电小于 15min	15000～33400	2300～4200

11.4　本章小结

本章针对可靠性评估涉及的数据种类及其来源较多，且可靠性参数统计计算方法各异的情况，介绍了配电网基础数据的收集和整理方法，可靠性参数的统计和估计方法，包括典型可靠性参数。其中，数据收集统计重点明确了各类数据的来源、获取方式及处理方法；可靠性参数的获取明确了估计和校验的具体操作处理方法；典型可靠性参数涉及设备可靠性参数、计划停电费用和故障停电费用。

参考文献

[1] 万凌云，王主丁，庞祥璐，等．中压配电网可靠性评估参数收集及其规划应用[J]. 供用电，2017，(6)：38-43.

[2] 国家能源局．中压配电网可靠性评估导则：DL/T1563—2016[S]. 北京：中国电力出版社，2016.

[3] 万凌云，王主丁，伏进，等．中压配电网可靠性评估技术规范研究[J]. 电网技术，2014，39(4)：1096-1100.

[4] 陈珩．电力系统稳态分析[M]. 北京：中国电力出版社，2007.

[5] 国家电力监管委员会电力可靠性管理中心．电力可靠性技术与管理[J]. 北京：中国水利水电出版社，2007.

[6] 盛骤，谢式千，潘承毅．概率论与数理统计[M]. 北京：高等教育出版社，2008.

[7] 贾立雄，陈丽娟，胡小正．2006 年全国输变电设备和城市用户供电可靠性分析[J]. 中国电力，2007，40(5)：1-7.

[8] Allan R N，Billinton R，Sjarief I，et al. A reliability test system for educational purposes：Basic distribution system data and results[J]. IEEE Transactions on Power Systems，1991，6(2)：813-820.

[9] 李蕊，李跃，苏剑，等．配电网重要电力用户停电损失及应急策略[J]. 电网技术，2011，35(10)：170-176.

[10] Billinton R，Wang P. Distribution system reliability cost/worth analysis using analytical and sequential simulation techniques[J]. IEEE Transactions on Power Systems，1998，13(4)：1245-1250.

[11] 方向晖．中低压配电网规划与设计基础[M]. 北京：中国水利水电出版社，2004.

[12] 程林，何剑．电力系统可靠性原理及应用[M]. 2 版．北京：清华大学出版社，2015.

第 12 章　可靠性评估在配电网规划设计中的应用

配电网规划设计环节是可靠性评估技术的主要应用领域。不同于基于确定性 $N-1$ 准则的传统规划方法，引入可靠性评估技术后的规划方法不仅可以考虑到停电的严重程度，还可以考虑到停电的概率。

12.1 引　　言

配电网规划是配电网发展的总体计划，其目标在于以适当的投资增加配电网的供电能力，适应负荷的增长，改善电网的供电质量和提高供电可靠性。科学合理的配电网规划是确保未来电网安全、可靠和经济的先决条件。长期以来，我国的电力规划工作者在进行配电网规划设计时，大多是按照在满足一定技术原则下使电网投资最小[1~5]，主要是依靠技术原则和确定性的 $N-1$ 准则来隐含地保证供电可靠性，缺乏定量的计算分析，难以获得保证技术经济上的整体最优方案，系统供电可靠性目标也难以得到保证。

新颁布的电力行业标准[6]规定，在配电网规划设计环节，应通过可靠性评估预测规划电网的供电可靠性水平，优化网架结构，进行方案比选，确定最优规划设计方案。本章通过将可靠性评估技术引入配电网规划设计，对配电网进行可靠性定量计算分析，能够确定现状配电网和规划期内配电网的可靠性水平，找出影响供电可靠性的薄弱环节，为配电网规划方案的形成及比选提供定量的依据，从而有效指导配电网规划设计工作[7~20]。

本章首先介绍可靠性评估在配电网规划设计中的应用流程，然后以某地区为例展示了基于可靠性评估的中压配电网规划过程，为读者提供借鉴和参考。其中，12.2 节介绍可靠性评估在配电网规划设计环节的应用流程；12.3 节介绍应用案例，包括供电区域的概况和电网现状、可靠性评估需要的相关数据、借助 CEES 可靠性评估软件的系统可靠性指标计算分析和薄弱环节分析，以及基于可靠性评估的规划方案拟定和比选。

12.2 应用流程

1. 确定评估对象

根据实际工作需要确定评估对象，评估对象一般为规划区域现状配电网和规划配电网。

2. 参数收集

从相关信息系统和文件资料中收集、处理得到可靠性评估所需的现状电网有关基础参数和可靠性参数。当规划方案已确定时，需收集规划电网对应的基础参数和可靠性参数。

3. 现状电网可靠性评估分析

将基础参数和可靠性参数输入评估软件，计算现状配电网的系统、馈线和负荷点可靠性指标，并进行指标分析和薄弱环节分析。

4. 规划方案拟定(对现成的多个规划方案进行评估时无此步骤)

根据现状电网指标分析和薄弱环节分析结果，结合规划期负荷需求，同时考虑资金的限制和现实的可操作性，提出多个系统规划方案。

5. 确定规划电网的负荷点及其大小

当规划方案中电网拓扑结构明晰时，一台配电变压器即作为一个负荷点，其负荷大小可通过收资获取。对于规划方案中拓扑结构不完全清楚的新建电网部分，可采用以下方法确定负荷点及其大小：

(1)新建架空线路：在有线路主干、分段和联络信息而无分支线及配变信息的情况下，可假定一个线段上接入一个集中负荷，并将其视为一个负荷点，负荷点负荷按(空间)负荷预测情况及线路供区范围确定，在(空间)负荷预测情况及线路供区范围不确定的情况下可按负荷均分原则确定负荷点的负荷大小。

(2)新建电缆线路：在有主干、环网柜(或分支箱)和开关站信息而无分支及配变信息的情况下，可将一座环网柜(或分支箱)或开关站的一个带负荷的出线间隔视为一个负荷点，负荷点大小按(空间)负荷预测情况及线路供区范围确定，在(空间)负荷预测情况及线路供区范围不确定的情况下可按负荷均分原则确定负荷点的大小。

6. 规划方案可靠性评估及比选[5]

(1)规划方案的可靠性指标分析：对单个规划方案进行可靠性计算分析，得到系统、馈线和负荷点可靠性指标，分析其在现状电网基础上的可靠性改善程度。

(2)根据关注的重点，选取 1 个或多个评估指标作为关键指标，进行多方案比较，并结合经济性分析，得到优化的规划方案。

对于投资差距较小且均在投资限额内的各方案，可采用可靠性指标进行方案比选。当各方案建设投资差异较大时(一般投资越大,可靠性越高),可采用最小费用法进行方案比选:将停电损失与线损费用和建设运维成本直接相加,得到不同规划方案的综合费用,并选择总费用最小方案。

第 i 个方案或项目年总费用可表示为

$$TC(i)=ENS_f(i)EP_f+ENS_s(i)EP_s+EL(i)EP_l+(DI_i+AI_i)(\alpha+\beta) \quad (12.1)$$

式中,$ENS_f(i)$,$ENS_s(i)$分别为第 i 个项目建成后故障停电和计划停电的年缺供电量期望;$EL(i)$为第 i 个项目建成后线损年电量损失值;EP_f 和 EP_s 分别为故障停电和计划停电单位损失费用,元/(kW·h);EP_l 为电能损耗边际值,元/(kW·h);DI_i 为第 i 个项目所需的直接投资;AI_i 为考虑外部因素时,第 i 个项目所需的附加投资;α 为投资回收率;β 为折旧维护率。

12.3 应用案例

应用案例以现状年为规划基准年,开展某规划区域配电网供电可靠性现状分析,基于现状分析结果与未来负荷需求,结合规划年(5 年后)新建 110kV 变电站出线配套工程,形成若干配电网规划方案,并对规划方案进行比选。

12.3.1 配电网概况

规划区域原属某国有大型企业,企业整体搬迁后,需重新进行开发,用地性质以居住功能为主,兼有商务、文化娱乐、旅游等多种功能。目前已完成大部分土地出让,五家房地产企业入驻该区域。该片区面积约 3.5km^2,年最大负荷约 15MW,属 A 类供电区域。至现状年,该片区配电网概况如表 12.1 和表 12.2 所示。

表 12.1 某片区配电网概况

序号	类别	规模/数量
1	110kV 变电站	1 座;2×50MV·A
2	10kV 馈线	7 条;16.64km
3	10kV 开闭所	3 座
4	10kV 配变	94 台;54.13MV·A
5	电缆化率	52.93%
6	架空绝缘率	88.09%
7	线路联络率	100%

续表

序号	类别	规模/数量
8	$N-1$ 通过率	100%
9	主干线路平均分段数	1.43 段/条

表 12.2　某片区 10kV 馈线基本信息

线路名称	主干线型号		主干线长度/m			负载率/%	网络结构
	电缆	架空线	电缆	架空线	合计		
线路 1	YJV22-3 * 300	LGJ-185、JKLGYJ-185	1500	2826	4326	21.4	两联络
线路 2	YJV22-3 * 300	JKLYJ-185	3184	875	4059	35.7	单联络
线路 3	YJV22-3 * 300	LGJ-185、JKLYJ-185	586	2176	2762	45.4	两联络
线路 4	YJV22-3 * 300	JKLYJ-185	150	856	1006	0	单联络
线路 5	YJV22-400	—	1400	—	1400	43.1	单环网
线路 6	YJV22-3 * 300	JKLYJ-185	1025	666	1691	21.4	单联络
线路 7	YJV22-400	—	1400	—	1400	0	单环网

注：10kV 线路 4 和线路 7 为备用线路。

12.3.2　参数收集及处理

1. 基础参数

1)配电网拓扑结构

(1) 通过运检部门获取规划区域的地理信息系统地理图和所有馈线的 CAD 电气接线图，绘制形成片区中压配电网地理接线图，如图 12.1 所示。

(2) 按照 CAD 单线图，在计算软件中人工绘制适用于可靠性计算分析的配电网拓扑图，如图 12.2 所示。

2)配电设施基础参数

通过生产管理信息系统获取配电线路和配电变压器基础参数，在计算软件的参数输入界面人工选定各线段的类型、型号和长度以及变压器型号和容量。

3)负荷点数据

现状电网中一个中压用户统计单位就是一个负荷点。通过调度自动化系统，获取现状年该片区典型日(最大负荷日)最大负荷时刻的各馈线负荷，如表 12.3 所示。馈线上各个负荷点的负荷大小依据负荷点所在馈线负荷，以各台配电变压器的容量为权重进行负荷大小的分配。

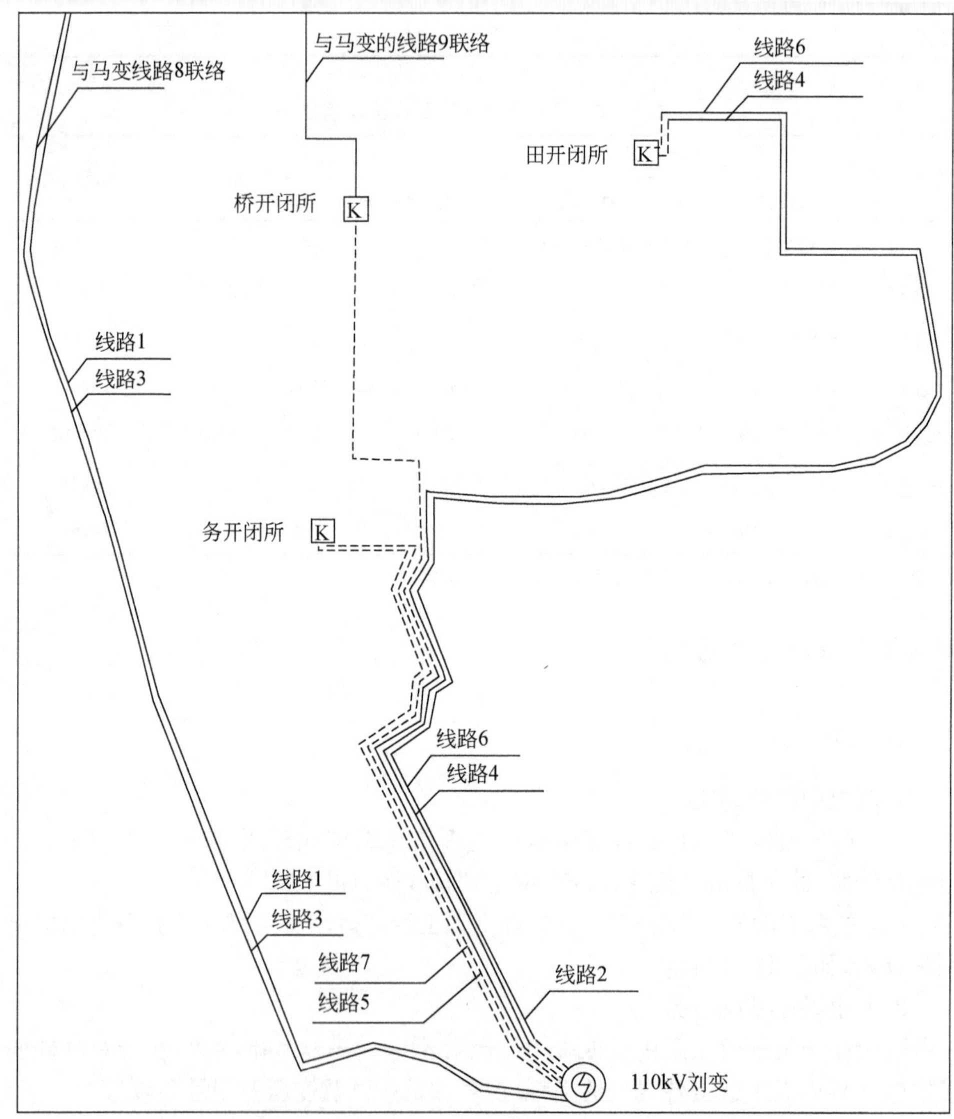

图 12.1 某片区现状 10kV 主干网架地理接线示意图

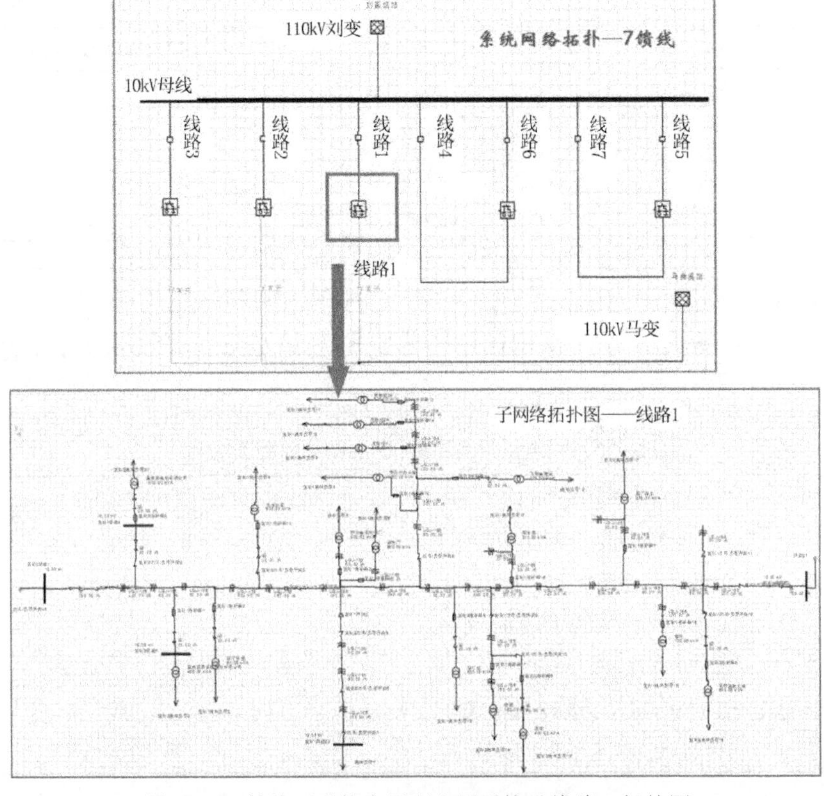

图 12.2　某片区现状中压配电网系统及线路 1 拓扑图

表 12.3　某片区最大负荷时刻的各馈线负荷

馈线名称	线路 1	线路 2	线路 3	线路 5	线路 6
负荷容量/MW	2.17	3.30	3.50	4.55	1.49

2. 可靠性参数

(1)设备故障停运率及平均修复时间类参数,如表 12.4 所示。

表 12.4　设备故障停运率及平均修复时间类参数

设施类别	故障停运率	平均故障修复时间
架空绝缘线	0.0409	3.28
架空裸导线	0.0619	2.63
电缆线路	0.0278	3.49
隔离开关(刀闸)	0.0105	2.06

续表

设施类别	故障停运率	平均故障修复时间
断路器	0.0037	2.27
熔断器	0.0000	2.56
负荷开关	0.0065	2.58
配电变压器	0.0038	3.52

注：平均故障修复时间单位为 h，架空绝缘线、架空裸导线和电缆线路的故障停运率单位为次/(km·年)，隔离开关(刀闸)、断路器、熔断器、负荷开关、配电变压器的故障停运率单位为次/(台·年)。

(2)定位隔离时间及开关操作时间类参数采用典型可靠性参数，如表 12.5 所示。

表 12.5 定位隔离时间、开关操作时间类参数

参数名称	时间/h
平均故障定位隔离时间	1.27
平均故障点上游恢复供电操作时间	0.9
平均故障停电联络开关切换时间	0.9
平均计划停电隔离时间	0.93
平均计划停电线段上游恢复供电操作时间	0.75
平均计划停电联络开关切换时间	0.75

(3)预安排停运相关参数。

架空绝缘线、架空裸导线、电缆线路平均预安排停运持续时间采用典型可靠性参数，根据 2014 年全年的实际计划停电情况统计计算架空线路、电缆线路预安排停运率，如表 12.6 所示。

表 12.6 预安排停运相关参数

设施类别	预安排停运率/[次/(km·年)]	平均预安排停运持续时间/h
架空绝缘线	0.0949	6.12
架空裸导线	0.0949	6.07
电缆线路	0.0221	5.71

12.3.3 现状电网可靠性评估分析

1. 系统可靠性指标分析

采用 CEES 软件[7](参见附录 C)对该区域中压配电网进行可靠性评估计算，

主要系统指标计算结果如表12.7所示。

表12.7　主要系统指标

停电类型	有名值及百分比	SAIFI /[次/(户·年)]	SAIDI /[h/(户·年)]	ASAI/%	ENS /(万kW·h/年)
故障	有名值	0.285	0.807	99.990	1.159
	百分比/%	61.27	53.81	—	60.37
预安排	有名值	0.180	0.692	99.9921	0.761
	百分比/%	38.73	46.19	—	39.63
合计	有名值	0.465	1.499	99.9829	1.920
	百分比/%	100	100	—	100

注：表中系统缺供电量和系统平均缺供电量采用了负荷率进行折算。规划区域现状年最大利用小时数约4600h，求得负荷率约为0.53(0.53=4600/8760)。

由图12.3可知，该区域系统平均供电可靠率为99.9829%。其中，仅考虑故障停电时，系统平均供电可靠率为99.990%；仅考虑计划停电时，系统平均供电可靠率为99.9921%。

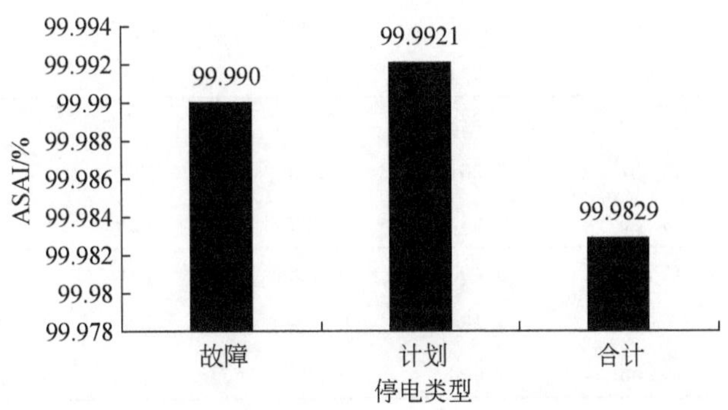

图12.3　平均供电可靠率期望值

由图12.4可知，系统平均停电时间期望值为1.4983h/(户·年)，其中故障停电为0.8063h/(户·年)，占比53.81%，计划停电为0.6920h/(户·年)，占比46.19%，两者比重接近，如图12.4和图12.5所示。

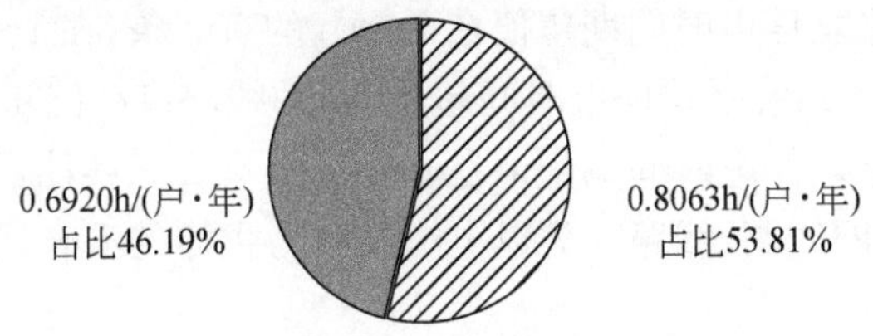

图12.4　故障停电和计划停电时间占比

2. 馈线可靠性指标分析

各条馈线的主要可靠性指标详见表 12.8。其中,线路 5、线路 6 供电可靠率最高,超过 99.990%,线路 1 和线路 3 供电可靠率较低,分别为 99.9716% 和 99.9744%。

表 12.8　各条馈线系统可靠性指标

线路		SAIFI /[次/(户·年)]	SAIDI /[h/(户·年)]	ASAI/%	ENS /(kW·h/年)	架空/电缆	网络结构
线路 1	故障	0.362	1.074	99.987	2173	架空	两联络
	预安排	0.278	1.410	99.9839	2748		
	合计	0.6340	2.484	99.9716	4921		
线路 2	故障	0.259	0.662	99.992	2956	混合	单联络
	预安排	0.149	0.439	99.995	1693		
	合计	0.408	1.101	99.9874	4649		
线路 3	故障	0.377	1.060	99.987	2594	架空	两联络
	预安排	0.322	1.181	99.9865	2516		
	合计	0.699	2.241	99.9744	5110		
线路 5	故障	0.199	0.572	99.993	2974	电缆	单联络
	预安排	0.037	0.061	99.9993	321		
	合计	0.236	0.633	99.9928	3295		
线路 6	故障	0.178	0.496	99.994	888	电缆	单联络
	预安排	0.090	0.184	99.9979	326		
	合计	0.268	0.680	99.9922	1214		

将上述 5 条馈线按照系统平均停电时间期望值的大小进行排序,并划分为若干区间,分别统计指标位于各个区间的馈线条数,由此可得到该指标的分布情况,如图 12.5 所示。

结合图 12.5 分析可得出如下结论:

(1)馈线系统平均停电时间期望值在 0～1h 的有 2 条,在 1～2h 的有 1 条,在 2～3h 的有 2 条;馈线系统平均停电时间超过 2h 的线路有线路 1 和线路 3。

(2)馈线系统平均停电时间期望值在 0～1h 的有 2 条线路,线路 6 和线路 5 分别为单联络和单环网线路,线路 6 为以电缆线路为主体的混合线路,线路 5 为电缆线路,可靠性较高。

(3)线路 1 和线路 3 平均停电时间远大于其他线路,主要原因是线路 1 和线路

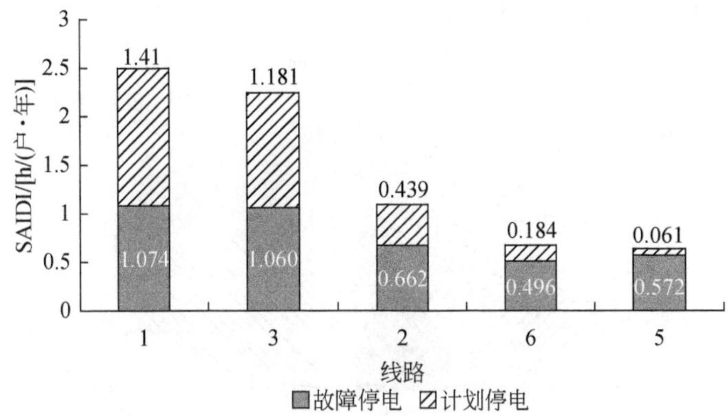

图 12.5　各条馈线系统平均停电时间期望值柱状图

3 主要为架空线，且分段不合理，详细分析见薄弱环节分析部分。

(4)各线路故障停电和计划停电的占比不同。其中，线路 1、线路 2 和线路 3 故障停电和计划停电影响的占比接近，线路 5 和线路 6 则主要受故障停电影响。原因分析如下。

①对于以架空为主的馈线如线路 1、线路 3，由于架空线路预安排停运率为故障停运率的 2.3 倍，平均预安排停运持续时间为平均故障修复时间的 1.9 倍，导致计划停电的影响相对较大。

②对于以电缆为主的馈线如线路 5 和线路 6，由于电缆线路预安排停运率与故障停运率，平均预安排停运持续时间与平均故障修复时间均较为接近，而故障停运除线路外还涉及断路器、负荷开关、配变等设施，导致故障停电的影响相对较大。

3. 薄弱环节分析

1)关键参数分析

利用软件的薄弱环节分析模块进行关键参数分析，分析各类时间参数对系统平均停电时间的影响，如图 12.6 所示。其中，“故障矫正”为设施故障修复时间与故障定位隔离时间之差。

由图 12.6 可知，对系统平均停电时间影响最大的是(线路)预安排停运持续时间，影响为 0.462h/(户·年)，占比 30.8%；故障矫正时间、故障定位隔离时间次之，分别影响系统平均停电时间为 0.367h/(户·年)、0.355h/(户·年)，占比分别为 24.5%、23.7%。

2)关键设备分析

利用软件的薄弱环节分析模块进行关键设备分析，得到对系统平均停电时间期望值影响最大的前 10 个元件组块(指以开关为边界的由设备、线路等组成的设

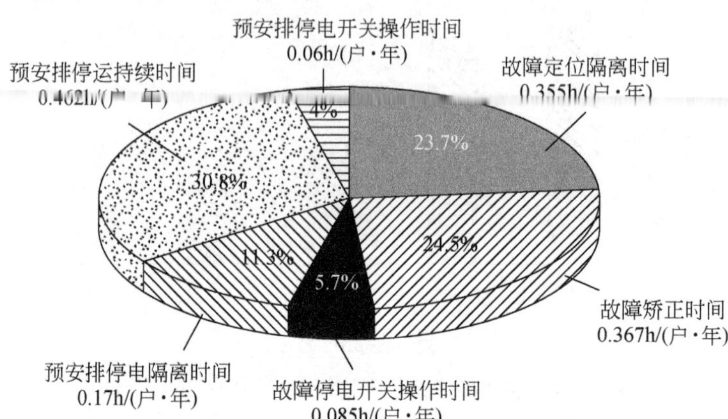

图 12.6　各类时间参数对系统平均停电时间的影响占比

备集合)，如图 12.7 所示。其中，组块 1 属于线路 1，对系统平均停电时间期望值影响最大；组块 2、组块 3 均属于 10kV 线路 3，影响次之。

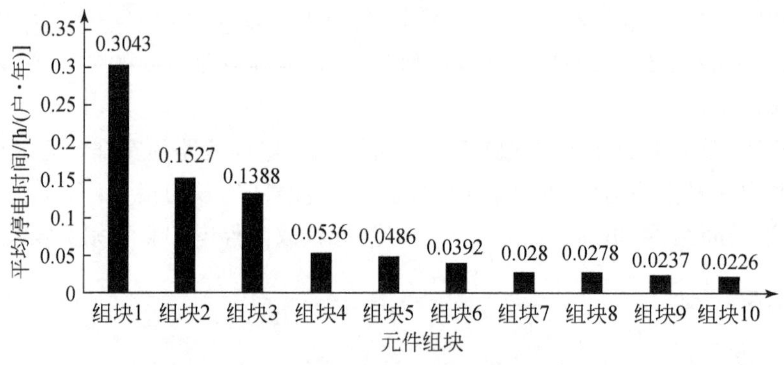

图 12.7　按平均停电时间从大到小排序前 10 的元件组块

本算例对影响最大的 3 个元件组块进行详细分析。组块 1、组块 2、组块 3 对系统平均停电时间期望值影响占比见表 12.9。组块所在馈线的局部电网一次网架结构见图 12.8 和图 12.9。

表 12.9　对系统 SAIDI 影响薄弱环节分析

元件组块编号	所属馈线	影响系统平均停电时间期望值/[h/(户·年)]	对系统平均停电时间期望值的贡献/%
1	线路 1	0.3043	20.30
2、3	线路 3	0.2915	19.45

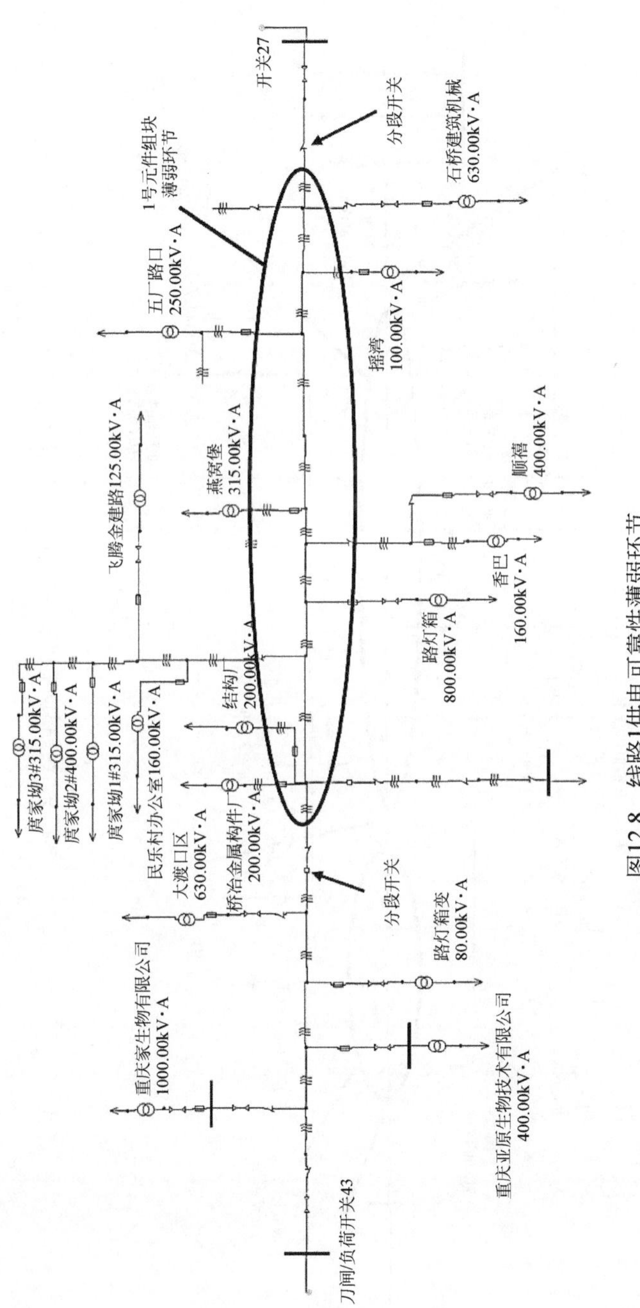

图12.8 线路1供电可靠性薄弱环节

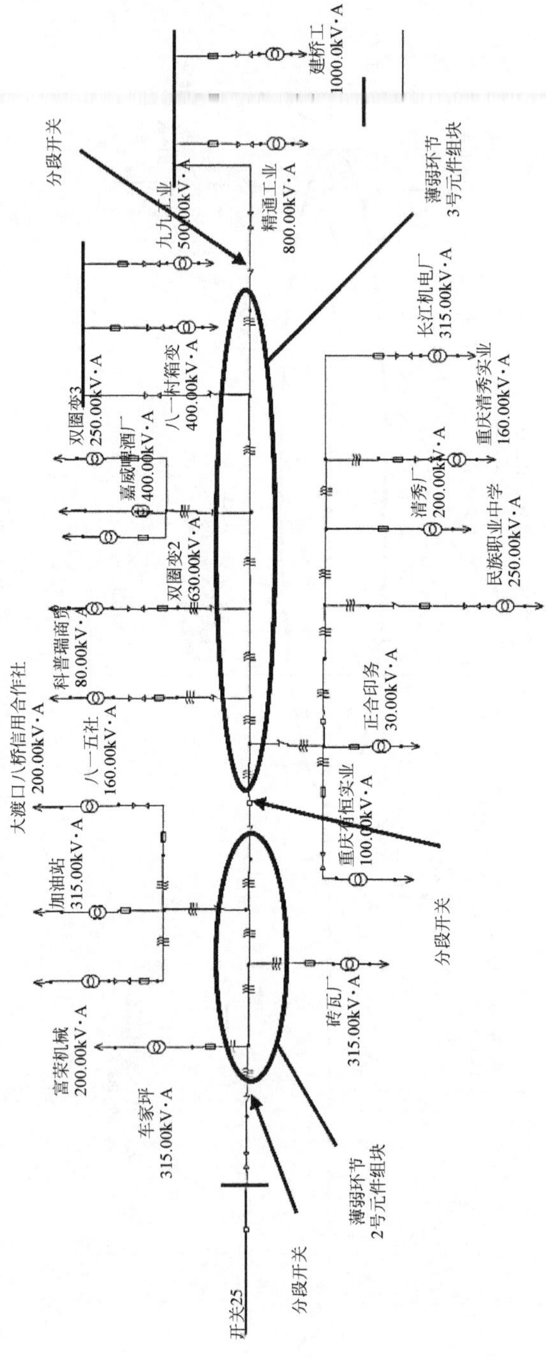

图12.9 线路3供电可靠性薄弱环节

结合表12.9、图12.8和图12.9分析可知：

(1)组块1影响系统平均停电时间期望值0.3043h/(户·年)，贡献占比20.30%；组块2和组块3影响系统平均停电时间期望值0.2915h/(户·年)，贡献占比19.45%。

(2)组块1、组块2、组块3(图中椭圆圈部分)内部分支较多，且内部无开关设备。组块内任一设备发生故障或进行检修时，需断开组块两侧的隔离开关，涉及的停电用户较多，导致组块1、组块2、组块3对系统平均停电时间期望值影响较大，成为系统薄弱环节。根据文献[1]有关要求，应采用均衡负载多分段方式，对组块1、组块2、组块3所在线段合理增加分段。

12.3.4　基于可靠性评估的中压配电网规划

根据现状电网指标分析和薄弱环节分析结果，结合规划期负荷需求拟定规划方案。

1. 规划方案拟定

规划年，规划110kV镁变(2×50MV·A)投运，区域年最大负荷约28MW。结合指标及薄弱环节分析结果和负荷发展需求，提出3个规划方案，解决存量问题，优化网架结构，提高片区供电能力和供电可靠性。

1)规划方案一

为提高供电能力及供电可靠性，满足新增负荷需求，由新建变电站110kV镁变新出10kV线路10、线路11、线路12和线路13共四回线路，转带110kV刘变北侧部分负荷，并满足新增负荷需求，线路总长度6.41km，导线型号：YJV22-10kV-3×400，投资646.4万元。规划方案如图12.10所示。其中，10kV规划线路有线路10、线路11、线路12和线路13。原10kV线路4、线路7拟退出运行。

结合图12.10，讨论规划方案一：

(1)由110kV镁变新出10kV线路10接入桥开闭所(利用该开闭所原10kV线路9进线间隔)，转带110kV刘变10kV线路2部分负荷，形成110kV镁变线路10-110kV刘变线路2单环网接线模式，增强站间联络关系；线路敷设长度约2.05km，线路型号YJV22-10kV-3×400，线路投资205.4万元。

(2)由110kV镁变新出10kV线路11接入田开闭所(利用该开闭所原10kV线路4进线间隔)，转带110kV刘变10kV线路6部分负荷，形成110kV镁变线路11－110kV刘变线路6站间单联络结构；线路敷设长度约1.96km，型号YJV22-10kV-3×400，线路投资195.6万元。

(3)由110kV镁变新出10kV线路12至110kV刘变10kV线路330#杆(线路敷设长度约1.72km，型号YJV22-10kV-3×400)，并于线路3上新增1台联络开

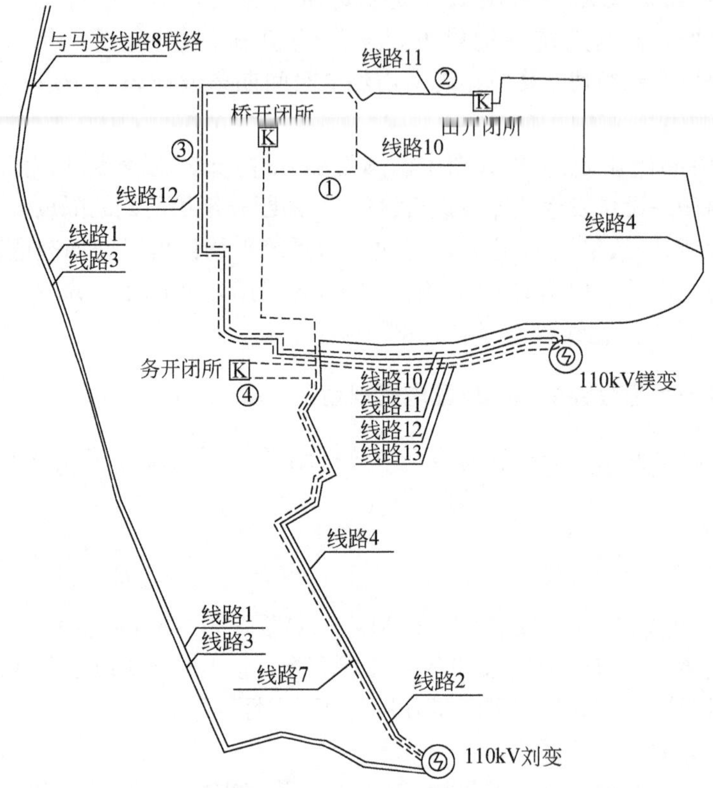

图 12.10 规划方案一:10kV 主干网架地理接线示意图

关,形成 110kV 镁变线路 12-110kV 刘变线路 3-110kV 马变线路 8 站间多联络结构;10kV 线路 12 转带 10kV 线路 3 北段负荷,缩短线路 3 的供电半径,均衡负荷分布,降低馈线平均停电时间,提高该馈线的供电可靠性(该措施针对图 12.9 中线路 3 薄弱环节分析结果而制定);线路、开关总投资为 174.7 万元,其中线路投资 171.7 万元,开关投资 3 万元。

(4)由 110kV 镁变新出 10kV 线路 13 接入务开闭所(利用该开闭所原 10kV 线路 7 进线间隔),满足该片区新增负荷需求,并转带 110kV 刘变 10kV 线路 5 部分负荷,形成 110kV 镁变线路 13-110kV 刘变线路 5 站间单环网接线模式;线路敷设长度约 0.68km,型号 YJV22-10kV-3 * 400,线路投资 67.7 万元。

(5)改造线路 1 的薄弱环节,在 26 # 杆处加装分段开关,投资 3 万元。

2)规划方案二

为提高供电能力及供电可靠性,满足新增负荷需求,由新建变电站 110kV 镁变新出 10kV 线路 10、线路 11、线路 12 和线路 14 这四回线路,转带 110kV 刘变北侧部分负荷,并满足新增负荷需求,线路总长度 6.87km,导线型号:YJV22-10kV-

3×400，投资 693.5 万元。规划方案如图 12.11 所示。其中，10kV 规划线路有线路 10、线路 11 及线路 12、线路 14 和田开闭所新出线；原 10kV 线路 4、线路 6 拟退出运行。

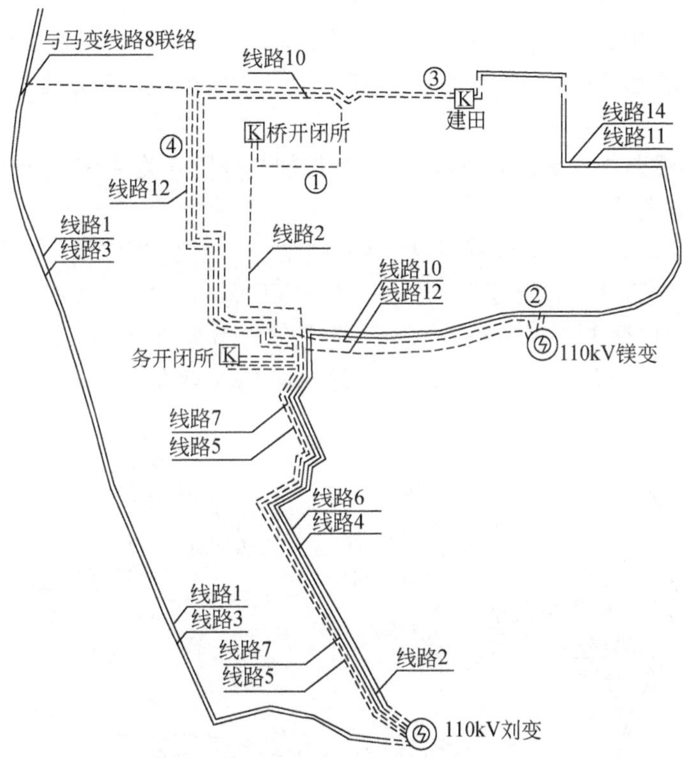

图 12.11　规划方案二：10kV 主干网架地理接线示意图

结合图 12.11，讨论规划方案二：

(1)由 110kV 镁变新出 10kV 线路 10 接入桥开闭所(利用该开闭所原 10kV 线路 9 进线间隔)，转带 110kV 刘变 10kV 线路 2 部分负荷，形成 110kV 镁变线路 10-110kV 刘变线路 2 单环网接线模式，增强站间联络关系；线路敷设长度约 2.05km，型号 YJV22-10kV-3×400，线路投资 205.4 万元。

(2)由 110kV 镁变新出 10kV 线路 11、线路 14 将 110kV 刘变 10kV 线路 4、线路 6 于镁变附近开断，主供田开闭所负荷(沿用原线路 4、线路 6 部分架空线路)，转带原线路 6 负荷，优化变电站供区范围。

(3)由田开闭所新出两回电缆至务开闭所，形成 110kV 镁变线路 11、线路 14-110kV 刘变线路 5、线路 7 双环网供电结构；线路敷设长度总计约 3.10km，型号 YJV22-10kV-3×400，线路投资 310.4 万元。

(4)由 110kV 镁变新出 10kV 线路 12 至 110kV 刘变 10kV 线路 330＃杆(线

路敷设长度约 1.72km,型号 YJV22-10kV-3×400),并于线路 3 上新增 1 台联络开关,形成 110kV 镁变线路 12-110kV 刘变线路 3-110kV 马变线路 8 站间多联络结构;10kV 线路 12 转带 10kV 线路 3 北段负荷,缩短线路 3 供电半径,均衡负荷分布,降低馈线平均停电时间,提高该馈线的供电可靠性(该措施针对图 12.9 中线路 3 薄弱环节分析结果而制定);线路、开关总投资为 174.7 万元,其中线路投资 171.7 万元,开关投资 3 万元。规划方案二中的线路 12 方案与规划方案一一致。

(5)改造线路 1 的薄弱环节,在 26#杆处加装分段开关,投资 3 万元。

3)规划方案三

由新建变电站 110kV 镁变新出 10kV 线路 11、线路 12、线路 13、线路 14 和线路 15 这五回线路,线路总长度 7.40km,型号 YJV22-10kV-3×400,投资 746.6 万元。规划线路包括 110kV 刘变 10kV 线路 4、线路 6 延伸线路,110kV 镁变 10kV 线路 11 及线路 12 和线路 13、线路 14、线路 15;10kV 线路 2 拟退出运行。

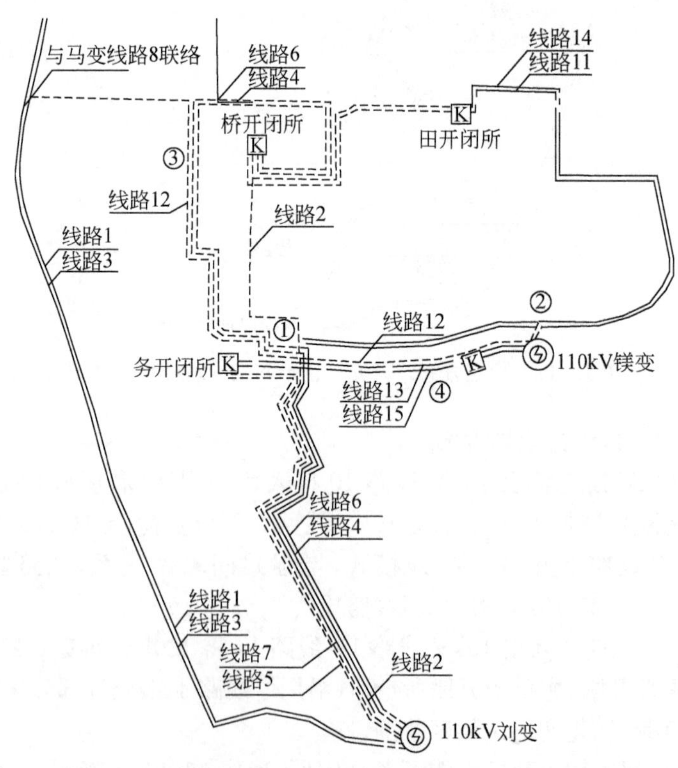

图 12.12　规划方案三:10kV 主干网架地理接线示意图

结合图 12.12,讨论规划方案三:

(1)由 110kV 刘变 10kV 线路 4、线路 6 的附近杆线 T 接两回电缆(2×

1.12km，YJV22-10kV-3×400）至桥开闭所，并由该开闭所新出两回电缆（2×0.68km，YJV22-10kV-3×400）至田开闭所。

（2）由 110kV 镁变新出 10kV 线路 11、线路 14（2×0.11km，YJV22-10kV-3×400）至 10kV 线路 4、线路 6 镁变附近杆线（原线路 4、线路 6 的务开闭所至镁变附近杆线退出运行），形成 110kV 镁变线路 11、线路 14-110kV 刘变线路 4、线路 6 双环网供电结构，环网节点为桥开闭所和田开闭所；（1）、（2）线路总投资 382.4 万元。

（3）由 110kV 镁变新出 10kV 线路 12 至 110kV 刘变 10kV 线路 330＃杆（1×1.72km，型号 YJV22-10kV-3×400），并于线路 3 上新增 1 台联络开关，形成 110kV 镁变线路 12-110kV 刘变线路 3-110kV 马变线路 8 站间多联络结构；10kV 线路 12 转带 10kV 线路 3 北段负荷，缩短线路 3 供电半径，均衡负荷分布，降低馈线平均停电时间，提高该馈线的供电可靠性（该措施针对图 12.9 中线路 3 薄弱环节分析结果而制定）；线路、开关总投资为 174.7 万元，其中线路投资 171.7 万元，开关投资 3 万元。规划方案三中的线路 12 方案与规划方案一一致。

（4）由 110kV 镁变新出 10kV 线路 13、线路 15（2×0.22km，YJV22-10kV-3×400）接入新建开闭所，并由该开闭所新出两回电缆（2×0.71km，YJV22-10kV-3×400）至务开闭所，形成 110kV 镁变线路 13、线路 15-110kV 刘变线路 5、线路 7 双环网供电结构；建设总投资为 436.5 万元，其中开闭所投资 250 万元（用户投资，不计入规划建设成本），线路投资 186.5 万元。

（5）改造线路 1 的薄弱环节，在 26＃杆处加装分段开关，投资 3 万元。

2. 规划方案比选

拟定的三种规划方案概况如表 12.10 所示。

表 12.10　三种规划方案概况

方案	方案简述	规划网架结构	新建电缆长度/km	新装联络开关/台	新装分段开关/台	建设投资/万元
方案一	①新建 10kV 线路 10、线路 11、线路 12 和线路 13 ② 10kV 线路 1 加装分段开关	形成 3 组电缆单环网接线，2 组架空网多联络接线	6.41	1	1	646.4
方案二	①新建 10kV 线路 10、线路 11、线路 12 和线路 14 ② 10kV 线路 1 加装分段开关	形成 1 组双环网接线，1 组单环网接线，2 组多联络接线	6.87	1	1	693.5

续表

方案	方案简述	规划网架结构	新建电缆长度/km	新装联络开关/台	新装分段开关/台	建设投资/万元
方案三	①新建10kV线路11、线路12、线路13、线路14和线路15 ② 10kV线路1加装分段开关	形成1组双环网接线，1组单环网接线，2组多联络接线	7.40	1	1	746.6

1)基于可靠性指标的方案比选

基于预测负荷和应用流程中的方法确定负荷点及其大小，对三个规划方案进行可靠性评估，结果如表12.11和图12.13～图12.15所示。

表12.11 现状及三种规划方案的系统可靠性指标

类别	系统平均停电时间期望值/[h/(户·年)]	平均供电可靠率期望值/%	系统缺供电量期望值/(万 kW·h/年)
现状	1.498	99.9829	1.92
方案一	1.138	99.987	1.81
方案二	1.074	99.9877	1.77
方案三	1.02	99.9884	1.73

注：表中系统平均缺供电量已采用负荷率折算；规划区域规划年最大利用小时数约4500h，求得负荷率为0.51。

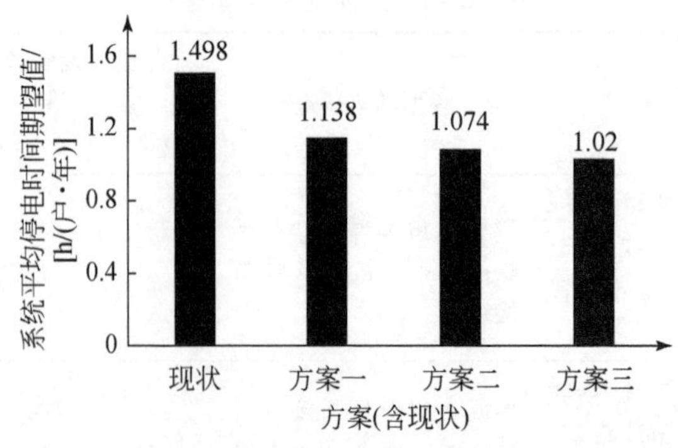

图12.13 现状及三种规划方案的系统平均停电时间期望值

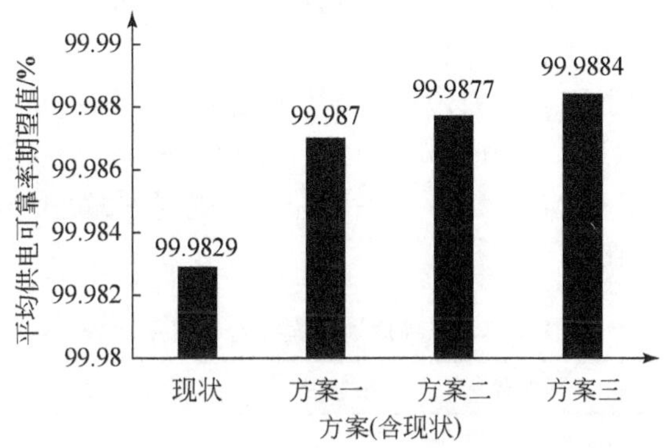

图 12.14　现状及三种规划方案的平均供电可靠率期望值

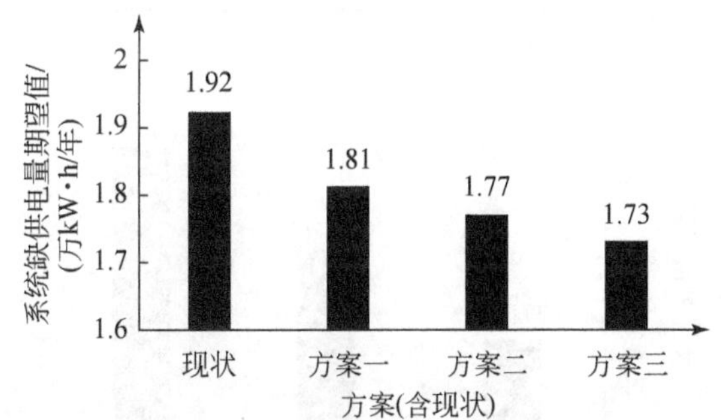

图 12.15　现状及三种规划方案的系统缺供电量期望值

综合表 12.11、图 12.13～图 12.15 可知：

(1)方案三的系统平均停电时间期望值为 1.02h/(户·年)，较现状网减少 31.91%；方案二为 1.074h/(户·年)，较现状网减少 28.3%；方案一为 1.138h/(户·年)，较现状网减少 24.03%。

(2)方案三的平均供电可靠率期望值为 99.9884%，较现状网提高 0.0055%；方案一为 99.9877%，较现状网提高 0.0048%；方案二为 99.987%，较现状网提高 0.0041%。

(3)规划方案三的系统缺供电量最少，为 1.73 万 kW·h/年，较现状配电网减少 9.9%；方案二为 1.77 万 kW·h/年，较现状配电网减少 7.8%；方案一为 1.81 万 kW·h/年，较现状配电网减少 5.7%。

综上所述，由于电网网架得到优化，电网薄弱环节得到改善，三个规划方案的供电可靠性相对现状电网均有显著提升，其中规划方案三的供电可靠性水平最高。考虑到三个方案的建设投资差距较小，且均在投资限额以内，建议采用规划方案三。远期可在规划方案三的基础上实施配电自动化改造，以进一步提升供电可靠性水平，达到A类供电区域供电可靠性规划目标值99.99%。

2)基于综合费用最小的方案比选

对于本案例，采用式(12.1)计算总费用，计算中EP_l取电价0.6元/(kW·h)，EP_s取值为10.0元/(kW·h)(每千瓦时电量的GDP)，EP_f取值为30元/(kW·h)(电价0.6元/(kW·h)的50倍)。三种配电网规划方案的综合年费用计算结果见表12.12和图12.16。

表12.12　三种规划方案综合年费用比较　　(单位：万元)

类别	缺供电量损失费	线损费用	建设运维成本	合计
方案一	38.94	86.25	646.4	771.59
方案二	37.74	81.50	693.5	812.74
方案三	37.62	76.25	746.6	860.47

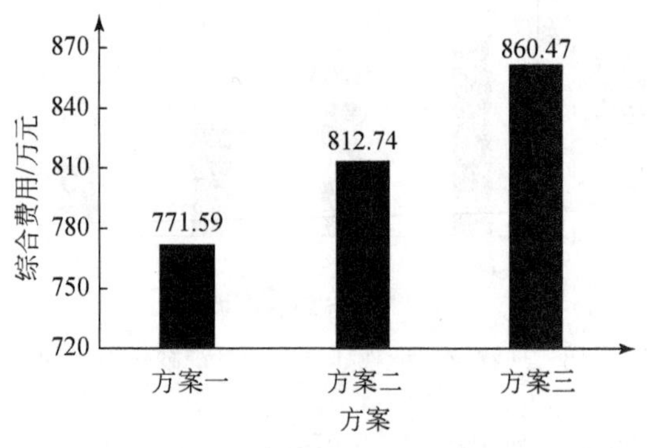

图12.16　三种规划方案综合年费用

结合表12.12和图12.16可知，方案一综合费用最少，为771.59万元，约比方案二、方案三分别少5.1%和10.3%。

由以上包含了可靠性损失的总费用分析可以看出方案一最优，说明投资大的方案对可靠性的提升作用有限，主要原因是该地区现状可靠性指标已经较好。

12.3.5　案例小结

本节以某A类供电分区配电网为应用案例，结合规划业务和可靠性评估特点，从参数收集到最终方案的推荐，详细展示了各规划环节的主要任务、操作步骤和分析方法。

(1)首先对现状配电网系统和馈线可靠性指标进行计算，然后从关键参数和关键设备两方面深入挖掘影响供电可靠性的薄弱环节。

(2)结合可靠性薄弱环节分析和未来负荷需求，拟定若干规划方案，并分别对仅考虑可靠性指标改善程度、综合考虑可靠性与经济性（本书采用综合费用最小法）两种场景下的方案推荐结果进行了对比分析。

(3)项目比选时常规策略一般是在投资限额内选取可靠性最高的方案，或满足可靠性目标时选取投资最小的方案。对于本案例，考虑到三个方案的建设投资差距较小，且均在投资限额以内，建议采用规划方案三，其平均供电可靠率期望值为 99.9884%，较现状网提高 0.0055%，但初始建设投资为三者最大，总计 746.6 万元。

(4)当各方案建设投资差异较大时（一般投资越大可靠性越高），可采用最小总费用法进行方案比选。对于本案例，若以综合费用最小法来看，方案一最优，这是由于本案例现状可靠性指标已经较好，投资大的方案三对可靠性的提升作用有限。

12.4　本 章 小 结

本章首先介绍了可靠性评估在配电网规划设计中的应用流程，并以某地区为例详细展示基于可靠性评估的中压配电网规划过程，包括数据参数收集及处理、现状电网可靠性评估分析、规划方案的拟定和方案比选，为读者提供一定的借鉴和参考。与传统的基于确定性的 $N-1$ 准则规划方法相比，通过将可靠性评估技术引入配电网规划设计，不仅可以考虑到停电的严重程度，还可以考虑到停电的概率，从而科学有效地指导配电网规划设计工作。算例结果表明，项目比选时常规策略一般是在投资限额内选取可靠性最高的方案，或满足可靠性目标时选取投资最小的方案；当各方案投资差异较大时（一般投资越大可靠性越高），可采用最小总费用法进行方案比选。

参 考 文 献

[1] 国家能源局．配电网规划设计技术导则：DL/T 5729—2016[S]．北京：中国电力出版社，2016.

[2] 国家电网公司．配电网技术导则：Q/GDW 10370—2016[S]．北京：国家电网公司，2017.

[3] 中国南方电网有限责任公司．110 千伏及以下配电网规划技术指导原则（修订版）[S]．广州：中国南方电网有限责任公司，2016.

[4] 陈章潮，程浩忠．城市电网规划与改造[M]．3 版．北京：中国电力出版社，2015.

[5] 王成山，罗风章．配电系统综合评价理论与方法[M]．北京：科学出版社，2012.

[6] 国家能源局．中压配电网可靠性评估导则：DL/T 1563—2016[S]．北京：中国电力出版社，2016.

[7] 重庆星能电气有限公司．CEES 用户手册/用户指南[R]．重庆：重庆星能电气有限公司，2017.

[8] 周建其，王主丁，张代红，等．基于提升可靠性关键措施的配电网规划实用方法[J]．供用电，

2012,(2):34-43.

[9] 冯霜,王主丁,周建其,等. 基于小分段的中压架空线接线模式分析[J]. 电力系统自动化,2013,37(4):62-68.

[10] 重庆星能电气有限公司. 基于配电局供电可靠性的市县"十二五"配电网发展规划专题[R]. 重庆:重庆星能电气有限公司,2017.

[11] 重庆大学. 贵阳供电局电网建设效果评估(可靠性评估分册)[R]. 重庆:重庆大学,2012.

[12] 重庆星能电气有限公司. 云南电网公司玉溪供电局"十二五"配电网供电可靠性规划[R]. 重庆:重庆星能电气有限公司,2014.

[13] 重庆星能电气有限公司. 重庆配网规划可靠性分析专题规划[R]. 重庆:重庆星能电气有限公司,2014.

[14] 国家电网公司. 供电系统用户供电可靠性工作指南[M]. 北京:中国电力出版社,2012.

[15] 李文沅. 电力系统风险评估:模型、方法和应用[M]. 北京:科学出版社,2006.

[16] Li W. Probabilistic Transmission System Planning [M]. Piscataway: Wiley-IEEE Press,2011.

[17] 万凌云,王主丁,庞祥璐,等. 中压配电网可靠性评估参数收集及其规划应用[J]. 供用电,2017,(6):38-43.

[18] Stolp J, Chen Y G, Cox S L, et al. Integrated distribution systems planning to improve reliability under load growth[J]. IEEE Transactions on Power Delivery,2012,27(2):757-765.

[19] Lotero R C, Contreras J. Distribution system planning with reliability[J]. IEEE Transactions on Power Delivery,2011,26(4):2552-2562.

[20] Mazhari S M, Monsef H, Romero R. A multi-objective distribution system expansion planning incorporating customer choices on reliability[J]. IEEE Transactions on Power Systems,2016,31(2):1330-1340.

第13章 可靠性评估在配电网建设与改造中的应用

配电网建设改造环节是可靠性评估技术的重要应用领域，通过将可靠性评估技术引入配电网建设改造，可以同时考虑停电的严重程度和停电的概率，从而科学有效地指导配电网建设改造工作。

13.1 引言

配电网建设改造是供电企业的常规工作之一。传统的配电网建设改造方案由于缺乏可靠性量化分析环节，普遍存在方案依据不充分和不科学等问题，这可能导致建设改造方案实施后不能达到预期的可靠性优化目标。因此，有必要在配电网建设改造方案设计过程中引入可靠性评估[1~20]。通过可靠性评估找出配电网的薄弱环节，为制订针对性的建设改造措施提供依据，并在建设改造实施前对各项措施的实施效果进行评估。

本章首先介绍可靠性评估在配电网建设改造中的应用流程，然后以某地区为例展示了基于可靠性评估的中压配电网建设改造过程，为读者提供借鉴和参考。其中，13.2节介绍可靠性评估在配电网建设改造环节的应用流程；13.3节介绍应用案例，包括供电区域的供区概况和电网现状、可靠性评估需要的相关参数来源和数值、借助CEES软件的可靠性评估（包括系统、馈线和负荷点的可靠性指标）、借助软件的系统和重要用户的薄弱环节分析、改善措施（涉及网络、设备、管理和技术四个方面），以及措施的效益/成本分析和优选。

13.2 应用流程

在建设改造环节，可以通过可靠性评估辨识配电网薄弱环节，评估可靠性提升措施的实施效果，优选配电网建设改造项目，具体应用流程如下所示：

(1)根据实际工作需要，选择所要评估的供电区域。

(2)从相关信息系统和文件资料中收集、处理得到可靠性评估所需的全部基础参数和可靠性参数，导入或输入计算软件。

(3)基于现状电网的可靠性评估，进行系统薄弱环节分析和重要用户薄弱环节分析。

(4)基于薄弱环节分析，给出可靠性提升的建设改造项目。

供电可靠性影响因素包括网络、设备、管理、技术四个方面。首先,停电的主体在于设备,因此有效降低各类原因所引起的设备故障率至关重要;其次,停电由工作人员来处理,因此平均停电时间的减少需要通过先进技术和管理的有效实施来实现;另外,网络结构的合理布置可以在很大程度上缩小单次停电范围,从而有效减少用户平均停电时间。因此,提高供电可靠性的建设改造项目主要涉及以下四个方面:

①网络结构方面,提高供电能力、增加线路分段、提高联络率和提高馈线可转供率。

②设备方面,更换老旧设备、提高设备抵御自然灾害能力和降低外力破坏影响。

③技术方面,全面推广带电作业、加强配电自动化建设、大力推广设备状态监测及检修、全面应用不停电转电技术、提高操作和检修效率、提高二次装备技术水平和开展专项研究。

④管理方面,加强基础管理、建立责任传递机制、加强综合停电管理、加强转供电管理、加强配电网运行管理、降低配电网故障率和加强需求侧管理。

(5)评估可靠性提升措施的实施效果。

(6)进行各项目的效益/成本分析[12],优选配电网建设改造项目。

对于投资差距较小且均在投资限额内的各项目,可采用可靠性指标进行方案比选。当各方案建设投资差异较大时,可采用项目净收益率进行方案比选。

第 i 个项目的总收益可表示为

$$\mathrm{TB}(i)=\Delta\mathrm{ER}_{\mathrm{f}}(i)\mathrm{EP}_{\mathrm{f}}+\Delta\mathrm{ER}_{\mathrm{s}}(i)\mathrm{EP}_{\mathrm{s}}+\{\Delta E(i)+\Delta\mathrm{EL}(i)\}\mathrm{EP}_{\mathrm{l}} \tag{13.1}$$

式中,$\Delta\mathrm{ER}_{\mathrm{f}}(i)$,$\Delta\mathrm{ER}_{\mathrm{s}}(i)$为第 i 个项目建成后由于可靠性提高分别对应于故障停电和计划停电年电量损失的减小值;$\Delta E(i)$为第 i 个项目建成后满足新增负荷的年用电量;$\Delta\mathrm{EL}(i)$为第 i 个项目建成后由于线损下降而年电量损失减小值;EP_{f} 和 EP_{s} 分别为故障停电和计划停电单位损失费用,元/(kW · h);EP_{l} 为电能损耗边际值,元/(kW · h)。

项目 i 净收益率可表示为

$$\mathrm{NB}(i)=\frac{\mathrm{TB}(i)-(\mathrm{DI}_i+\mathrm{AI}_i)(\alpha+\beta)}{(\mathrm{DI}_i+\mathrm{AI}_i)(\alpha+\beta)}=\frac{\mathrm{TB}(i)}{(\mathrm{DI}_i+\mathrm{AI}_i)(\alpha+\beta)}-1 \tag{13.2}$$

式中,DI_i 为第 i 个项目所需的直接投资;AI_i 为考虑外部因素时,第 i 个项目所需的附加投资;α 为投资回收率;β 为运行维护率。

13.3 应用案例

应用案例为 A 类供电区,是经济、文化和商业中心,区内有各企事业单位、医院、学校、商场、居民等。现状年，该区域供电面积为 17.2km^2，最大负荷为 311.45MW，全社会用电量为 14.15 亿 kW·h，未来将按照打造商贸服务业集聚区的理念，形成高端购物商贸区。

13.3.1　配电网概况

至现状年，A 类供电区拥有 110kV 变电站 3 座，主变容量 450MV·A，110kV 线路 8 条，长度 42.14km；10kV 公用配变 454 台，容量 148.62MV·A，10kV 线路 62 条，长度 224.88km。本次所选 13 条线路主干总长 41.53km，环网柜 56 面，分支箱 48 台，配变 381 台，容量 168.67MV·A，配电网线路缆化率 85.67%，架空线路绝缘化率 77.76%，线路联络率 100%，线路满足 $N-1$ 准则比例 61.54%，主干线路平均分段数 3，主干线与分支线配置带保护分界开关比例 100%；所选 13 条线路全部实现配电自动化(三遥终端覆盖率 100%)；线路典型接线方式为单环网、双环网、多分段适度联络；配电网设备状态评价无严重状态，无异常状态，注意状态占 0.3%，正常状态占 99.7%。

13.3.2　参数收集

可靠性评估计算分析需要配电网设施基础参数、配电网设备可靠性参数，其参数来源情况见表 13.1。

表 13.1　参数来源

设施	参数	数据来源
设施基础数据	配电线路基础参数	设备台账、一次接线图
	配电变压器基础参数	设备台账
负荷数据	馈线负荷参数	调度系统数据、营销用户数据
—	平均故障定位隔离时间	专家经验法
联络开关	平均联络开关切换时间	专家经验法
变电站 10(6、20)kV 母线	变电站 10(6、20)kV 母线停运率	统计值
	变电站 10(6、20)kV 母线停运平均持续时间	专家经验法
架空线路(电缆线路类似)	故障停运率	评估区域近三年统计值、专家经验法、国网公司 2008～2012 年平均值
	平均故障修复时间	评估区域近三年统计值、专家经验法、国网公司 2008～2012 年平均值
	预安排停运率	按三年预安排停运一次进行测算
	预安排停运平均持续时间	评估区域近三年统计值、专家经验法

续表

设施	参数	数据来源
变压器	变压器故障停运率	评估区域近三年统计值、专家经验法、国网公司 2008～2012 年平均值
	平均故障修复时间	评估区域近三年统计值、专家经验法、国网公司 2008～2012 年平均值
断路器(其他开关类似)	故障停运率	评估区域近三年统计值、专家经验法、国网公司 2008～2012 年平均值
	平均故障修复时间	评估区域近三年统计值、专家经验法、国网公司 2008～2012 年平均值
隔离开关(熔断器类似)	故障停运率	评估区域近三年统计值、专家经验法、国网公司 2008～2012 年平均值
	平均故障修复时间	评估区域近三年统计值、专家经验法、国网公司 2008～2012 年平均值

根据表 13.1 介绍的方法整理评估所需参数，对评估区域计算时采用以下可靠性参数：

(1)设备故障率及修复时间如表 13.2 所示。

表 13.2 设备故障率及修复时间

设施类别	故障停电率	平均故障修复时间
架空线路(含附属设备)	11.406	60
电缆线路(含电缆头、电缆分支箱等附属设备)	4.000	210
隔离开关(刀闸)	1.300	60
断路器	1.200	120
熔断器	1.000	60
负荷开关	0.900	120
配电变压器	0.310	120
环网柜内开关设备	0.027	480

注：平均故障修复时间单位为 min，架空线路、电缆线路的故障停电率单位为次/(百公里·年)，其他设施的故障停电率单位为次/(百台·年)。

(2)架空线路、电缆线路故障定位隔离时间均为 1min，故障段上游恢复供电平均操作时间为 1min，故障停电联络开关平均切换时间为 1min。

(3)计划停电相关参数如表 13.3 所示。

表 13.3　计划停电相关参数

设施类别	停电率/[次/(百公里·年)]	停电时间/h	停电隔离时间/min	上游恢复供电时间/min	联络开关切换时间/min
架空线路	40	8	1	0	0
电缆线路	5	6	1	0	0

13.3.3　计算结果及分析

根据应用案例 A 类供电区 13 条 10kV 中压馈线实际情况，使用 CEES 软件[17]（参见附录 C）计算得到可靠性评估指标，并依据文献[16]等相关行业标准对计算结果进行分析。

1. 系统可靠性指标

系统可靠性指标计算结果如图 13.1 所示。由图可见，案例供电区域可靠性为 99.9885%，其中仅考虑故障停电为 99.9979%，仅考虑计划停电为 99.9906%；系统平均停电时间为 1.008h/(户·年)，其中故障停电为 0.182h/(户·年)，占比 18.06%，计划停电为 0.826h/(户·年)，占比 81.94%。

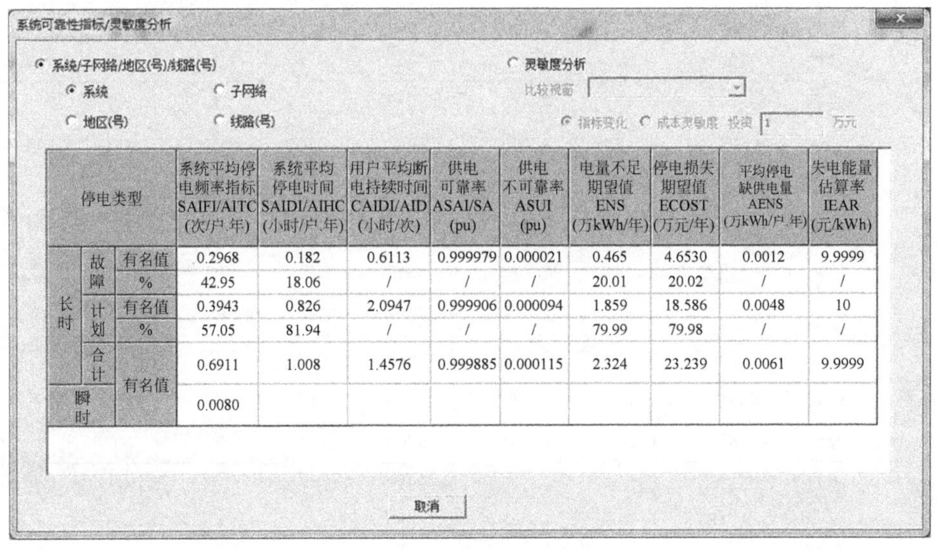

停电类型			系统平均停电频率指标 SAIFI/AITC (次/户.年)	系统平均停电时间 SAIDI/AIHC (小时/户.年)	用户平均断电持续时间 CAIDI/AID (小时/次)	供电可靠率 ASAI/SA (pu)	供电不可靠率 ASUI (pu)	电量不足期望值 ENS (万kWh/年)	停电损失期望值 ECOST (万元/年)	平均停电缺供电量 AENS (万kWh/户.年)	失电能量估算率 IEAR (元/kWh)
长时	故障	有名值	0.2968	0.182	0.6113	0.999979	0.000021	0.465	4.6530	0.0012	9.9999
		%	42.95	18.06	/	/	/	20.01	20.02	/	/
	计划	有名值	0.3943	0.826	2.0947	0.999906	0.000094	1.859	18.586	0.0048	10
		%	57.05	81.94	/	/	/	79.99	79.98	/	/
	合计	有名值	0.6911	1.008	1.4576	0.999885	0.000115	2.324	23.239	0.0061	9.9999
瞬时		有名值	0.0080								

图 13.1　系统可靠性指标

2. 馈线可靠性指标

1)各馈线可靠性指标列表

统计各条馈线可靠性指标,线路 3 可靠率最高,超过 99.9990%,线路 10 供电可靠率最差,仅为 99.9573%,结果详见表 13.4。

表 13.4 各条馈线系统可靠性指标

线路		SAIFI /AITC /[次/(户·年)]	SAIDI /AIHC /[h/(户·年)]	CAIDI /AID /(h/次)	ASAI /SA /%	ENS /(kW·h/年)	AENS /[kW·h /(户·年)]	架空/电缆	网络结构
线路 1	故障	0.193	0.083	0.431	99.9991	126	4	电缆	三联络
	计划	0.104	0.345	3.299	99.9961	565	18		
	合计	0.297	0.428	1.437	99.9951	691	22		
线路 2	故障	0.286	0.134	0.469	99.9985	225	6	电缆	单联络
	计划	0.200	0.546	2.725	99.9938	854	24		
	合计	0.486	0.680	1.398	99.9922	1079	30		
线路 3	故障	0.210	0.049	0.234	99.9994	77	5	电缆	单联络
	计划	0.129	0.013	0.097	99.9999	21	2		
	合计	0.339	0.062	0.182	99.9993	98	7		
线路 4	故障	0.354	0.304	0.859	99.9965	679	21	电缆	两联络
	计划	0.305	1.045	3.426	99.9881	2153	69		
	合计	0.659	1.349	2.048	99.9846	2832	90		
线路 5	故障	0.245	0.116	0.438	99.9987	156	8	电缆	单联络
	计划	0.214	0.838	3.908	99.9904	1096	57		
	合计	0.459	0.954	2.076	99.9891	1252	65		
线路 6	故障	0.385	0.207	0.537	99.9976	643	14	混合	单联络
	计划	0.421	1.654	3.927	99.9811	4401	93		
	合计	0.806	1.861	2.308	99.9788	5044	107		
线路 7	故障	0.382	0.186	0.487	99.9979	301	8	电缆	单联络
	计划	0.449	0.711	1.584	99.9919	1046	29		
	合计	0.831	0.897	1.080	99.9898	1347	37		
线路 8	故障	0.365	0.234	0.640	99.9973	348	13	混合	两联络
	计划	0.668	0.618	0.925	99.9929	923	35		
	合计	1.033	0.851	0.825	99.9903	1271	48		
线路 9	故障	0.234	0.085	0.366	99.999	184	8	电缆	单联络
	计划	0.153	0.024	0.157	99.9997	51	2		
	合计	0.387	0.109	0.283	99.9989	235	10		

续表

线路		SAIFI/AITC/[次/(户·年)]	SAIDI/AIHC/[h/(户·年)]	CAIDI/AID/(h/次)	ASAI/SA/%	ENS/(kW·h/年)	AENS/[kW·h/(户·年)]	架空/电缆	网络结构
线路 10	故障	0.421	0.373	0.885	99.9957	662	22	架空	单联络
	计划	0.540	3.366	6.236	99.9616	5847	201		
	合计	0.961	3.739	3.890	99.9573	6509	223		
线路 11	故障	0.253	0.210	0.830	99.9976	236	19	电缆	单联络
	计划	0.203	0.438	2.158	99.995	476	39		
	合计	0.456	0.648	1.422	99.9926	712	58		
线路 12	故障	0.186	0.165	0.885	99.9981	379	12	电缆	两联络
	计划	0.078	0.230	2.959	99.9974	532	17		
	合计	0.264	0.395	1.496	99.9955	911	29		
线路 13	故障	0.229	0.139	0.604	99.9984	630	12	电缆	两联络
	计划	0.954	0.137	0.143	99.9984	615	12		
	合计	1.183	0.276	0.233	99.9969	1245	24		

2)各馈线可靠性指标比较

按各馈线的平均停电时间分析,其柱状分布图如图 13.2 所示。

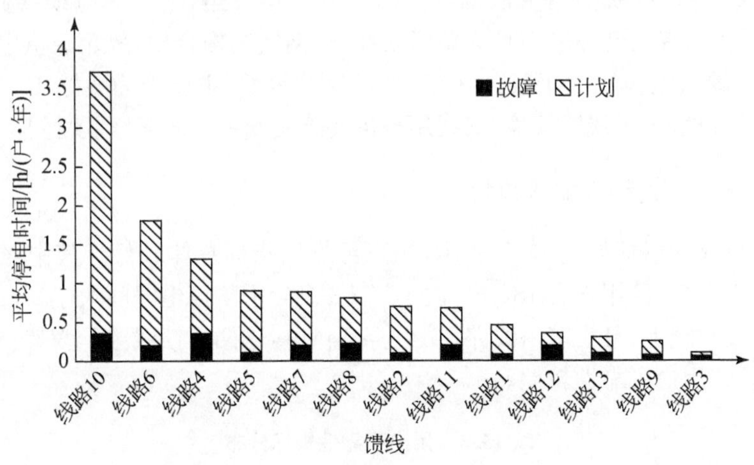

图 13.2　各条馈线平均停电时间柱状图

馈线平均停电时间在 0～0.5h 的线路有 5 条,占总馈线条数的 38.5%,这些线路均为纯电缆线路,网络结构合理,可靠性较高;馈线平均停电时间在 0.5～2h 的线路有 7 条，占总馈线条数的 53.8%；馈线平均停电时间超过 2h 的线路只有 1 条(线路 10)，占总馈线条数的 7.7%。经以上比较分析，馈线平均停电时间总体情况较好，仅线路 10 停电时间远大于其他线路，主要因为线路 10 为架空线路，分段不合理，主干线路上的用户要感受到主干线路故障修复时间。

按馈线的电量不足期望分析，其分布如图 13.3 所示。

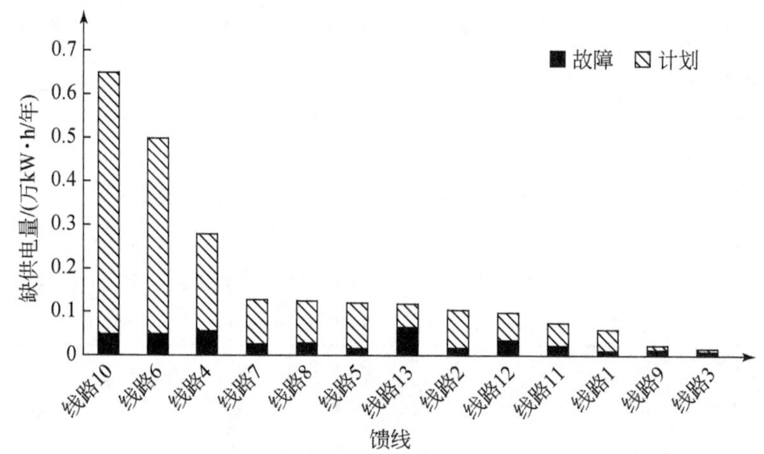

图 13.3　各馈线缺供电量柱状图

由图 13.3 可以看出，馈线缺供电量大部分低于 0.2 万 kW · h/年，运行状况较好。其中线路 3 年缺供电量最低，此线路 2010 年投运，全线为电缆线路的仅有 3.3km，干线只有三台环网柜且为单联络线路，网络结构合理，故年缺供电量较低；线路 10 年缺供电量远大于其他线路，且可靠性较差，主要因为线路 10 为架空线路，分段不合理，主干线路故障，支线用户也要感受到主干线路修复时间。

3. 用户(负荷点)可靠性指标

用户可靠性指标如表 13.5 所示，用户可靠性指标总体较好。其中，年平均停电时间小于 0.5h 的用户有 182 户，占 47.77%。年平均停电时间大于 2h 的用户大多挂接于架空线上，且大多由线路 10、线路 6 供电，这两回馈线主干为架空线，分段不合理，导致用户可靠性较差。

表 13.5　用户可靠性指标分布

平均停电时间/(h/年)	<0.5	0.5～1	1～2	2～3	>3
用户数	182	62	88	21	28
占比/%	47.77	16.27	23.10	5.51	7.35

重要用户可靠性指标如表 13.6 所示。市公安局在所有重要用户中可靠性最差，主要是由单电源供电，无备用电源造成的。

表 13.6　重要用户可靠性指标

重要用户	所属线路	停电频率/(次/年)	每次停电时间/(h/次)	停电时间/(h/年)
市公安局指挥中心	线路 13	1.505	0.361	0.544
市公安局	线路 6	1.660	1.369	2.272
市人民医院	线路 6	0.326	1.571	0.512
市政府	线路 10	0.856	2.332	1.996

13.3.4　薄弱环节分析

通过分析现状供电可靠性指标，以及停电事件与网架结构及设备水平的关系，综合考虑技术和管理对供电可靠性的影响，挖掘供电可靠性的薄弱环节。

1. 系统薄弱环节

基于 SAIDI 指标分析系统薄弱环节，从网架结构及元件角度分析，影响系统 SAIDI 的元件(指某一设备、线路段等)排序如图 13.4 所示。对系统 SAIDI 影响较大的元件为线路 10 的 1＃～11＃、线路 10 的 0＃～1＃、线路 10 的 11＃～18＃，线路 4 的 6＃箱。

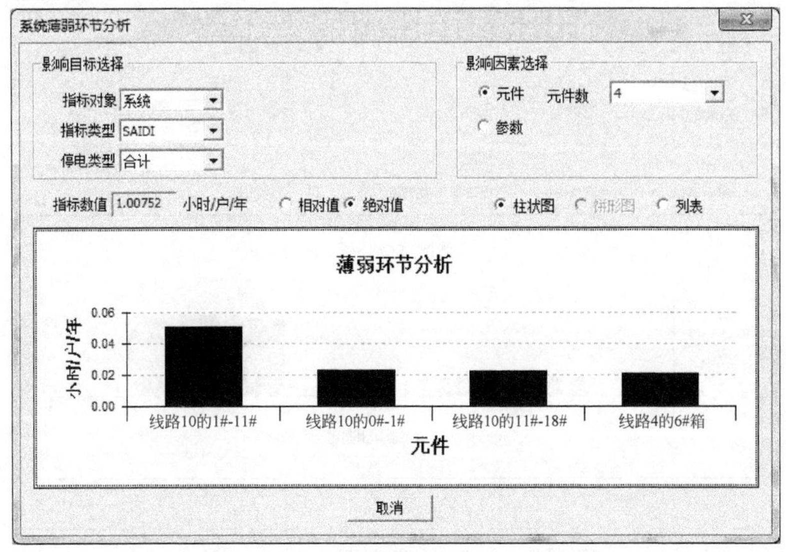

图 13.4　对系统 SAIDI 影响元件排序

结合具体线路分析可知，线路 10 网络结构不合理，分段数不足，无法充分发挥联络线路的转供功能，属于系统网架薄弱环节，建议增加分段或增加联络线。

线路 4 的 6＃箱对系统影响较大的原因是线路 4 的 6＃箱为老式分支箱，内部无线路开关，无法有效隔离线路故障及计划检修，如图 13.5 所示。

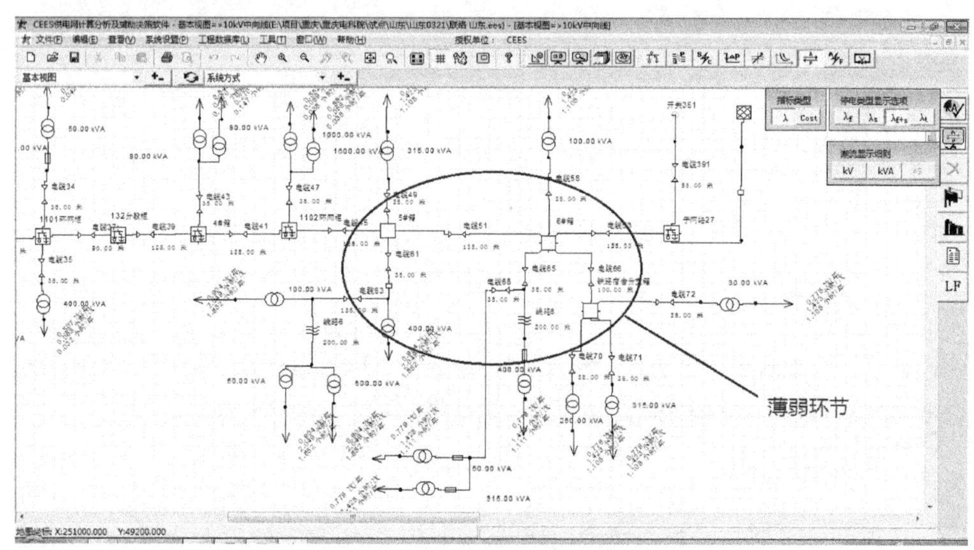

图 13.5 系统薄弱环节——6＃箱

从停电类型方面分析，故障停电与计划停电对 SAIDI 影响如图 13.6 所示。

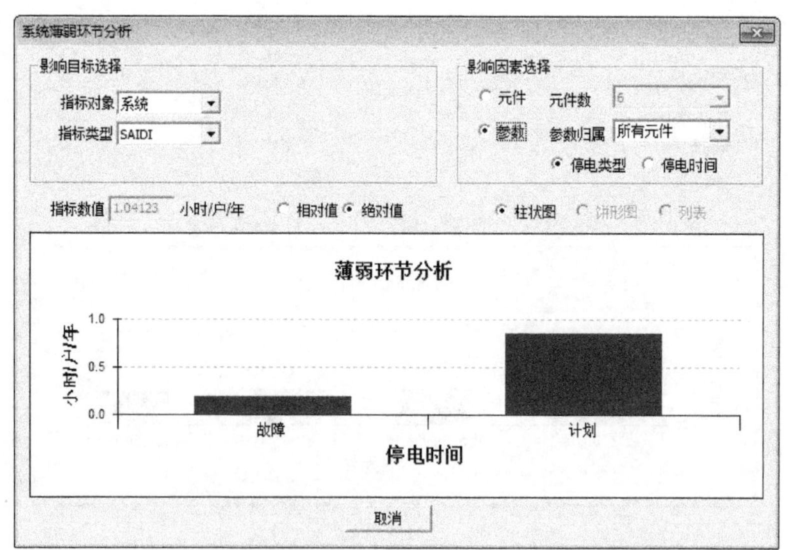

图 13.6 故障停电和计划停电时间分布

计划停电超过全年停电时间的 80%，计划停电时间应为薄弱环节，需加强计划停电管理工作，提高配电网带电作业率，减少线路计划检修时间，杜绝重复停电。

不同停电类型 SAIDI 分布如图 13.7 所示。

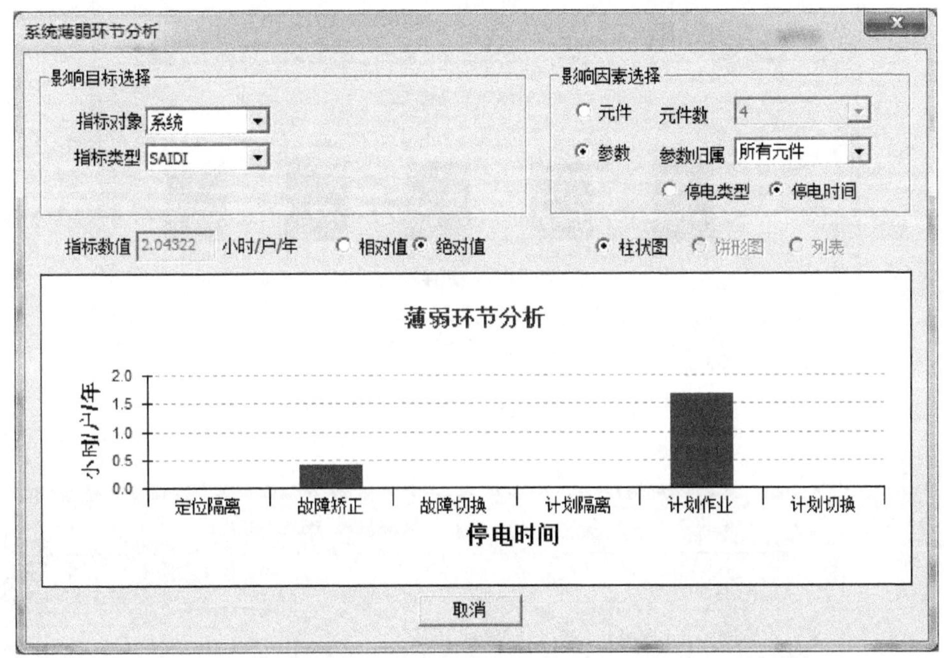

图 13.7 不同停电类型 SAIDI 分布

由于该地区馈线均已实现配电网自动化，故障定位隔离时间、故障切换时间、计划隔离时间、计划切换时间大大缩短，时间较长的故障矫正时间和计划作业时间，其中计划作业时间占较大比重，主要是因为架空线路、电缆线路的计划检修率比故障率要高，计划检修时间比故障修复时间长。

2. 重要用户薄弱环节

案例供电区域可靠性最差的重要用户为市公安局，对其停电时间影响最大的元件为帝景支线，如图 13.8 和图 13.9 所示。主要原因为市公安局是单电源供电，电源进线故障将感受到线路修复时间。可以对重要用户进行双电源改造，或者在下游装设开关，减小下游停电对其造成的影响。

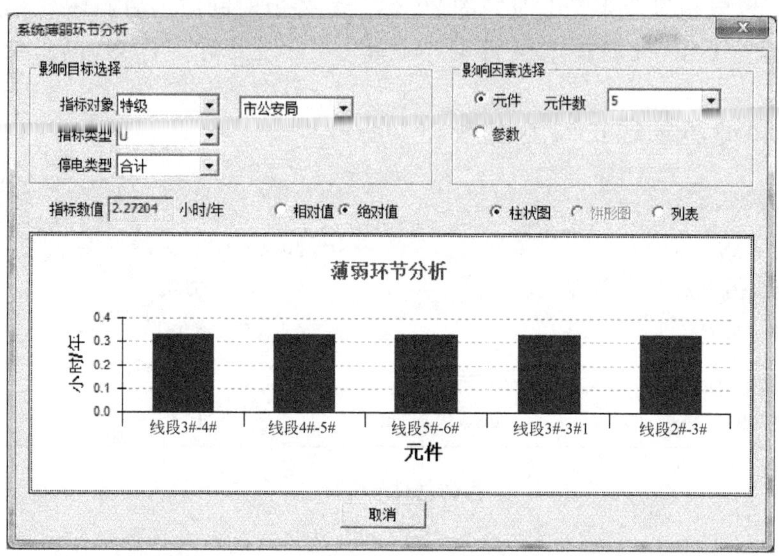

图 13.8　对重要用户可靠性影响最大的元件

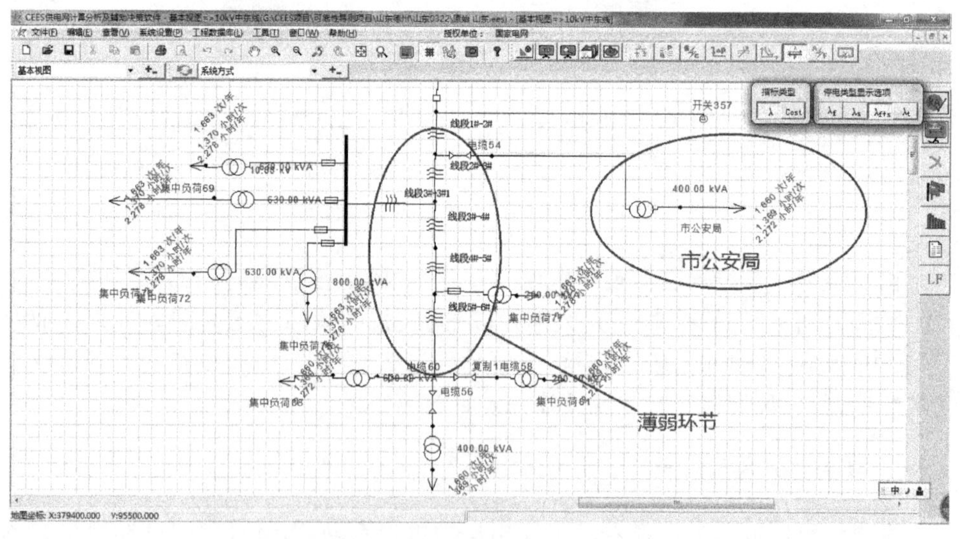

图 13.9　市公安局供电可靠性薄弱环节

13.3.5　改善措施及其效果

本小节将从网络结构、设备、重要用户改造、管理等方面给出提升供电可靠性的措施并对其效果进行评估。

1. 网络结构方面措施及效果

经过薄弱环节分析，线路10为系统薄弱环节，从网络结构方面提出3个改善方案。

1）方案一及其效果

线路10前段线路对系统平均停电时间的影响最大，分别在8#杆、9#杆、某支线10#杆下线加装分段开关，投资11万元。

改善措施实施后，线路10平均停电时间为2.4814h/(户·年)，可靠率99.9720%，缺供电量为0.4338万kW·h/年。停电时间减少1.2571h/(户·年)，下降33.63%，增供电量0.2172万kW·h/年，创造GDP 2.172万元/年。

2）方案二及其效果

在线路10某支线末端增加电缆线路联络，投资100万元。

改善措施实施后，线路10平均停电时间为2.4937h/(户·年)，可靠率99.9715%，缺供电量为0.4379万kW·h/年。停电时间减少1.2448h/(户·年)，下降33.3%，增供电量0.2131万kW·h/年，创造GDP 2.131万元/年。

3）方案三及其效果

同时实施方案一、方案二，总投资111万元。

改善措施实施后，线路10平均停电时间为1.6945h/(户·年)，可靠率99.9807%，缺供电量为0.3301万kW·h/年。停电时间减少2.044h/(户·年)，下降54.67%，增供电量0.3209万kW·h/年，创造GDP 3.209万元/年。

三个方案实施效果比较如表13.7所示。投资方面，方案一投资最少；可靠性方面，方案三提升最高，方案一、二基本相等；效益方面，方案一单位投资创造GDP最大。因此，以提升可靠性为主，方案三为优选方案；以社会经济效益为主，方案一为优选方案。

表13.7　方案效果比较

线路10	平均停电时间/[h/(户·年)]	可靠率/%	缺供电量/(万kW·h/年)	创造GDP/(万元/年)	投资/万元
现状	3.739	99.9573	0.651	—	—
方案一	2.4814	99.9720	0.4338	2.172	11
方案二	2.4937	99.9715	0.4379	2.131	100
方案三	1.6945	99.9807	0.3301	3.209	111

2. 设备方面措施及效果

线路4的6#箱改造成环网柜，投资38万元。改造后网络如图13.10所示。

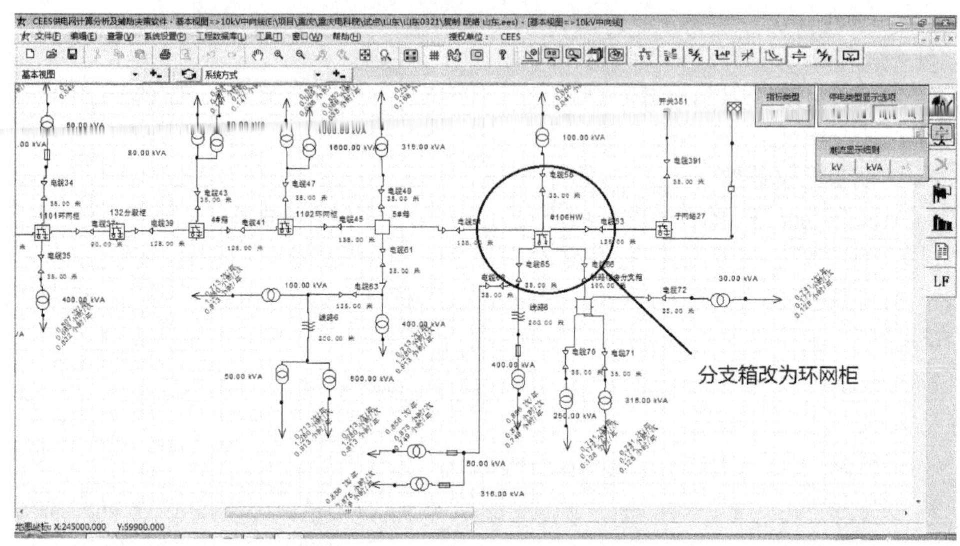

图 13.10 实施设备改造后的网络

改善措施实施前后指标对比如表 13.8 所示。实施措施后，系统平均停电时间为 0.982h/(户·年)，供电可靠率 99.9888%，缺供电量为 2.286 万 kW·h/年。增供电量 0.043 万 kWh/年，创造 GDP 0.43 万元/年。

表 13.8 方案效果比较

系统	平均停电时间/[h/(户·年)]	可靠率/%	缺供电量/(万 kW·h/年)	创造 GDP/(万元/年)	投资/万元
现状	1.008	99.9885	2.324	—	—
改造后	0.982	99.9888	2.286	0.43	38

该方案尽管能在一定程度上提高供电可靠性，但是社会经济效益并不显著。因此，从社会效益的角度建议到设备生命周期完结时自然更换，从追求可靠性提升的角度可以实施改造。

3. 重要用户改造措施及效果

将市公安局配电变压器改造为双电源双进线供电，并在下游装设分段开关，用户预计投入 9 万元(安装断路器，架空线)。实施双电源后，市公安局年平均停电频率 1.66 次/年，每次平均停电时间 0.253h/次，年停电时间 0.42h/年，年停电时间减少 1.852h/年，下降 81.52%。

4. 管理措施及效果

(1)加强计划刚性管理,提高电网综合检修计划编制水平,按月召开生产计划平衡会,多部门综合考虑电网检修计划,优化施工方案,减少线路计划检修时间,杜绝重复停电。

(2)提高配电网带电作业率,增强带电作业施工队伍,以"能带不停"为依据严格施工方案审批,积极推广地电位绝缘杆作业法和电缆不停电作业。

(3)加强电网设备质量把关,减少因设备本体质量问题导致故障停电的现象;提高新投运设备验收质量,发现问题实现闭环管理;设备运维人员加强巡视力度和深度,降低外力破坏故障率。

预计管理措施实施后,电缆故障停电减少至3.5次/(百公里·年),计划停电时间减少5h,加强管理后系统可靠性指标对比如表13.9所示。系统平均停电时间降至0.962h/(户·年),供电可靠率达到99.9890%。

表13.9 管理措施可靠性指标比较

系统	平均停电时间/[h/(户·年)]	可靠率/%	缺供电量/(万kW·h/年)
现状	1.008	99.9885	2.324
实施后	0.962	99.9890	2.210

5. 改造措施与管理措施综合效果

经各项措施比较分析,为提升供电可靠性,同时实施网架改造、设备改造以及管理措施后,系统平均停电时间为0.787h/(户·年),下降21.92%,供电可靠率达99.9910%,上升0.0025个百分点,指标如表13.10所示。

表13.10 管理措施可靠性指标比较

系统	平均停电时间/[小时/(户·年)]	可靠率/%	缺供电量/(万kW·h/年)
现状	1.008	99.9885	2.324
实施后	0.787	99.9910	1.862

13.3.6 案例小结

利用CEES软件,对本案例供电区域13条10kV中压馈线进行了可靠性指标的计算分析;借助CEES软件薄弱环节识别功能,提出可靠性提升具体措施(包括架空线增加分段开关、重要用户公用配变双接入和分支箱改环网柜等)并评估其效果。计算结果表明,改造措施实施前,该试点地区供电可靠率为99.9885%,系统平均停电时间为 1.008h/(户·年),其中故障停电时间占 18.06%,计划停电时间占 81.94%;实施综合改善措施后,供电可靠率达到 99.9910%,系统平均停电时间为 0.787h/(户·年),下降 21.92%。该地区配电网可靠性较高的原因是系统电源功率充裕、环网结构以及 100%的配电网自动化覆盖率。

对于本案例 13 条 10kV 中压线路的馈线系统,CEES 软件总计算时间(含图形界面数据导入和图形结果显示)为 10s,便于系统薄弱环节识别及各种可靠性措施提升效果的快速定量计算分析。

13.4 本章小结

本章介绍了可靠性评估在建设改造环节的应用流程,通过应用案例详细介绍了 CEES 可靠性评估软件在配电网建设改造环节的应用步骤和方法,包括数据参数收集、现状电网可靠性评估分析(含系统、馈线和用户可靠性指标)、系统薄弱环节和重要用户薄弱环节的辨识,从网络、设备、重要用户改造、管理四个方面提出改善措施及其效益/成本分析。在应用案例中,量化了系统和用户的可靠性水平及其薄弱环节,介绍了四种电网改造方案,为平衡可靠性和经济性奠定基础。

参考文献

[1] 陈章潮,程浩忠. 城市电网规划与改造[M]. 3 版. 北京:中国电力出版社,2015.

[2] 国网北京经济技术研究院. 电网规划设计手册[M]. 北京:中国电力出版社,2015.

[3] 国家电网公司. 配电网技术导则:Q/GDW10370—2016[S]. 北京:国家电网公司,2017.

[4] 中国南方电网有限责任公司. 110 千伏及以下配电网规划技术指导原则(修订版)[S]. 广州:中国南方电网有限责任公司,2016.

[5] 冯霜,王主丁,周建其,等. 基于小分段的中压架空线接线模式分析[J]. 电力系统自动化,2013,37(4):62-68.

[6] 周建其,王主丁,张代红,等. 基于提升可靠性关键措施的配电网规划实用方法[J]. 供用电,2012,(2):34-43.

[7] 沈新平. 浅析通过配网规划和改造提高供电可靠性[J]. 广东科技,2007,(9):150,151.

[8] 杨栋华. 浅谈提高配网供电可靠性管理的措施[J]. 科学与财富,2010,(7):195.

[9] 张利国. 提高配电网可靠性的措施[J]. 电气时代,2005,(12):92-94.

[10] 邱生,张焰,孙建生,等. 提高中压配电网供电可靠性的措施及其成本/效益分析研究[J]. 继电器,2005,33(13):34-38.

[11] 李文沅. 电力系统风险评估:模型、方法和应用[M]. 北京:科学出版社,2006.

[12] 王成山,罗风章. 配电系统综合评价理论与方法[M]. 北京:科学出版社,2012.

[13] Stolp J, Chen Y G, Cox S L, et al. Integrated distribution systems planning to improve reliability under load growth[J]. IEEE Transactions on Power Delivery, 2012, 27(2):

757-765.

[14] Li W. Risk Assessment of Power Systems: Models, Methods, and Applications [M]. Piscataway: Wiley-IEEE Press, 2005.

[15] 国家电网公司. 供电系统用户供电可靠性工作指南[M]. 北京:中国电力出版社,2012.

[16] 国家能源局. 中压配电网可靠性评估导则:DL/T1563—2016[S]. 北京:中国电力出版社,2016.

[17] 重庆星能电气有限公司. CEES 用户手册/用户指南[R]. 重庆:重庆星能电气有限公司,2017.

[18] 严俊,何成章,段浩,等. CEES 可靠性评估软件在中压配电网建设改造中的应用[J]. 供用电,2016,(1):39-44.

[19] 国网重庆市电力公司. 重庆配网规划可靠性分析专题规划[R]. 重庆:国网重庆市电力公司,2014.

[20] 重庆星能电气有限公司. 基于配电层供电可靠性的市县"十三五"配电网发展规划专题[R]. 重庆:重庆星能电气有限公司,2017.

附录A 点估计法

点估计法(point estimate method,PEM)作为一种计算非线性函数矩(一种概率统计特征量)的方法,使用起来简单有效[1~4]。早在1975年,Rosenbluth开始研究并使用点估计法,将其用于计算单随机变量或多随机变量构成的随机函数函数值的矩[1]。该方法的优势在于不需要不同变量之间的联合概率密度的卷积计算,只需求得各个随机变量的概率密度函数即可。文献[2]详细介绍了点估计法的原理及其应用方法。目前点估计法已在学术研究和实际工程中得到了较为广泛的应用[3,4],使用较多的便是两点估计法(two-point estimate method)和三点估计法(three-point estimate method),二者计算效率相差不大,但因三点估计法计算了随机变量的峰度,其计算精度高于两点估计法,应用较多。

A.1 基本思路

对于由n维随机变量X构成的函数$Z=F(X)=F(X_1,X_2,\cdots,X_n)$,点估计法是根据已知随机变量的概率分布,在每个随机变量X_i上取m个估计点,对函数Z做$m\times n$次估计来得到Z的概率密度。

若已知随机变量X_i的期望和标准差分别为μ_i和σ_i,需要计算的随机变量X_i第j个估计点的数值和位置系数分别为$x_{i,j}$和$\xi_{i,j}$,且对于随机变量向量X的第(i,j)个估计点$X(i,j)=(\mu_1,\mu_2,\cdots,x_{i,j},\cdots,\mu_n)$,需要计算的权重(概率)为$\omega_{i,j}$,则有

$$\begin{cases}x_{i,j}=\mu_i+\xi_{i,j}\sigma_i\\ \displaystyle\sum_{i=1}^{n}\sum_{j=1}^{m}\omega_{i,j}=1,\quad i=1,2,\cdots,n;j=1,2,\cdots,m\\ \displaystyle\sum_{j=1}^{m}\omega_{i,j}=\frac{1}{n}\end{cases}\tag{A.1}$$

令$\lambda_{i,l}$是X_i的l阶中心距$M_l(X_i)$与标准差σ_i的l次方之比,则有

$$M_l(X_i)=\int_{-\infty}^{+\infty}(x-\mu_i)^l f(x)\mathrm{d}x\tag{A.2}$$

$$\lambda_{i,l}=\frac{M_l(X_i)}{(\sigma_i)^l}\tag{A.3}$$

对于式(A.3),$\lambda_{i,1}=0$,$\lambda_{i,2}=1$,$\lambda_{i,3}$和$\lambda_{i,4}$分别为随机变量X_i的偏度和峰度。

若X_i为离散型随机变量,l阶中心距$M_l(X_i)$采用式(A.4)计算:

$$M_l(X_i)=\sum_{j=1}^{H_i}[(x_{i,j}^0-\mu_i)p_{i,j}^0] \tag{A.4}$$

式中，H_i为离散型随机变量X_i的离散取值个数；$x_{i,j}^0$和$p_{i,j}^0$分别为X_i在离散点的取值和概率。

基于式(A.1)～式(A.4)以及式(A.6)或式(A.8)，可得到X_i的m个估计点$x_{i,j}$，再利用已知的函数关系式$Z=F(X)$以及式(A.7)或式(A.9)，可得到Z在估计点$X(i,j)=(\mu_1,\mu_2,\cdots,x_{i,j},\cdots,\mu_n)$的估计值及其权重，进而可求出$Z$的各阶矩估计值：

$$E(Z^k)\approx\sum_{i=1}^{n}\sum_{j=1}^{m}\{\omega_{i,j}[F(\mu_1,\mu_2,\cdots,x_{i,j},\cdots,\mu_n)]^k\},\quad k=1,2,\cdots \tag{A.5}$$

当$k=1$时，$E(Z)$为Z的均值。

A.2 两点估计法

对于含n个随机变量的函数$F(X)$，两点估计法是对每个随机变量取两个估计点，在每次确定性计算中取其中之一，其余随机变量取均值，计算次数为$2n$。现以离散型随机变量X_i为例，简述第(i,j)个估计点$X(i,j)=(\mu_1,\mu_2,\cdots,x_{i,j},\cdots,\mu_n)$和对应权重$\omega_{i,j}$的计算过程。

对于离散型随机变量X_i，其l阶中心距$M_l(X_i)$和l阶标准中心距$\lambda_{i,l}$分别采用式(A.4)和式(A.3)计算。

估计点$X(i,j)$的位置系数$\xi_{i,j}(j=1,2)$可表示为

$$\xi_{i,1}=\frac{\lambda_{i,3}}{2}+\sqrt{n+\frac{1}{4}\lambda_{i,3}^2},\quad \xi_{i,2}=\frac{\lambda_{i,3}}{2}-\sqrt{n+\frac{1}{4}\lambda_{i,3}^2} \tag{A.6}$$

根据估计点的位置系数$\xi_{i,j}$以及随机变量X_i的均值和方差，将式(A.6)代入式(A.1)的第1个等式可得$x_{i,j}$的取值。

各估计点的权重系数$\omega_{i,j}(j=1,2)$可表示为

$$\omega_{i,1}=\frac{-\xi_{i,2}}{n(\xi_{i,1}-\xi_{i,2})},\quad \omega_{i,2}=\frac{\xi_{i,1}}{n(\xi_{i,1}-\xi_{i,2})} \tag{A.7}$$

A.3 三点估计法

对于含n个随机变量的函数$F(X)$，三点估计法则是对每个随机变量取三个估计点，且其中一个为均值，故确定性计算次数为$2n+1$。以离散型随机变量X_i为例，简述第(i,j)个估计点$X(i,j)=(\mu_1,\mu_2,\cdots,x_{i,j},\cdots,\mu_n)$和对应权重$\omega_{i,j}$的计算过程。

对于离散型随机变量 X_i，其 l 阶中心距 $M_l(X_i)$ 和 l 阶标准中心距 $\lambda_{i,l}$ 分别采用式(A.4)和式(A.3)计算。

估计点 $X(i,j)$ 的位置系数 $\xi_{i,j}$ 可表示为

$$\xi_{i,j}=\frac{\lambda_{i,3}}{2}+(-1)^{3-j}\sqrt{\lambda_{i,4}-\frac{3}{4}\lambda_{i,3}^2}\,,\quad j=1,2;\xi_{i,3}=0 \tag{A.8}$$

根据估计点的位置系数 $\xi_{i,j}$ 以及随机变量 X_i 的均值和方差，将式(A.8)代入式(A.1)的第 1 个等式可得 $x_{i,j}$ 的取值。

各估计点的权重系数 $\omega_{i,j}$ 可表示为

$$\omega_{i,j}=\frac{(-1)^{3-j}}{\xi_{i,j}(\xi_{i,1}-\xi_{i,2})},\quad j=1,2;\omega_{i,3}=\frac{1}{n}-\frac{1}{\lambda_{i,4}-\lambda_{i,3}^2} \tag{A.9}$$

参 考 文 献

[1] Rosenbluth E. Point estimation for probability moments[J]. Proceeding of National Academic Science in United States of America,1975,72(10):3812-3814.

[2] Hong H P. An efficient point estimate method for probabilistic analysis[J]. Reliability Engineering and System Safety,1998,59(3):261-267.

[3] Verbic G,Canizares C A. Probabilistic optimal power flow in electricity markets based on a two-point estimate method[J]. IEEE Transactions on Power Systems, 2006, 21(4): 1883-1893.

[4] 毛昭磊. 特高压直流输电对交流电网的影响及点估计法的应用研究[D]. 杭州：浙江大学,2015.

附录 B　网流模型基础

网流法是一种类比水流的解决问题方法，与线性规划密切相关[1,2]。网络流的理论和应用在不断发展，应用已遍及通信、运输、电力、工程规划、任务分派、设备更新以及计算机辅助设计等众多领域。

B.1　基本概念

1. 费用流网络

费用流网络 $G=(N,A)$ 是一个有向图，N 表示节点集合，A 表示边集合。图中每条边 $(i,j)\in A$ 有非负的容量限制 $u_{ij}>0$，边上通过非负的流量为 x_{ij}，通过单位流量产生的费用为 c_{ij}。费用流网络中有两个特殊的节点：源节点 s 和汇节点 t，若图中有多个源节点和多个汇节点，则添加一个虚拟源节点与所有源节点连接，添加一个虚拟汇节点与所有汇节点连接。

电网功率流是一个无向图，可在节点间采用方向相反的两条有向边将其转化为有向图。如图 B.1 所示，两节点边上流量均大于等于 0 且任意时刻至少有一条边流量等于 0，且有 $c_{ij}=c_{ji}$ 和 $u_{ij}=u_{ji}$。

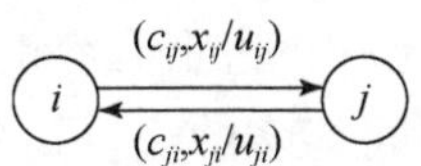

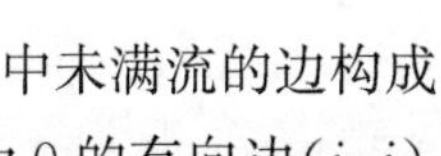

图 B.1　功率流示意图

2. 残留网络

残留网络 G_f 由原始网络 G 中未满流的边构成，残留网络用于表征原始网络各边的容量冗余。对任意流量不为 0 的有向边 (i,j)，该边的残留容量 $r_{ij}=u_{ij}-x_{ij}$；相应反向边的残留容量 $r_{ji}=u_{ji}+x_{ij}$。若两相连节点 $i,j\in N$ 间没有流量通过，节点间两边残留容量为相应边容量，即 $r_{ij}=r_{ji}=u_{ij}$。

如图 B.2 所示，图 B.2(a)表示原始网络，图 B.2(b)表示对应的残留网络。以节点 1 和节点 2 间的边为例，残留网络中边(1,2)上的残留容量为：$r_{12}=8-2=6$，单位流量费用为 $c'_{12}=1$；边(2,1)上的残留容量为 $r_{21}=8+2=10$，单位流量费用为

$c'_{21}=-1$。

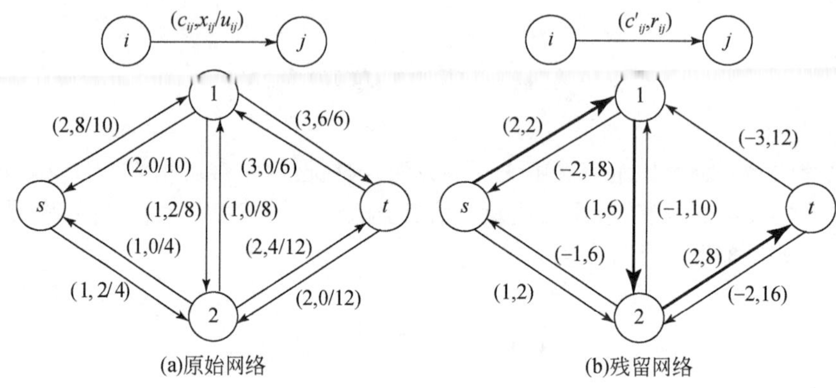

图 B. 2　原始网络及对应残留网络示意图

3. 增广路径

给定流网络 $G=(N,A)$，增广路径 p 是相应残留网络 G_f 中从源节点 s 到汇节点 t 的一条连通路径。对于一条增广路径上的边 (i,j) 可以增加其流量的最大值为 r_{ij}，而不会超过边上容量限制。如图 B. 2(b)所示粗线标注的路径即为一条增广路径。

B. 2　最大流问题

最大流问题可以表述为：给定一个边上有容量约束限制的网络，在满足容量约束的条件下希望从源节点输送尽可能多的流量到汇节点。对于流网络 $G=(N,A)$ 最大流问题表示如下。

目标函数

$$\max v \tag{B.1}$$

约束条件

$$\sum_{\{j:(i,j)\in A\}} x_{ji} - \sum_{\{j:(j,i)\in A\}} x_{ij} = \begin{cases} -v, & i=s \\ 0, & i\in N-\{s,t\} \\ v, & i=t \end{cases} \tag{B.2}$$

$$0\leqslant x_{ij}\leqslant u_{ij}, \quad (i,j)\in A \tag{B.3}$$

求解最大流问题常见的算法为增广路径方法，其思想是循环增加流的值。在开始时设置原网络所有边的流量为 0，然后在其对应的残留网络中寻找增广路径，并按这条增广路径最小残留容量对该增广路径进行增流，重复这一过程直到残留网络中没有增广路径存在,此时将获得一个最大流。

B.3 最小费用流问题

最小费用流是指给定源节点流出或者汇节点流入的流量,求解费用最小的流量分布问题,对于给定流网络 $G=(N,A)$ 最小费用流问题表示如下。

目标函数

$$\min \sum_{(i,j)\in A} (c_{ij}x_{ij}) \tag{B.4}$$

约束条件

$$\sum_{\{j:(i,j)\in A\}} x_{ji} - \sum_{\{j:(j,i)\in A\}} x_{ij} = \begin{cases} -b, & i=s \\ 0, & i=N-\{s,t\} \\ b, & i=t \end{cases} \tag{B.5}$$

$$0\leqslant x_{ij}\leqslant u_{ij}, \quad (i,j)\in A \tag{B.6}$$

式中,b 为给定的汇节点流入的流量,同时规定源节点流出的流量为$-b$。

求解最小流问题常用的方法为消圈法。在残留网络中寻找费用和为负的圈,然后按这个圈最小的残留容量对这个圈进行增流,直到残留网络中不存在费用和为负的圈,将获得费用最小的流量分布。

B.4 最小费用最大流问题

最小费用最大流问题是对最大流和最小费用流的结合,在最小费用流问题的基础上指定源节点流出或者汇节点流入的流量为该网络的最大流。求解方法为:首先利用增广路径方法求得该网络的最大流,然后利用消圈法在最大流的基础上进行流量调整,最后在最大流的基础上求得费用最小的流量分布。

参考文献

[1] Ahuja R K, Magnanti T L, Orlin J B. Network Flows: Theory, Algorithms, and Applications [M]. New Jersey: Prentice-Hall, 1993.

[2] Cormen T H, Leiserson C E, Rivest R L. 算法导论[M]. 殷建平,徐云,王刚,等译. 北京:机械工业出版社,2006.

附录 C　CEES 软件简介

CEES 是重庆星能电气有限公司研发的一个简单实用的电力系统仿真与分析智能计算系统(www. ceesinc. com)[1]，具有绘制电气接线、可靠性评估、潮流计算、短路计算、线损计算和无功优化等功能，对包括配电网可靠性评估的计算分析起到了强有力的支撑作用。

C.1　概　　述

CEES 电气软件产品是国际电力仿真商业软件理念与国内电力系统实际需求的结晶，具有完全独立自主知识产权，能够帮助电气工程师进行便捷的电网仿真、分析、规划、设计和运行维护计算，是具有卓越集成化、智能化和交互式的图形化辅助计算工具，包括一次接线图辅助设计环境、计算模块、报表模块、数据交换模块、工程数据库、设备信息库等部分。

系统是在研究国内和国际同类系统主流产品的基础上独立研发的，兼有国内外同类产品的诸多优点，实现了“智能、简单、有趣、实用”的最终用户需求。

(1)“智能”主要指软件具有自动获得帮助以及查错和纠错功能。

(2)“简单”指软件易学易用，一般用户两三个小时即可掌握工程计算所需的基本操作。

(3)“有趣”指软件使用不会让用户感到负担，可轻松完成任务。

(4)“实用”指软件是针对实际生产需要设计和开发的，能方便解决生产实际问题。

C.2　CEES 可靠性详细评估

CEES 可靠性详细评估模块适用于信息相对完整的现状电网评估，可以得到各负荷点和系统的可靠性指标，可用于辨识系统和重要用户的薄弱环节，并有针对性地提出改善措施，其功能特点如下：

(1)元件故障后网络连通性分析仅需要对网络进行几次元件遍历，可用于大规模复杂(含环或联络开关)配电网可靠性快速评估。

(2)支持考虑元件容量约束和节点电压约束影响的失负荷分析(可选择平均削减、分级削减和随机削减三种切负荷方式)。

(3)系统/母线/负荷可靠性指标对系统所有元件、各关键元件及其可靠性参数影响的图形化薄弱环节分析和灵敏度分析。

(4)支持采用最大负荷(可考虑负荷率)或典型日负荷曲线仿真不同的负荷方式。

(5)可靠性评估结果的单线图可视化显示和方便的报表输出。

(6)停电类型包括故障停电、计划停电和瞬时停电。

(7)可考虑所有元件影响(包括各种开关设备)。

(8)可靠性参数可方便自定义,包括分元件参数设置和(或)分元件类型、分电压等级的全局可靠参数设置。

(9)可考虑分布式电源对可靠性指标的影响。

评估的可靠性指标如下所示:

(1)负荷点指标:基本指标有平均停电率λ、平均停电持续时间γ、年平均停电持续时间U;费用/价值指标有ENS、ECOST和IEAR。

(2)系统可靠性指标:SAIFI、SAIDI、CAIDI、ASAI、ASUI、ENS、ECOST、AENS、IEAR。

C.3　CEES可靠性近似估算

由于大规模中压配电网可靠性评估数据录入烦琐且收集困难,可靠性指标的近似估算显得实用和必要,特别是对于缺乏详细数据的规划态配电网,其功能特点如下:

(1)基于典型供电区域和典型接线模式进行馈线分类的简化评估思路。

(2)建立各典型接线模式馈线故障和预安排停运SAIDI和SAIFI的基本估算模型。

(3)可考虑不同类别开关(断路器、负荷开关和隔离开关)同时存在的影响。

(4)可考虑大分支、双电源和带电作业的影响。

(5)可考虑设备容量约束和负荷变化的影响。

C.4　CEES软件的直观认识

本节基于对图C.1和图C.2的简要介绍,让大家对CEES有个直观的了解。

图C.1为一实际县级电网CEES算例的图形界面。主界面为35kV及以上电网的电气接线图,各35kV或110kV变电站及其低压供电网以嵌套的子网络表示。双击子网络图元可打开其内部的电气接线图,如图C.1中右下方即为一条10kV馈线的电气接线图。

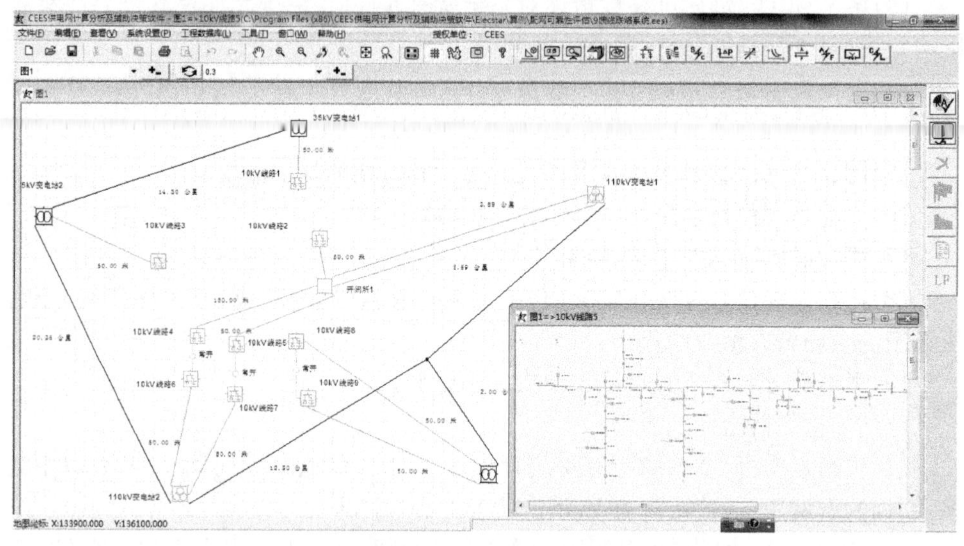

图 C.1　一个实际县级电网 CEES 算例的图形界面

CEES 支持一次接线图多视窗不同数据版本的同时设计、计算分析和结果显示对比，如图 C.2 所示，它为某算例两个视窗分别对应不同开关运行状态、不同发电方式、不同网络参数和不同负荷大小的图形界面。

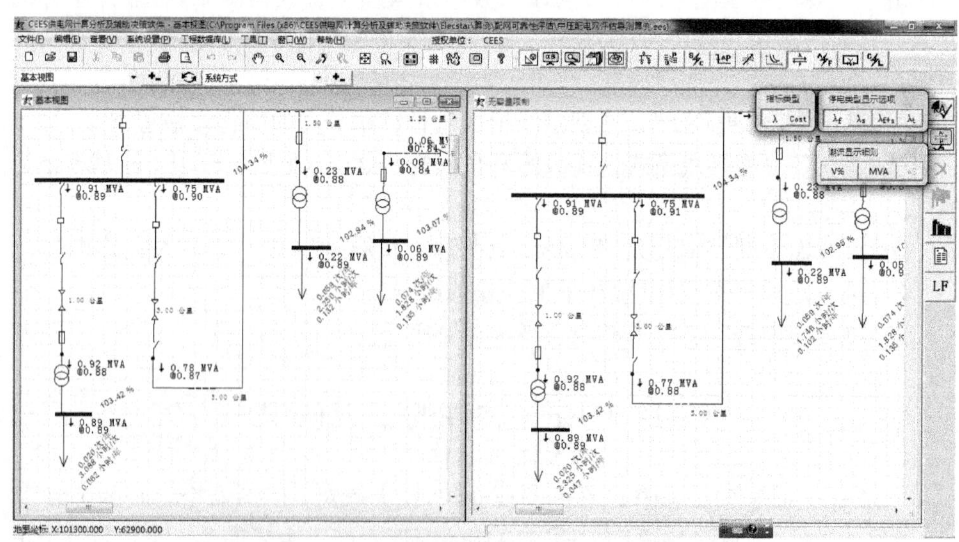

图 C.2　两视窗不同数据版本的图形界面

C.5　CEES可靠性计算模块

1. 可靠性评估模式

单击“”按钮进入可靠性评估模式。

2. 可靠性评估参数设置

单击“”按钮打开配电网可靠性评估参数设置页，包括一般参数页、薄弱环节分析页、缺电费用页、约束及负荷页、发电方式页、潮流参数页、报警页和备注页。

在一般参数设置页设置全局计划停运和故障停电可靠性参数，如图C.3所示。

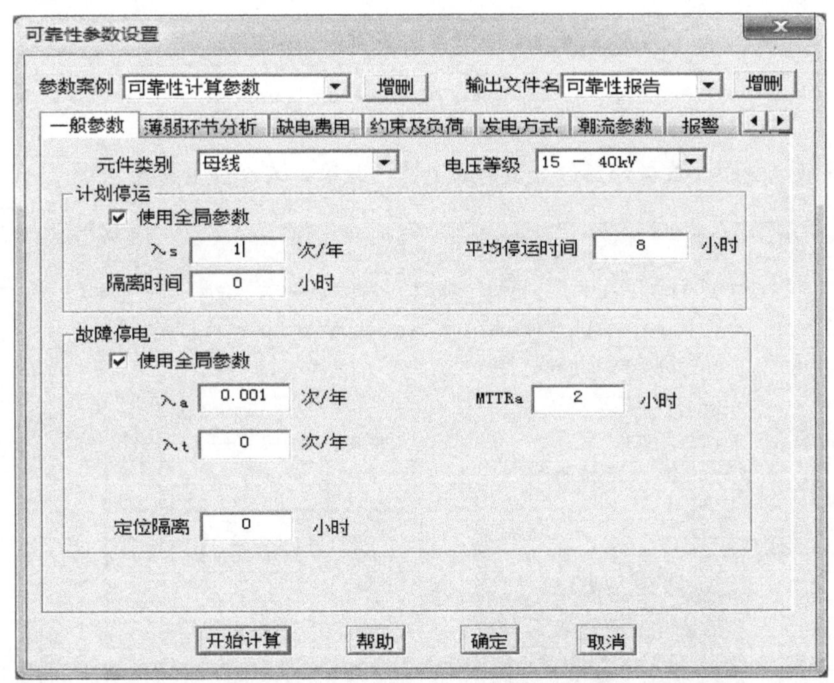

图C.3　可靠性评估一般参数设置页

在薄弱环节分析设置页选择需要进行薄弱环节分析的目标(系统/负荷)，以及影响因素为元件组块和/或单个元件，如图C.4所示。

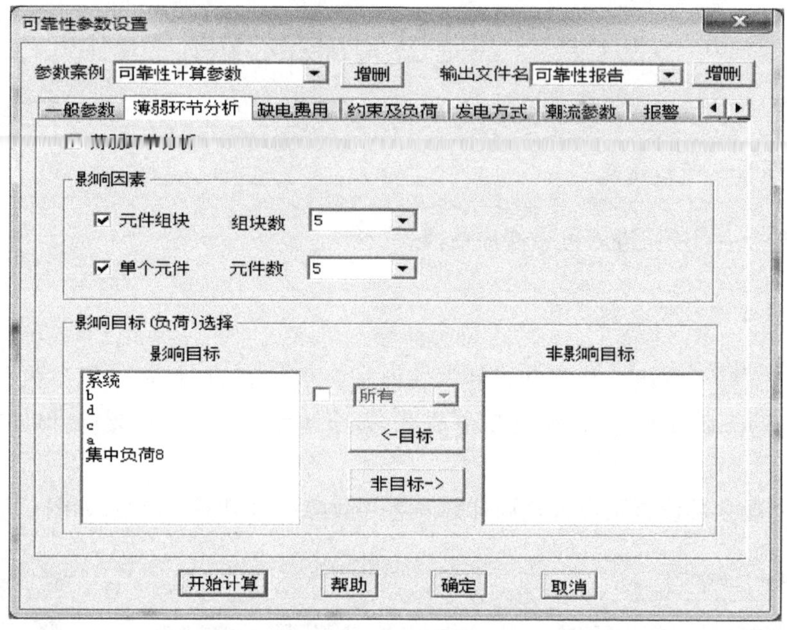

图 C.4　可靠性评估薄弱环节分析设置页

在缺电费用设置页选择分类负荷缺电费用或单一缺电费用曲线，如图 C.5 所示。

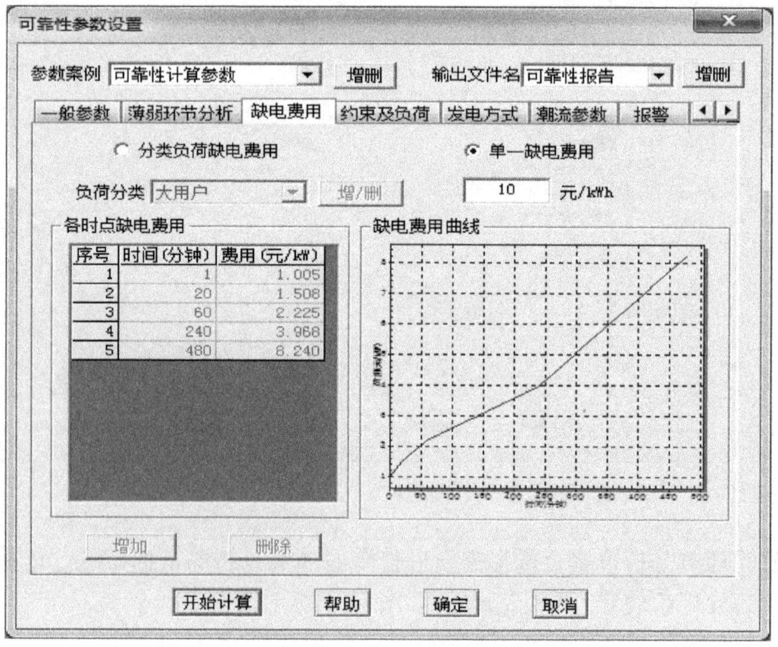

图 C.5　可靠性评估缺电费用设置页

在约束及负荷设置页选择是否考虑容量电压约束及其相关参数，如图 C.6 所示。

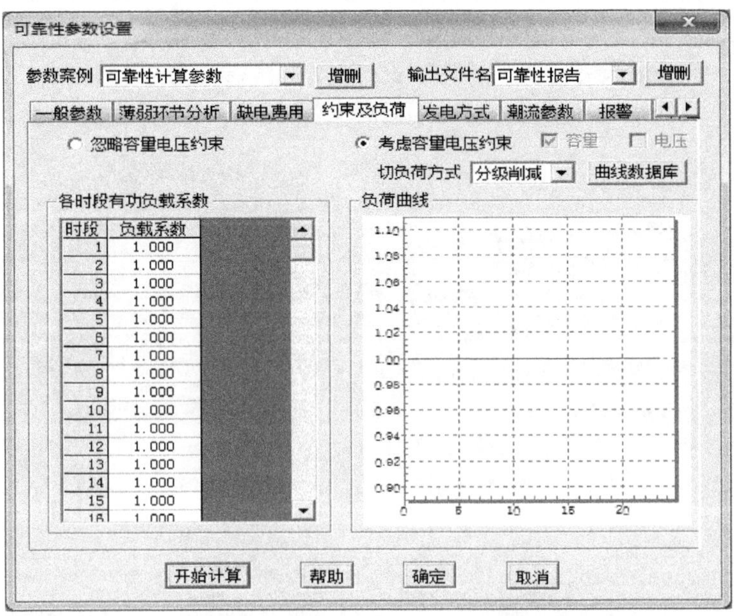

图 C.6　可靠性评估约束及负荷设置页

在发电方式设置页选择各发电系数及其概率，如图 C.7 所示。

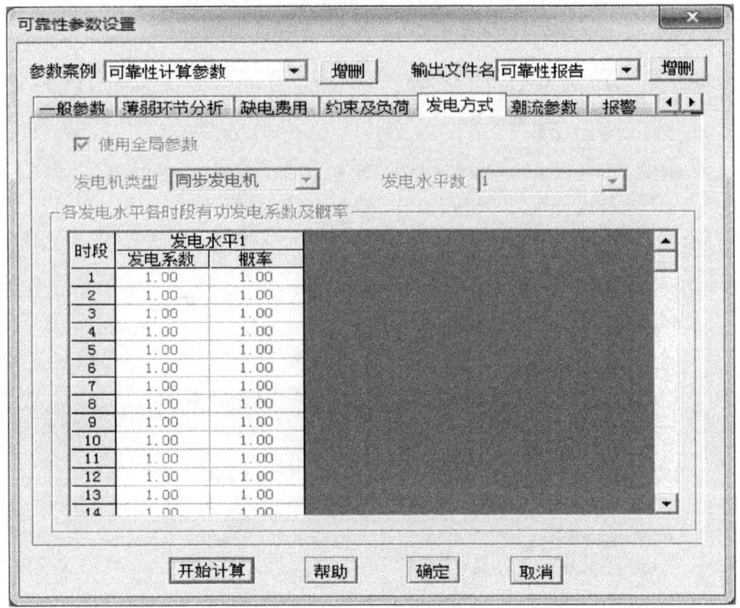

图 C.7　可靠性评估发电方式设置页

在潮流参数页选择计算方法、负载方式和计算控制参数，如图 C. 8 所示。

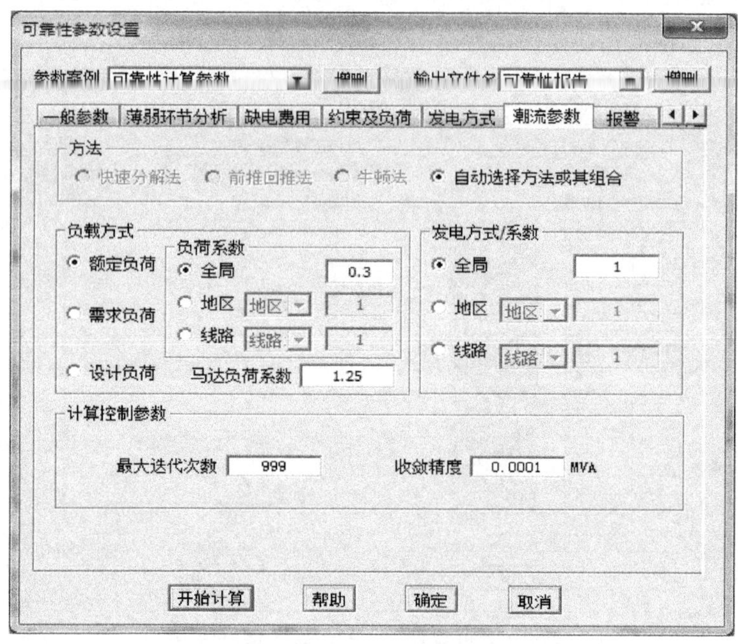

图 C. 8　可靠性评估潮流参数设置页

在报警设置页输入负载临界值、电压越限、发电机激磁和可靠性指标越限，如图 C. 9 所示。

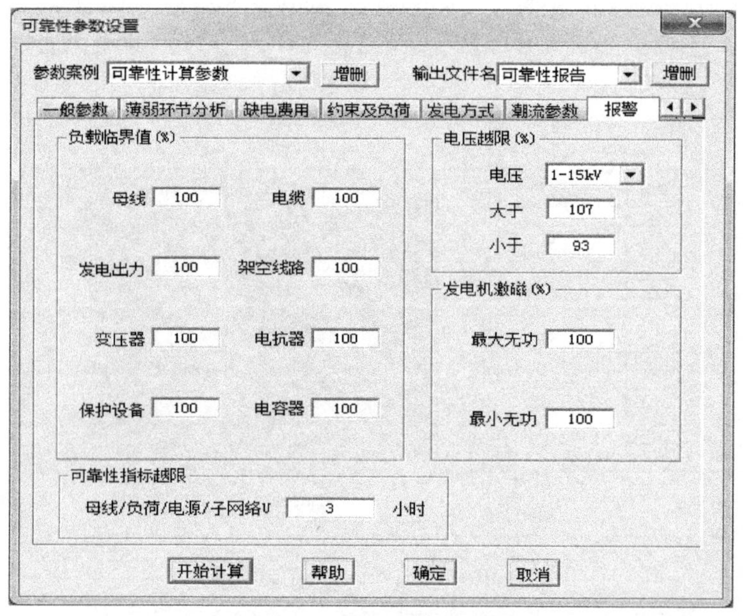

图 C. 9　可靠性评估报警设置页

3. 开始计算

单击“”按钮，则系统开始进行可靠性评估，可得到如图 C. 10 结果。

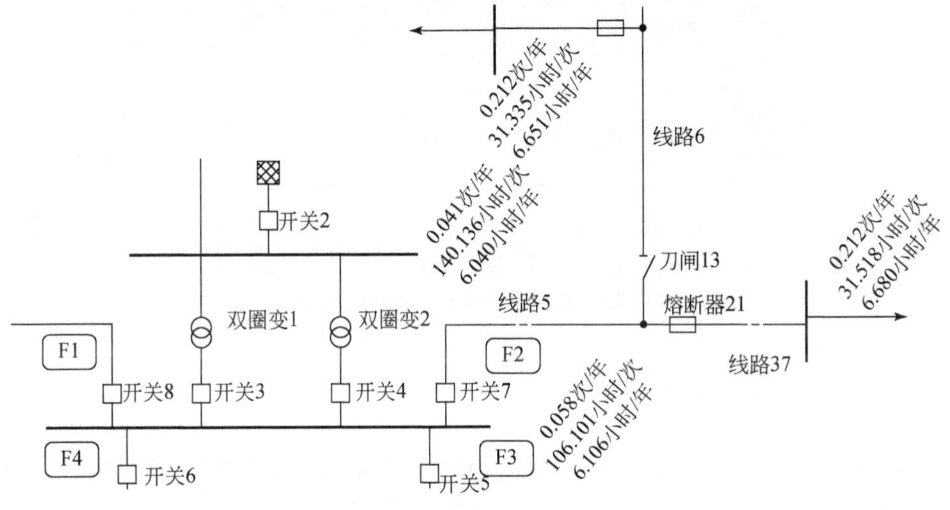

图 C. 10　可靠性评估结果图

4. 单线图显示可靠性计算结果

可以在单线图中显示不同的可靠性评估结果。如单击图 C. 11 中的 λ 可以显示母线或负荷点的基本可靠性指标，单击 Cost 显示母线/负荷点的费用/价值指标，单击 λ_f 显示永久性故障停电母线/负荷点可靠性指标，单击 λ_s 显示计划停电母线/负荷点可靠性指标，点击 λ_{f+s} 显示长时(包括计划停电)停电母线/负荷点可靠性指标，单击 λ_t 显示瞬时故障停电母线/负荷点可靠性指标。

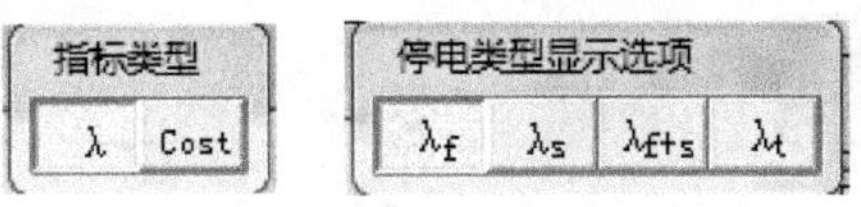

图 C. 11　指标类型和停电类型显示选项

5. 查看系统/地区/线路可靠性指标

若处于激活状态，单击后会出现“系统可靠性指标/灵敏度分析”页面，如图 C. 12 所示。

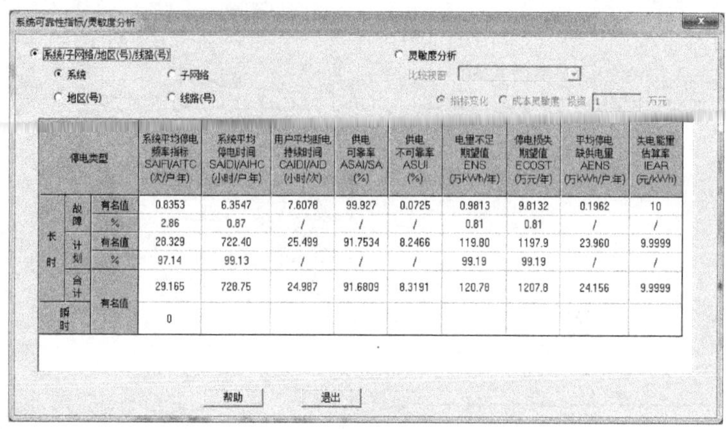

停电类型			系统平均停电频率指标 SAIFI/AITC (次/户.年)	系统平均停电时间 SAIDI/AIHC (小时/户.年)	用户平均断电持续时间 CAIDI/AID (小时/次)	供电可靠率 ASAI/SA (%)	供电不可靠率 ASUI (%)	电量不足期望值 ENS (万kWh/年)	停电损失期望值 ECOST (万元/年)	平均停电缺供电量 AENS (万kWh/户.年)	失电能量估算率 IEAR (元/kWh)
长时	故障	有名值	0.8353	6.3547	7.6078	99.927	0.0725	0.9813	9.8132	0.1962	10
		%	2.86	0.87	/	/	/	0.81	0.81	/	/
	计划	有名值	28.329	722.40	25.499	91.7534	8.2466	119.80	1197.9	23.960	9.9999
		%	97.14	99.13	/	/	/	99.19	99.19	/	/
	合计	有名值	29.165	728.75	24.987	91.6809	8.3191	120.78	1207.8	24.156	9.9999
瞬时			0								

图 C.12　系统可靠性指标/灵敏度分析

6. 系统薄弱环节分析

若［按钮图标］处于激活状态，单击该按钮后将显示“系统薄弱环节分析”页面，如图 C.13 所示。

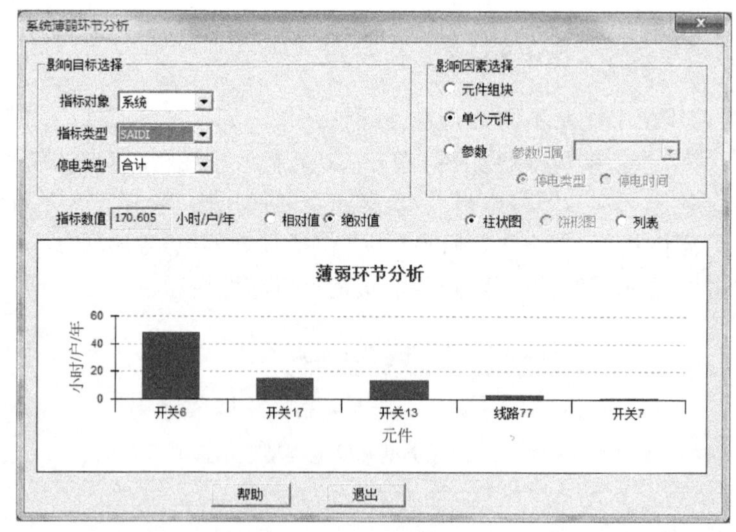

图 C.13　系统薄弱环节分析

对于图 C.13 CEES 配电网薄弱环节分析功能视窗，用户可以选择多种不同“影响目标选择”和不同的“影响因素选择”进行灵活组合分析，可以方便、快捷和准确地从多角度、有针对性地在单线图上自动定位影响系统可靠性的薄弱环节。

“影响目标选择”包括“指标对象”(系统或负荷点)、“指标类型”(SAIDI、ENS、SAIFI、停运率和年均停电持续时间U)和“停电类型”(故障、计划或合计)。

“影响因素选择”可选择最大影响选择目标的“单个元件”或“元件组块”,以及各种可靠性故障或时间“参数”。其中,“参数”可选择“停电类型”(故障或计划)和“停电时间”。“停电时间”可显示故障“定位隔离”、“故障矫正”和“故障切换”,以及“计划隔离”、“计划作业”和“计划切换”六个参数的影响大小或占比。

双击“列表”中的最大影响元件,可在单线图上自动定位其位置,方便分析和寻找影响系统可靠性的薄弱环节。

C.6　小　　结

CEES配电网可靠性计算软件侧重工程评估实用性和效率,用户界面直观友好,易学易用,对用户知识水平要求不高。经多地区配电网实际应用表明,规划人员仅需1～2h培训即会使用该软件产品,经1～2天训练即可独立使用该软件。

与国内同类软件相比较,CEES界面友好,主要特点有:直观便捷的主界面,功能强大的单线图,高效的数据输入方式,图形化智能辅助计算分析。

与国外同类软件相比较,CEES针对国内实际生产需要设计和开发,能方便解决国内生产实际问题,主要表现在:技术术语的习惯不同,数据输入的习惯不同,国内生产实际的需要不同,工程计算的标准不同,工程数据库的不同。

参 考 文 献

[1] 重庆星能电气有限公司.CEES用户手册/用户指南[R]. 重庆:重庆星能电气有限公司,2017.